민경진 지음

통계와 생활

STATISTICS AND LIFE

경문사

차 례

머리말

시작하기 전에

통계는 우리 일상생활에서 중요한 역할을 하고 있다. 우리가 하는 모든 것은 통계적으로 분석될 수 있다. 예를 들어 우리가 읽는 책의 페이지 수부터 우리가 걸어 다니는 거리까지, 하루 동안 일한 시간 등 모든 것은 통계로 측정될 수 있다. 통계는 우리가 판단을 내릴 때 도움이 되는 정보를 제공하고 문제를 해결할 때 많은 도움을 주고 있다. 이처럼 통계는 우리가 세상을 이해하는 데 필수적인 분야라고 할 수 있다. 다양한 분야에서 지능정보기술이 확산되면서 실시간으로 쏟아지는 방대한 양의 자료를 효과적으로 분석하고 이를 통해 의미 있는 정보를 얻으려는 노력은 우리 생활에서 통계가 얼마나 중요한지를 말해 주고 있다. 정치, 사회, 문화, 과학, 스포츠, 의료 분야뿐 아니라 여러 분야에서 통계를 적용하지 않는 분야는 거의 없다. 우리는 통계를 기초로 하여 불확실한 상황에서도 합리적인 의사결정을 내려야 하며 미래의 변화를 예측하여야 할 때가 있다. 이제 통계학은 공학, 과학, IT 인공지능 빅 데이터, 데이터 과학에서 매우 중요한 역할을 하고 있다. 이 교재에서는 수학이라는 장벽을 가능한 줄이고 일반교양과목으로서 좀 더 쉽게 학습할 수 있도록 했으며 통계학의 기본 개념을 이해하는 데 중점을 두었다. 이론적 배경과 더불어 연습문제 풀이에 파이썬(Python)으로 코딩된 프로그램을 사용했으며, 필요에 따라 엑셀(Excel)도 함께 사용하였다. 파이썬과 엑셀의 초보자도 접근이 용이하도록 간단한 내용도 제공하였다.

본 교재는 통계의 정의부터 시작하여 기술통계학과 추측통계학 두 부분으로 나누어 구성했다. 기술 통계 부분에서는 자료의 표현과 중심 척도를 소개하고 확률의 정의를 이용하여 조건부 확률과 베이즈 정리를 다루었다. 확률 변수를 설명하고 연속형과 이산형으로 분류하여 각 특성에 맞는 확률함수와 확률분포를 구분하였다. 추측 통계 부분에서는 표본을 통해 모집단의 성질을 추정하고 검정하는 과정을 소개하고 있다. 또 두 개의 확률변수로 이루어진 결합 분포에 대해 중심 척도를 설명하고 두 집단 사이의 추정과 검정을 위한 방법을 제시하였다.

본 교재는 전공에서 좀 더 깊이 있는 내용을 다루기 위해서 기본적으로 알고 있어야 하는 기초 내용을 담고 있어서 통계를 처음 접하는 독자에게 매우 도움이 될 수 있다고 본다. 이 교재로 통계의 기초를 공부하고자 하는 분들에게 많은 도움이 되기를 기원하며 이 교재의 출판을 도와주신 경문사에 감사의 말씀을 드립니다.

제 1 장
통계학의 기본개념

1.1 통계학의 개요

1.2 모집단과 표본

현대 사회에서 통계학의 역할과 그 위상은 나날이 높아지고 있고 이제는 필수적인 도구로 자리잡아가고 있다. 주어진 데이터를 요약, 정리하고 패턴을 발견하는데 쓰이며, 불완전한 정보로부터 통계적 추론을 통해 합리적이고 과학적인 결정을 내리는데 사용된다.

1.1 통계학의 개요

통계학(Statistics) 이라는 말은 라틴어 'Status' 에서 유래 된 것으로서 국가라는 의미를 갖고 있다. 초기 부족에서 점차 하나의 국가로 발전해 나가는 동안 인구가 늘어나고 시장이 생성되고 물류 량이 증가하면서 국가는 국민의 편의를 생각하게 되고 이에 따라 세금의 조성이 필요하게 되었다. 국가는 세금을 징수하기 위해 정확한 인구 조사를 하게 되었고 이것이 통계라는 말의 어원이 된 듯하다. 즉, 통계라는 것은 한 국가의 기준이 되는 인구, 경제적인 모든 상황을 자료나 도표 등을 이용하여 나타내는 것과 동일 시 되어 오고 있다.

오늘날 통계학이란 하나의 학문으로서 발전했으며 이는 불확실한 현상을 대상으로 하여 자료를 수집하고 정리 및 요약 하여 이 자료를 근거로 하여 주어진 현상에 대한 과학적이고 합리적인 추론을 이끌어내기 위한 분야라고 할 수 있다. 크게 이론 중심 분야와 연구 중심 분야로 나눌 수 있으며, 우리가 이 교재에서 주로 다룰 내용은 이론 중심의 통계학으로 기술통계학(Descriptive Statistics)과 추측 통계학(Inference Statistics)으로 분류하여 생각할 수 있다. 연구 중심의 통계학은 수리 통계학과 응용통계학으로 구별하여 생각하기도 한다.

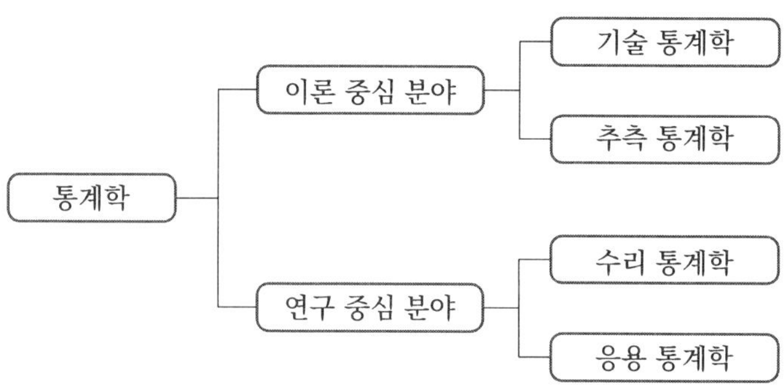

통계적 의사 결정은 TV, LED 전구, 휴대폰 배터리의 수명 예측, 국회위원 선거 결과 예측, 수능 성적의 분석등의 다양한 분야에서 쓰이고 있다. 이처럼 통계학이 우리 일상생활 속에 깊이 자리 잡혀 있고 컴퓨터와 인공 지능의 발전으로 우리는 통계와 더욱 가까워지게 되었다. 우리가 통계학을 배우는 것은 우리 생활 요소요소에 각종 수치 정보가 들어있기 때문이다. 통계는 수치 형태로 주어진 정보를 체계적으로 다루는데 매우 편리한 구조를 가지고 있다. 또한 작게는 개인이나 크게는 국가의 운영에 필요한 의사 결정에 중요한 역할을 담당하고 있는 것도 역시 통계이다. 주어진 정보를 얼마나 믿고 평가할 수 있는지에 대한 분석도 바로 통계를 활용한다고 볼 수 있다. 다만 통계학은 자료를 정보화하는 방법을 배우는 것이지 얻은 자료의 통계적 해석에 따른 결과가 맞는 것인지 틀린 것인지에 대한 기준은 될 수 없다.

통계학의 장점을 간단하게 말하면 불확실한 요소들이 들어있는 주어진 상황에서 가장 합리적이고 과학적인 결론을 내리는데 중요한 도구라는 것이다. 이러한 통계학은 이론, 응용, 방법론의 세 가지 분야로 서로 유기적인 관계를 가지고 있으며 상호 보완적으로 발전 가능하게 한다. 통계학은 공학, 인공지능, 의료, 생명공학, 농학, 경제학, 경영학, 사회과학, 수리과학, 환경공학 등 다양한 분야에서 응용되고 있다. 이것은 대용량의 자료(Big data)로 부터 이들 자료 내에 존재하는 관계, 패턴, 규칙 등을 탐색하고 찾아내어 모형화 함으로써 유용한 지식을 추출하는 일련의 과정으로 통계적인 기법이 핵심이 된다.

1.2 모집단과 표본

통계 조사의 목적이 자료에서 얻은 정보를 통해 심의 대상인 집단의 특성 또는 집단과 집단 간의 특성을 파악하는 것에 있다. 이때 수집한 자료가 조사자의 관심 대상인 전체 집단에서 얻은 것인지, 또는 집단의 일부에서 얻은 것인지에 따라 같은 자료 처리과정을 거치더라도 얻는 정보는 달라질 수밖에 없다.

여기서 관심 대상이 되는 전체 집합을 모집단(Population) 이라고 한다. 예를 들어 선거의 여론 조사를 진행 하는 경우 모집단은 유권자 전체가 된다. 우리나라 대학생의 남녀 비율을 연구하는 경우 전국의 대학생 전체가 모집단이 되고, 술 소비량을 조사하기 위해서는 술을 마시는 사람 전체가 모집단이 된다. 모집단은 그 대상에 따라 유한 모집단(Finite population)과 무한 모집단(Infinite population) 으로 나눈다. 이때 모집단을 구성하는 자료의 개수를 모집단 크기(Population size)라고 한다.

통계적 분석을 위해서 모집단에서 추출[1]한 관측값 또는 측정값을 표본(Sample)이라고 한다. 이때 추출된 표본의 개수를 표본 크기(Sample size) 라고 하며, 모집단에서 무작위로 추출된 표본을 확률표본(Random sample)이라 한다.

통계 조사에서 조사 대상이 집단 전체를 조사하는 것을 전수조사(Census)라고 하고, 모집단에서 추출한 표본으로 하는 조사를 표본조사(Sample survey) 라 한다.

예제 1.1

특정 정당의 지지도 조사를 진행하는 경우 투표권을 갖는 18세 이상의 국민 전체가 모집단이고, 이들을 모두 조사하는 경우를 전수조사라 한다. 전수조사에서 얻은 결과에 따라 지지도는 정확하게 얻을 수 있지만 전수 조사 자체가 불가능하거나 막대한 양의 비용과

[1]표본 추출에는 여러 가지 방법이 쓰이지만 이 교재에서는 생략하기로 한다.

시간이 필요하게 된다. 대학생의 월 평균 휴대폰 사용 시간, 아르바이트를 하고 있는 대학생 전체의 시급과 같은 것은 전체 대학생을 다 조사하는 것 보다는 표본 조사가 더 효과적이다.

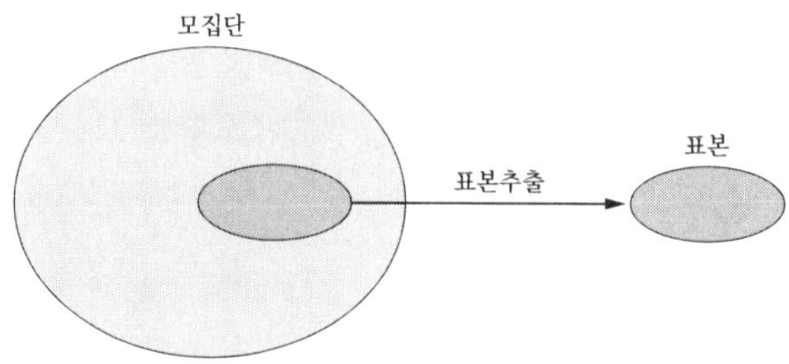

대부분의 경우 모집단 전체에서 자료를 얻기는 힘들다. 우리는 모집단의 특성을 알기 위해서 표본을 이용한다. 이때 모수(Parameter)와 통계량(Statistic) 이라고 부르는 중요한 수치가 있다. 모수는 모집단의 특성을 나타내는 값으로 모평균, 모분산, 모비율이 대표적이며 통계량은 표본의 특성을 타나내는 수치로 표본평균, 표본분산, 표본 비율이 있다.

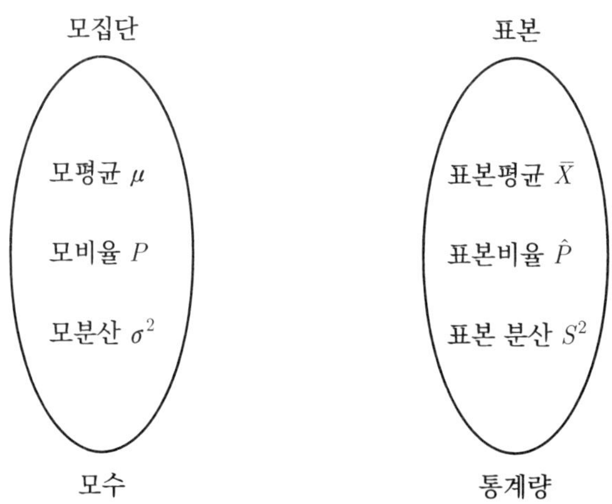

모집단의 특성을 알기 위해서는 모수가 필요한데 전수조사가 어렵거나 불가능할 경우가 많으므로 표본을 추출하여 통계량을 구하여 모집단의 특성을 추측해 보고자 한다. 이 교재에서 모평균은 μ, 모비율은 P, 모분산은 σ^2로 쓰고 표본평균, 표본 비율, 표본분산은 각각 $\overline{X}$, $\hat{P}$, S^2 으로 쓴다.

제 2 장
자료의 요약

2.1 자료의 종류

2.2 자료의 표현

수집된 자료를 효과적으로 정리, 요약하는 방법으로 그래프를 이용하거나 수치를 사용하는 방법에 대해 알아본다. 주어진 자료를 크게 수치형자료와 범주형 자료로 구분하고, 다시 이산형 자료와 연속형 자료로 구분해 본다. 도수분포의 의미와 도수 분포표 작성법, 원형 그래프와 막대 그래프를 활용하는 방법을 익힌다. 또 줄-잎 그림을 통해 자료를 정리해 본다.

2.1 자료의 종류

자료에 대하여 요약하는 방법은 그 자료의 특성에 따라 달라지게 된다. 따라서 분석하고자 하는 자료의 종류를 구분하는 것이 필요하다. 통계학에서 다루는 자료 그 성격에 따라 수치형 자료 (Numerical data)와 범주형 자료(Categorical data)로 구별된다. 수치형 자료는 관측된 값이 수치로 측정되는 자료를 말하고, 범주형 자료는 관측의 결과가 몇 개의 범주 또는 항목의 형태로 나타나는 자료를 말한다. 수치형 자료를 양적자료(Quantitative data) 라고 하기도 하며, 범주형 자료를 질적 자료(Qualitative data)라 부르기도 한다. 수치형 자료는 다시 셀 수 있는지 여부에 따라 이산형 자료(Discrete data) 와 연속형 자료(Continuous data) 로 나눌 수 있다. 범주형 자료는 범주의 순서에 의미가 있는지 없는지에 따라 순위형 자료(Ordinal data) 와 명목형 자료(Nominal data)로 나누어 생각할 수 있다.

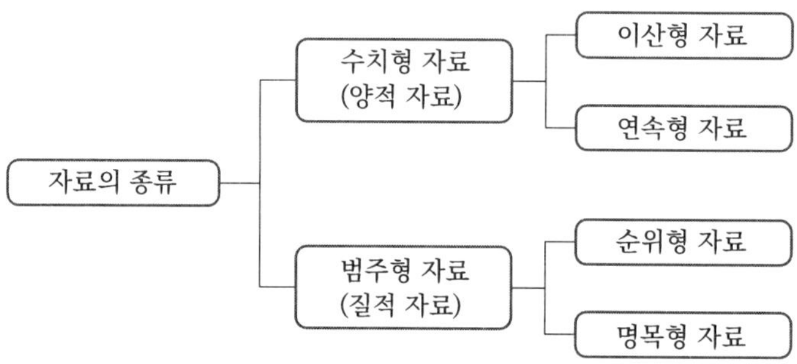

예제 2.1

다음 각 자료를 구분하여라.

1. 일정한 지점에서 24시간동안 일어난 교통사고 발생 수
2. 특정한 A씨의 연봉
3. 사람의 혈액형
4. 어느 대학교 통계학 과목을 수강 신청한 학생의 수
5. 어느 대학교 통계학 과목을 수강 신청한 학생의 학점 등급
6. 사람의 성별
7. 하루에 수입되는 석유의 양
8. 산업 재해 발생 수

9. 투자 수익률

10. 사람의 몸무게

풀이

1. 수치형 자료, 이산형 자료
2. 수치형 자료, 이산형 자료
3. 범주형 자료, 명목형 자료
4. 수치형 자료, 이산형 자료
5. 범주형 자료, 순위형 자료
6. 범주형 자료, 명목형 자료
7. 수치형 자료, 연속형 자료
8. 수치형 자료, 이산형 자료
9. 수치형 자료, 연속형 자료
10. 수치형 자료, 연속형 자료

2.2 자료의 표현

주어진 자료를 표 또는 그래프의 형태로 정리 요약하면 자료에 내포된 정보를 보다 쉽고 빠르게 파악할 수 있다. 이를 이용하면 자료의 대칭, 비대칭의 정도와 상대적으로 많은 자료가 분포되어있는 봉우리의 위치 등 자료의 대략적인 분포형태를 파악할 수 있다.

범주형 자료의 경우에 각 관측값은 몇 개의 가능한 범주(Category)중의 하나에 속하게 된다. 각 범주에 나타나는 관측값의 개수를 그 범주의 도수(Frequency)라 하고, 이 도수를 자료 전체의 개수로 나눈 비율을 그 범주의 상대 도수(Relative frequency) 라 한다, 또한 질적 자료를 표나 그래프로 요약하는 기법으로는 도수분포표, 원형그래프, 막대 그래프 등이 있다. 자료의 도수를 대응하여 만든 표를 도수분포표라고 한다. 또 각 범주에 속하는 자료의 상대도수를 대응하여 만든 표를 상대 도수 분포표라고 한다.

2.2.1 도수분포표(Frequency distribution table)

도수분포표란 범주형 자료의 정리에 가장 많이 사용되는 것으로 자료를 범주 또는 자격으로 정리하고 각 범주나 간격의 발생 빈도를 표시한다. 자료의 성격을 전혀 바꾸지 않고 자료의 특성을 파악할 수 있다는 장점이 있지만 범주의 수가 증가하면 자료의 특성을 파악하기 어려워질 수 있다. 보통 도수 분포표에는 관측값의 도수, 상대도수, 누적도수, 누적 상대도수를 함께 나타내곤 한다. 모든 질적 자료는 범주형 도수분포표로 작성이 가능하고, 양적 자료 중에서는 이산 자료만 작성 할 수 있다. 누적도수란 도수분포표에서 처음 범주부터 어느 범주까지 도수를 차례로 더한 값을 말한다. 마찬가지로 누적 상대도수는 처음 범주부터 어느 범주까지 상대도수를 차례로 더한 값을 말한다. 일반적으로 범주형 도수 분포표를 작성하는 순서는 다음과 같다.

<u>범주형 도수분포표 작성 순서</u>

1. 자료가 집단으로 모일 수 있도록 범주를 설정한다.

2. 각 범주에 속하는 도수 와 상대 도수를 정리한다.

도수란 각 범주에 속하는 자료의 수이고 f로 나타낸다. 상대 도수란 전체도수 n 에 대하여 각 범주에 속한 도수의 비율로, i번 째 범주에 속한 도수를 f_i 라 할 때 $\frac{f_i}{n}$ 또는 $\frac{f_i}{n} \times 100(\%)$로 계산한다.

예제 2.2

초등학생 200명을 대상으로 하여 무지개 색 7개 중에서 가장 좋아하는 색을 선택하게 하였다. 그 결과 초등학생 200명이 좋아하는 색은 빨강 30명, 주황 28명, 노랑 35명, 초록 24명, 파랑 37명, 남색22명, 보라24명 이었다. 이 자료에 대한 범주형 도수분포표를 작성하여라.

색깔	도수	상대도수
빨강	30	0.15
주황	28	0.14
노랑	35	0.175
초록	24	0.12
파랑	37	0.185
남색	22	0.11
보라	24	0.12
합계	200	

예제 2.3

H대학교 학생 50명에 대해 혈액형을 조사 하였다. 이때 얻은 아래 자료를 이용하여 주어진 도수 분포표를 완성하여라.

A, B, B, B, A, A, A, O, O, AB, AB, B, O, A, A, O, O, O, O, A, O, A, A, B, O, O, A, B, A, B, B, O, B, B, B, AB, A, AB, B, B, O, B, B, A, A, AB, B, B, A, A, A

혈액형	도 수	상대도수	누적도수	누적상대도수
A	17	0.34	17	0.34
B				
O				
AB				
합계	50	1.00		

풀이

도수분포표에서 상대도수의 합은 항상 1 이어야 하며, 누적 상대도수란 해당 구간에 포함된 빈도수와 그 구간보다 앞에 위치한 구간에 포함된 빈도수를 모두 합한 누적 빈도가 전체에서 차지하는 비율을 의미한다. 표를 완성하면 아래와 같다.

혈액형	도 수	상대도수	누적도수	누적상대도수
A	17	0.34	17	0.34
B	16	0.32	33	0.66
O	12	0.24	45	0.9
AB	5	0.1	50	1
합계	50	1.00		

2.2.2 원형그래프(Pie chart)와 막대그래프(Bar chart)

범주형 자료를 요약하기 위한 그림으로 가장 선호되는 것이기도 하다, 원형 그래프란 하나의 원판을 해당되는 자료의 비율만큼 씩 나누어서 그 비율과 함께 나타낸 것이다. 원형 그래프의 대안으로 사용될 수 있는 그래프로 각 범주의 관측 도수에 비례하는 막대를 수직으로 또는 수평으로 나타낸 막대그래프가 있다. 막대그래프에서는 각 범주에 속하는 자료의 도수를 그림으로 나타내므로 자료의 분포를 쉽게 알아볼 수 있다. 막대를 세로로 나타낸 그래프를 수직막대그래프(Vertical bar chart), 가로로 나타낸 그래프를 수평막대그래프(Horizontal bar chart) 라고 한다. 질적 자료이므로 막대의 폭은 임의로 설정할 수 있으나 각 범주별로 동일한 폭이어야 한다.

예제 2.4

앞의 예제 2.2.2의 혈액형에 대한 상대도수에 대해 원형 그래프와 막대그래프로 나타내라.

풀이

엑셀을 이용하면 아래 그래프를 얻을 수 있다.

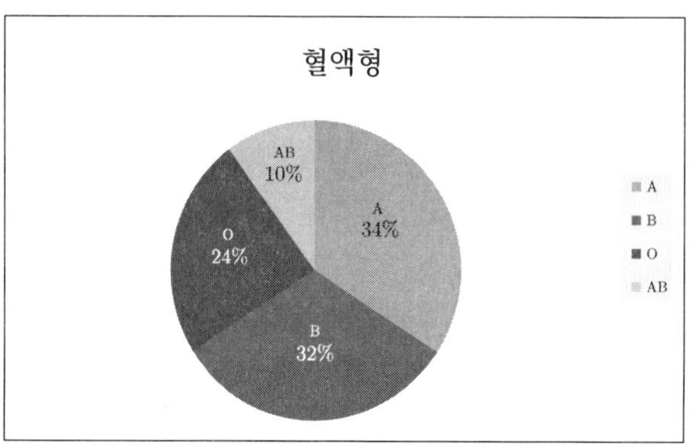

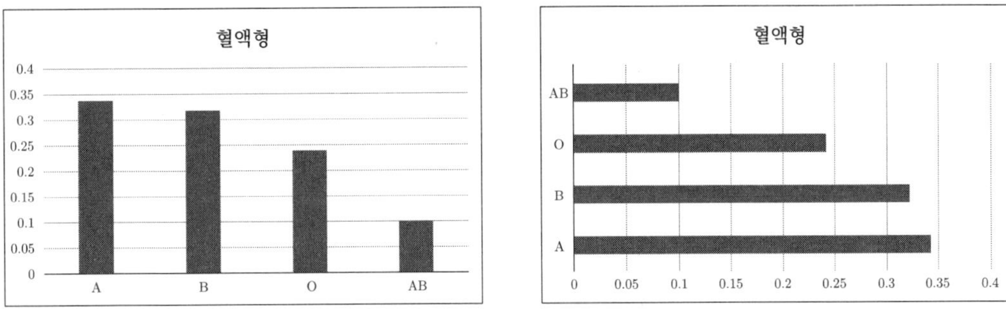

수직막대그래프와 수평 막대그래프

2.2.3 수치형 자료의 표현

1. 줄기-잎의 방법: 통계학자 존 투키[1]가 소개한 방법으로 수치형 자료의 경우에 관측값의 범위, 분포의 모양, 집중도 등을 쉽게 알 수 있도록 자료 값을 줄기와 잎으로 나누어 표현한 그림이다.

<u>줄기-잎 그림의 작성 순서</u>

(a) 변동이 작은 부분은 줄기로 지정하고, 변동이 많은 부분을 잎으로 지정한다.

(b) 줄기 부분은 작은 수부터 차례로 기입하고, 잎 부분은 자료의 관측 순서대로 기입한다.

(c) 잎 부분에 기입한 관측값을 작은 수부터 차례로 정리한다. 잎에 동일한 수가 있다면 반복해서 기입한다.

2. 도수분포를 이용하는 방법: 도수분포의 방법을 이용하여 수치형 관측값을 정리하는 것이 유리할 때가 많다. 수치형 자료는 범주로 나누어져 있지 않으므로 관측값을 적당한 크기의 구간으로 나누어 각 구간별로 관측된 도수를 해당 구간과 함께 나타낸다, 이때 각 구간을 계급(Class)이라 부르며, 이 구간의 개수를 계급 수, 구간의 폭을 계급의 크기, 이 구간을 대표하는 값으로 계급의 중앙값을 계급값(Class mark)이라고 부른다. 계급수의 선택은 주관적일 수 있지만 Sturge의 공식에 따라 자료의 수가 n 일 때 계급 수 K 는

$$K = 1 + 3.3 \times \log_{10} n$$

을 이용해서 구할 수도 있다.[2]

[1] John Tukey(1915~2000) 미국의 수학자, 통계학자
[2] 이 교재의 예제는 이 방법을 고려하지 않고 있다.

(계급형) 도수 분포표의 일반적인 작성 순서

1. 주어진 자료의 수치로부터 적절한 계급수를 결정한다.
2. 자료의 최댓값과 최솟값을 기초로 하여 계급의 크기를 정한다. (최댓값 − 최솟값) / 계급수
3. 구간이 서로 중복되지 않도록 양 끝의 경계 값을 설정한다.
4. 계급값을 구한다. (계급의 양 끝값의 합) / 2
5. 각 계급에 속하는 관측값의 개수를 세어 도수를 구한다.
6. 각 도수를 전체 관측값으로 나누어 상대 도수를 구한다.

예제 2.5

다음은 어느 대학교 학생 40명의 통계학 시험의 점수이다. 이 자료에 대하여 다음을 작성하여라.

1. 줄기 − 잎 그림을 그려라.
2. 도수 분포표를 작성하여라.

78, 89, 67, 75, 81, 92, 99, 72, 88, 94

63, 82, 83, 71, 92, 77, 66, 97, 65, 88

61, 78, 78, 89, 90, 99, 98, 76, 78, 77

82, 85, 82, 88, 75, 92, 95, 71, 69, 88

풀이

1. 주어진 자료를 기초로 하여 줄기를 10 단위, 잎을 1 단위로 하여 줄기 − 잎 그림을 그리면 다음과 같다.

줄기	잎	순서대로 정리된 잎
6	7 3 6 5 1 9	1 3 5 6 7 9
7	8 5 2 1 7 8 8 6 8 7 5 1	1 1 2 5 5 6 7 7 8 8 8 8
8	9 1 8 2 3 8 9 2 5 2 8 8	1 2 2 2 3 5 8 8 8 8 9 9
9	2 9 4 2 7 0 9 8 2 5	0 2 2 2 4 5 7 8 9 9

2. 각 계급의 크기가 5가 되도록 8개의 계급으로 나누었다.

계급	계급값	도수	상대도수	누적도수	누적상대도수
61 ~ 65	63	3	0.075	3	0.075
66 ~ 70	68	3	0.075	6	0.15
71 ~ 75	73	5	0.125	11	0.275
76 ~ 80	78	7	0.175	18	0.45
81 ~ 85	83	6	0.15	24	0.6
86 ~ 90	88	7	0.175	31	0.775
91 ~ 95	93	5	0.125	36	0.9
96 ~ 100	98	4	0.1	40	1
합계		40			

도수 분포를 작성하는 일반적인 방법에서 특수한 목적이나 자료 값의 특성이 허락한다면 계급의 크기나 경계값은 임의로 정할 수 있다.

지금까지 살펴본 도수, 상대도수, 누적도수, 누적 상대 도수의 관계를 정리하면 아래와 같다.

계급	계급값	도수	상대도수	누적도수	누적상대 도수
a_0 이상 a_1 미만	x_1	f_1	$\frac{f_1}{n}$	$F_1 = f_1$	$\frac{F_1}{n}$
a_1 이상 a_2 미만	x_2	f_2	$\frac{f_2}{n}$	$F_2 = f_1 + f_2$	$\frac{F_2}{n}$
$\vdots$	$\vdots$	$\vdots$	$\vdots$	$\vdots$	$\vdots$
a_{k-1} 이상 a_k 미만	x_k	f_k	$\frac{f_k}{n}$	$F_2 = f_1 + f_2 + \cdots + f_k$	$\frac{F_k}{n} = 1$
합계		$n = \sum_{i=1}^{k} f_i$	$\sum_{i=1}^{k} \frac{f_i}{n} = 1$		

이때 계급의 간격은 일정해야하며, 각 계급 구간이 중복되지 않도록 a_i 이상 a_{i+1} 미만과 같이 설정해야 한다.

[참고]

[% 와 %p 의 구분]: 통계학에서 비율을 나타낼 때 가장 많이 사용하는 퍼센트(%)와 퍼센트 포인트(%p)의 차이점을 알아보자.

1. 퍼센트(%, 백분율)

   전체를 100으로 나눈 비율을 나타내는 수치이다. 전체에 대한 부분 값의 비율을 구한 다음 100을 곱하여 계산한다. 만약 200명 중에서 50명이 특정행사에 참석 했다면 이 행사에 참석한 사람의 비율은 $\frac{50}{200} \times 100 = 25(\%)$ 이다. 백분율은 데이터나 정보를 쉽게 비교하고 이해하는 데 매우 유용하다. 예를 들어 두 회사의 매출 성장률을 비교할 때 백분율을 사용하면 직관적으로 어느 회사가 더 성장했는지 알 수 있다. 또한, 백분율은 변화의 정도를 명확하게 보여주기 때문에, 정책 결정이나 경영 전략 수립 등에 중요한 역할을 한다.

2. 퍼센트 포인트(%p)

   두 퍼센트 값의 차이를 말한다. 예를 들어 어떤 것의 비율이 30%에서 40%로 증가 했다면 10%p 증가했다고 한다. 즉, 퍼센트는 비율 그 자체를 나타내고, 퍼센트 포인트는 그 비율의 변화량을 나타낸다는 것이 가장 큰 차이점이다.

연습문제

1. 다음 자료를 구분하여라.

   (a) 우리 동아리 회원들의 신장

   (b) 서울시 지역구별 주민 센터의 수

   (c) 3월 전체 오후 13시의 기온

   (d) 어느 음식점의 하루 휴게 시간

   (e) 어느 모임의 월별 생일인 회원의 수

   (f) 기차가 A 지점에서 B 지점까지 가는데 걸리는 시간

   (g) 지하철 노선에 속해 있는 역의 수

   (h) 휴대폰 배터리(battery) 수명

   (i) 어느 회사원의 연봉

   (j) 한 축구 선수의 올해 넣은 골의 수

   (k) 온도

   (l) 사람의 나이

   (m) 자동차의 종류

   (n) 전화 통화 시간

   (o) 학생의 성적

2. 다음 자료를 줄기–잎 그림을 그려라.

   30, 78, 31, 45, 56, 67, 87, 88, 90, 23, 99, 41, 66, 71, 81

   62, 82, 77, 92, 29, 33, 55, 60, 58, 89, 95, 74, 84, 25, 37

3. 다음 자료를 이용하여 다음에 물음에 답하여라.

78.5	67.5	92	76.5	83.5	55.5	76	89.5	99	91.5
87	76.5	89.5	76.5	92.5	89	85	67	87.5	68
77	68	69.5	90	92.5	84.5	79	82	90.5	75.5
83	98	69.5	77.5	88.5	86	69	94.5	91	80.5

   (a) 원형 그래프를 그려라.

(b) 막대그래프를 그려라. (각 행으로 자료를 구분하여라.)

(c) 도수분포표를 작성하여라.

4. 어느 대학교 학생들 45명을 대상으로 사용하는 스마트폰의 통신사 3곳 S, L, K에 대해 조사하여 다음의 자료를 얻었다.

S	S	S	K	K	L	S	K	L	L
L	K	K	K	S	S	L	L	L	S
K	K	S	S	S	K	K	K	K	L
K	L	L	L	S	K	K	L	L	S

이 자료를 이용하여 다음을 구하여라.

(a) 도수, 상대도수, 누적도수, 누적 상대 도수를 포함하는 도수 분포표.

(b) 원형 그래프.

5. 다음 자료는 어느 대학의 신입생 40명을 대상으로 실시한 분반 시험 점수이다.

71	89	90	67	79	78	82	87	98	92
75	88	77	96	83	85	86	71	72	68
85	92	78	88	89	93	87	89	76	66
79	89	90	91	94	85	86	87	94	91

도수, 상대도수, 누적도수, 누적 상대도수가 포함된 도수분포표를 작성하여라.

6. 어느 만족도를 확인하기 위한 설문조사를 다음과 같이 5점 척도로 실시하였다.

① 매우 만족한다. ② 만족한다. ③ 보통이다. ④ 불만족한다. ⑤ 매우 불만족한다.

응답자의 응답결과가 아래와 같을 때 위 설문에 대한 도수 분포표를 작성하고, 이 자료에 대한 원그래프와 막대그래프를 그려라.

1	2	1	1	1	3	2	2	2	1
2	1	1	1	3	1	1	2	1	1
3	1	4	1	2	2	5	1	5	1
1	5	4	3	3	2	1	1	1	2
4	3	1	1	2	2	5	1	1	5

제 3 장
자료의 중심 측도

3.1 중심 위치에 대한 측도

3.2 산포에 대한 측도

주어진 자료를 그래프나 도표를 이용하여 자료 분포의 특징에 관한 정보를 얻을 수 있었지만 이번 장에서는 양적 자료인 경우에 주어진 자료의 요약, 정리할 수 있는 여러 가지 통계적 수치에 관하여 다루어 보고, 몇몇 예제에서 Python으로 코딩된 프로그램을 사용해 본다. 자료의 특성을 나타내는 수치를 기술 통계량이라고 하며 자료가 모집단을 대표하는 표본인 경우 이 표본을 기초로 하여 모집단에 관한 추론에 중요한 요소가 된다.

3.1 중심 위치에 대한 측도

앞에서 공정하게 수집된 자료의 특성을 알기 위하여 자료를 도수 분포표로 표현해 보았다. 이제 그 자료들의 특성을 좀 더 자세히 파악하기 위하여 자료의 분포상태를 나타내는 방법에 대하여 알아보도록 하자. 분포 상태를 명확히 알려주는 몇몇 중요한 수치(특성치)가 있다. 그 중 가장 기본적인 것이 대푯값이다. 대푯값은 자료의 분포상태를 가장 잘 나타내어 주는 수치이며 주어진 자료가 어떤 값을 중심으로 분포되어 있는지를 나타내는 값으로 중심 측도(Measure of center)라 하며 평균(Mean), 중앙값(Median), 최빈값(Mode) 등이 있다.

3.1.1 평균

앞에서 언급한바와 같이 모집단 전체에 대한 대푯값을 모수(Parameter)라 하고, 모집단의 중심 위치를 나타내는 대표적인 모수는 모평균이다. 모집단의 일부에서 얻은 표본에 대한 표본 자료에 대한 대푯값을 통계량(Statistic)이라 하며, 표본의 중심 위치를 나타내는 대표적인 통계량이 표본 평균이다. 일반적으로 표본 평균이라 하는 것은 산술평균을 의미한다. 주어진 n 개의 자료 $x_1,\ x_2,\ \cdots,\ x_n$ 으로부터 이 자료 전체를 합한 후에 자료의 수로 나눈 것을 자료의 산술평균 (Arithmetical Mean) 또는 간단히 평균 이라 하고, 주로 $\overline{x}$ 로 표시한다 $\overline{X}$로 쓰기도 한다. 즉

$$\overline{x} = \frac{x_1 + x_2 + \cdots + x_n}{n} = \frac{1}{n}\sum_{i=1}^{n} x_i$$

이다. 산술 평균은 계산이 쉬운 장점이 있지만 자료의 극단 값에 영향을 받는 단점이 있다. 자료가 모집단 전체라면 모평균은 $\mu = \dfrac{1}{N}\sum_{i=1}^{N} x_i$ μ 그리스 문자로 [mu:]로 발음한다. 로 쓴다.

예제 3.1

주어진 자료가 1, 3, 5, 7, 9 일 때 평균을 구하면

$$\overline{x} = \frac{1+3+5+7+9}{5} = 5$$

이다. 주어진 자료가 그러나 1, 3, 5, 7, 90 일 때 평균을 구하면

$$\overline{x} = \frac{1+3+5+7+90}{5} = 21.2$$

가 되어 평균이 크게 변화했음을 알 수 있다. 여기서 극단값 90을 제외하고 계산한 평균

$$\overline{x} = \frac{1+3+5+7}{5} = 3.2$$

가 21.2 보다 훨씬 좋은 평균이 된다.

3.1.2 중앙값

주어진 n 개의 자료 $x_1,\ x_2,\ \cdots,\ x_n$ 를 크기 순서대로 나열하여 중앙에 오는 값을 중앙값(또는 중위수) 이라 하고 주로 $\hat{x}$ 로 나타낸다. 이때 n이 홀수라면 $\frac{n+1}{2}$ 번 째 자료가 중앙값이고 n이 짝수라면 $\frac{n}{2}$ 번째 자료와 $\left(\frac{n}{2}+1\right)$ 번 째 자료의 산술평균을 중앙값으로 한다. 즉

$$\hat{x} = \begin{cases} x_{\frac{n+1}{2}}, & n : odd \\ \\ \dfrac{x_{\frac{n}{2}} + x_{\frac{n}{2}+1}}{2}, & n : even \end{cases}$$

중앙값은 다른 대푯값보다 쉽게 구할 수 있고 극단값의 영향을 받지 않는다는 장점이 있지만 수리적으로 계산되는 이론에는 적용할 수 없다는 단점이 있다.

예제 3.2

주어진 자료가 1, 3, 5, 7, 9 일 때 중앙값은 5 이고, 자료가 1, 3, 5, 7, 9, 100 일 때 중앙값은 $\frac{5+7}{2} = 6$ 이다.

예제 3.3

주어진 자료가 $-1,\ 4,\ 5,\ 1,\ 9$ 일 때 중앙값을 구하여라. 주어진 자료에 19가 추가 되었을 때의 중앙값을 구하여라.

풀이

자료가 $-1,\ 4,\ 5,\ 1,\ 9$ 일 때 자료를 크기순으로 늘어 놓으면

$$-1,\ 1,\ 4,\ 5,\ 9$$

이 되어 이때의 중앙값은 4이다. 자료 19를 추가하면

$$-1,\ 1,\ 4,\ 5,\ 9,\ 16$$

이 되어 중앙값은

$$\frac{4+5}{2} = 4.5$$

이다.

앞의 예제3.3에서 19 보다 더 큰 자료가 추가 되었다 하더라도 평균은 변하지만 중앙값은 여전히 4.5 이다. 이와 같이 평균과 중앙값은 다음과 같은 차이점을 가지고 있다. 평균은 모든 데이터를 전부 고려하여 계산한 값으로서 역학적으로는 무게 중심이지만 중앙값은 데이터의 개수와 순서만을 고려하여 계산한다. 예를 들어 세 개의 추(10kg, 20kg, 60kg)가 있다고 가정하면 이 세개의 추의 무게의 평균은 아래와 같이 세 무게의 균형을 나타내는 저울의 중심이며 중앙값은 개수(3)의 중앙(2)을 나타낸다. 만약 60kg의 추를 80kg으로 대체할 경우 평균을 나타내는 저울의 중심은 오른쪽으로 이동하지만, 중앙값은 변화하지 않고 그대로 20kg이 된다.

평균의 위치(무게 중심)

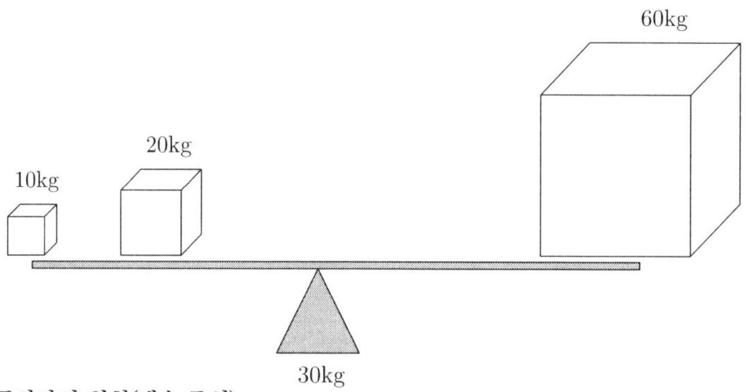

중앙값의 위치(개수 중심)

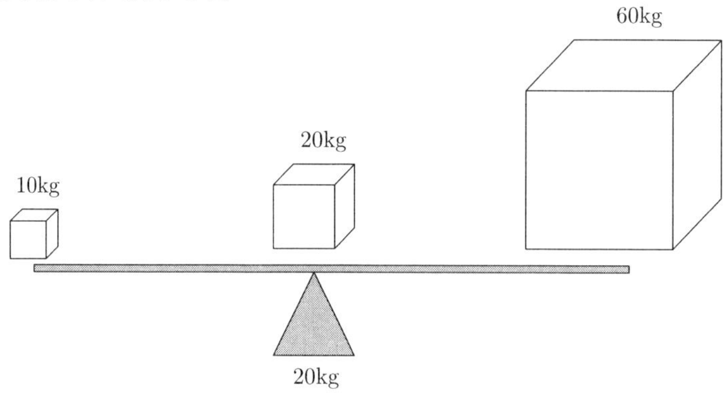

위 그림은 맨 오른쪽 물체의 무게가 더 큰 것으로 변하더라도 중장값의의 위치(즉, $20kg$) 은 변하지 않는다는 것을 보여 주고 있다.

3.1.3 최빈값(Mode)

자료들 중에서 (빈)도수 가 가장 큰 것을 최빈값 또는 유행값이라 한다. 주로 구두의 크기, 옷의 치수, 생활비 등에 대한 분포에서 많이 이용되며 극단값의 영향을 받지 않는다는 장점이 있지만 항상 존재한다고 볼 수 없다는 단점이 있다.

예제 3.4

자료 1, 3, 5, 7, 9 에는 최빈값이 없다. 그러나 1, 3, 3, 3, 5, 7, 7, 7, 9 에는 최빈값이 3과 7 두 개가 존재한다.

예제 3.5

어느 매장에서 이번 주에 판매된 남자 옷의 크기가 다음과 같다고 할 때 최빈값을 구하여라.

85, 90, 105, 85, 100, 90, 100,
105, 110, 90, 110, 105, 100,
100, 90, 100, 100, 110, 115, 95

풀이

이 자료를 정리한 도수는 다음과 같고 이를 통해 최빈값은 100 임을 알 수 있다.

옷 크기	85	90	95	100	105	110	115
도수	2	4	1	6	3	3	1

분포의 형태에 따른 세 가지 측도, 평균, 중앙값, 최빈값의 관계를 그림으로 나타내 보았다. 세 측도가 모두 일치하는 경우는 (a)처럼 하나의 봉우리를 갖는 대칭형 형태가 된다. 대칭형 형태라 할지라도 그림 (b)처럼 봉우리가 두 개 이상이라면 최빈값이 평균, 중앙값과 다른 경우이다. 물론 (b)의 경우 최빈값은 중심 측도로는 적절하지 않다. 치우친 분포의 경우에는 양의 치우침(오른쪽 꼬리가 길다.)인지 음의 치우침(왼쪽 꼬리가 길다.) 인지에 따라 관계가 달라진다. 그림 (c) 의 경우 평균이 오른쪽 끝부분의 큰 값에 영향을 많이 받기 때문에 중앙값보다 커진다. 중앙값은 곡선 아래의 넓이를 이등분하는 수직선의 x 좌표에 해당한다. 반대로 그림 (d) 에서는 작은 극단값이 평균에 영향을 많이 주어 상대적으로 평균은 중앙값보다 작아져서 왼쪽에 놓이게 된다.

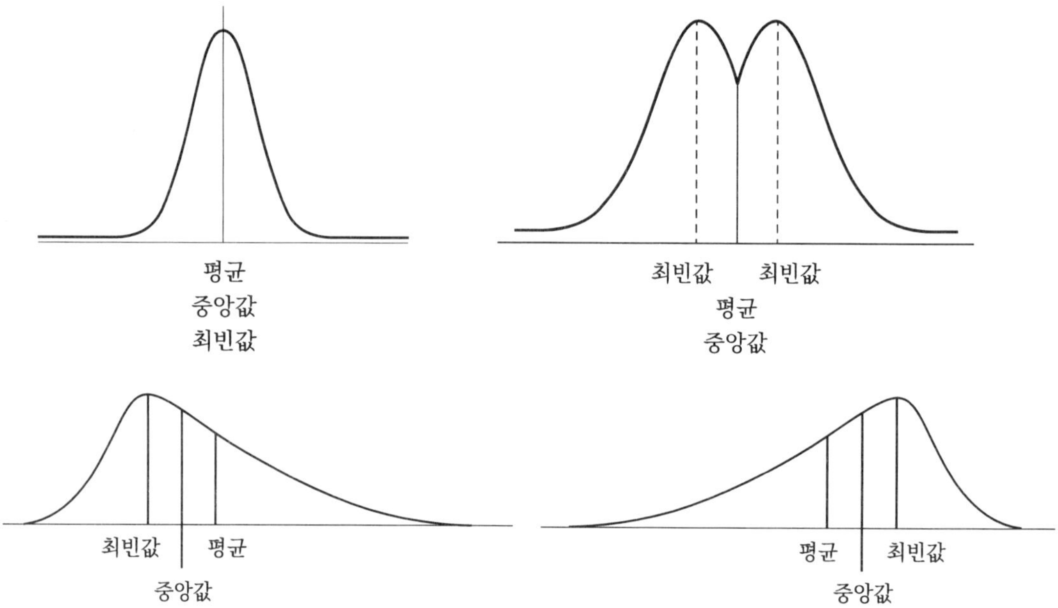

어느 남자 옷을 생산하는 공장에서 각 크기 별로 옷을 생산하려고 할 때 시장조사를 통해 옷 크기에 따라 차이를 두고 생산하려한다. 이때 가장 많은 생산해야하는 옷의 크기를 정하는 기준은 평균 크기가 날 것이다. 가장 많이 팔리는 크기의 옷, 즉 최빈값을 고려해서 생산하는 것이 가장 효율적이라고 할 수 있다. 이 공장에서 바라는 가장 좋은 크기는 평균의 크기가 중앙값이 되면서 동시에 최빈값이 되는 것이다.

3.1.4 기하평균(Geometrical Mean)

주어진 n 개의 자료 $x_1, x_2, \cdots, x_n$ 가 모두 양수일 때

$$G = \sqrt[n]{x_1 x_2 \cdots x_n}$$

을 이 자료의 기하 평균이라 한다. 기하평균은 어떤 시점에서 다른 시점으로의 물가지수, 인구 증가율 등을 구하는데 사용된다.

평균은 과연 자료의 분석에 올바르게 쓰이고 있는 값인가? 예를 들어 일반인이 평균 연봉보다 내 연봉이 작다면 나는 과연 다른 사람보다 부족한 사람인가? 정말 평균이 기준이 되는 것인가? 일반적으로 평균 이라는 것은 산술 평균을 말한다. 앞에서도 말했지만 이 산술 평균은 극단값의 영향을 받는다. 그러나 올해 나의 연봉이 작년 연봉의 2배가 되었고, 내년에는 올해 연봉의 8배가 된다고 할 때, 연봉은 평균 5배 올랐다고 말하는 것은 잘못된 계산이다.

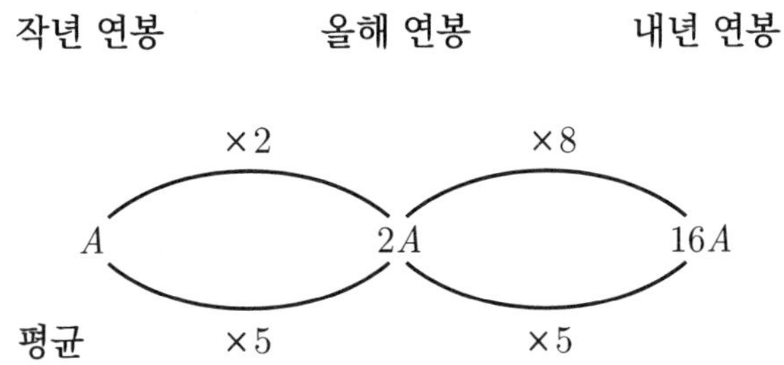

이 경우에는

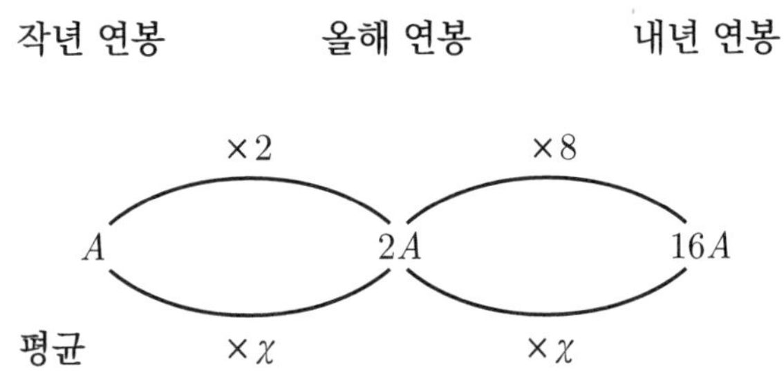

로 두고 $x^2 = 16$ 으로부터 $x = 4$, 즉 4배 올랐다고 계산해야 한다. 이러한 평균은 기하평균이라 한다.

3.1.5 조화평균 (Harmonical Mean)

n 개의 자료 $x_1,\ x_2,\ \cdots,\ x_n$ 에서

$$H = \frac{1}{\frac{1}{n}\sum_{i=1}^{n}\frac{1}{x_i}} = \frac{n}{\sum_{i=1}^{n}\frac{1}{x_i}}$$

를 주어진 자료의 조화 평균이라 한다. 이 조화 평균은 각 구간들의 평균 속도와 상품의 평균 비용 등을 구하는데 사용된다.

예제 3.6

다음 자료에 대하여 평균, 기하평균, 조화평균을 구하고, 이 값들의 크기[1]를 비교하라.

$$3,\ 5,\ 6,\ 6,\ 7,\ 10,\ 12$$

[1](산술)평균 과 기하평균 그리고 조화평균 사이에는 다음의 관계가 성립한다. $\bar{x} \ge G \ge H$

풀이

1. 평균 : $\overline{x} = \frac{1}{7}(3+5+6+6+7+10+12) = 7$
2. 기하평균 : $G = \sqrt[7]{3\cdot 5\cdot 6\cdot 6\cdot 7\cdot 10\cdot 12} = 6.43$
3. 조화평균 : $H = \frac{1}{7}\left(\frac{1}{3}+\frac{1}{5}+\frac{1}{6}+\frac{1}{6}+\frac{1}{7}+\frac{1}{10}+\frac{1}{12}\right) = \frac{501}{2940} = 5.87$ 이다.
   따라서 $\overline{x} > G > H$ 임을 알 수 있다.

3.1.6 가중 평균 (Weight Mean)

자료의 합을 계산할 때 각 자료의 상대적 중요도를 고려하여 비중을 달리 해야 하는 경우가 있다. 이를 가중치(Weight) 라 하며, 가중치를 고려한 산술 평균을 가중 평균이라 한다. 즉 주어진 n 개의 자료 $x_1,\ x_2,\ \cdots,\ x_n$ 의 가중치가 각각 $w_1,\ w_2,\ \cdots,\ w_n$ 라 한다면 이때의 가중 평균은

$$\overline{x}_w = \frac{x_1w_1 + x_2w_2 + \cdots + x_nw_n}{w_1 + w_2 + \cdots + w_n} = \frac{\sum_{i=1}^{n} x_iw_i}{\sum_{i=1}^{n} w_i}$$

으로 주어진다.

예제 3.7

어떤 학생의 지난 학기 성적표이다.

과목	학점	이수학점
사고와 표현	2	A+
통계학	3	A
미분적분학	3	B+
코딩의 활용	2	B+
생활 영어	3	B

이 학생의 평균 학점을 구하여라.

풀이

자료는 사고와 표현, 통계학, 미분적분학, 코딩의 활용, 생활영어 모두 5개이고 이수 학점을 $A+ = 4.5,\ A = 4.0,\ B+ = 3.5,\ B = 3.0$ 으로 두면 가중 평균, 즉 평균 학점은

$$\begin{aligned}\overline{x}_w &= \frac{4.5 \times 2 + 4.0 \times 3 + 3.5 \times 3 + 3.5 \times 2 + 3.0 \times 3}{2+3+3+2+3} \\ &= \frac{9.0 + 12.0 + 10.5 + 7.0 + 9.0}{13} \\ &= 3.653\end{aligned}$$

이다.

이제 주어진 자료가 각각의 자료가 아닌 도수분포표와 같이 집단화되어 나타났을 때 대푯값을 구하는 방법에 대하여 알아보도록 하자. 실제로 도수분포로 주어진 경우 정확한 평균을 계산하기는 불가능하다. 각 계급에 속해있는 측정치들이 집단화 되어있으므로 각각의 자료의 특성은 무시되고 있기 때문이다. 이때 계급의 중앙값을 계급의 대표로 생각하고 평균을 계산하면 전체의 평균을 얻을 수 있다. 즉, 각 계급 중앙값(계급값)을 $x_1,\ x_2,\ \cdots,\ x_n$ 이라 하고 도수를 $f_1,\ f_2,\ \cdots,\ f_n$ 라 할 때 평균은

$$\overline{x} = \frac{f_1x_1 + f_2x_2 + \cdots + f_nx_n}{f_1 + f_2 + \cdots f_n} = \frac{\sum_{i=1}^{n} f_i x_i}{\sum_{i=1}^{n} f_i}$$

와 같이 계산한다. 이때 $\sum_{i=1}^{n} f_i$ 은 전체 도수의 합이다.

예제 3.8

다음은 어느 학교 학생 100명의 몸무게를 측정한 결과이다.

몸무게 kg	도수(인원) f_i
$60 \sim 62$	5
$63 \sim 65$	18
$66 \sim 68$	42
$69 \sim 71$	27
$72 \sim 74$	8
합계	100

이 학생들의 몸무게의 평균을 구하여라.

풀이

위 도수분포표로부터 계급값과 가중치를 먼저 구하면

몸무게 kg	계급값 x_i	도수(인원) f_i	가중치 $f_i x_i$
$60 \sim 62$	61	5	305
$63 \sim 65$	64	18	1152
$66 \sim 68$	67	42	2814
$69 \sim 71$	70	27	1890
$72 \sim 74$	73	8	584
합계		100	6745

이므로 구하는 평균은

$$\overline{x} = \frac{\sum f_i x_i}{\sum f_i} = \frac{6745}{100} = 67.45$$

이다.

[주의]
도수분포로 작성된 경우 계급에 따라 최빈값이 달라질 수 있으므로 중심 위치로서의 자격에 문제가 생길 수 있다.

3.2 산포에 대한 측도

앞에서 언급한 평균, 중앙값, 최빈값 등의 대푯값은 자료의 중심상태를 이해하기 위한 수치였다. 주어진 자료의 특성을 좀 더 자세하게 파악하기 위하여 위의 수치들과 더불어 자료의 밀집 또는 흩어짐의 정도를 아는 것이 중요하다. 예를 들어 자료 1, 3, 5, 7, 9와 자료 4, 4.5, 5, 5.5, 6에 대하여 조사해보면 두 자료의 평균은 모두 5이지만 자료의 흩어짐은 그림 1과 같이 서로 다르게 분포되어 있음을 알 수 있다. 이와 같이 자료가 평균을 중심으로 어떻게 분포되어 있는가를 측정하는 측도를 산포도(Measure of Ddispersion)라 한다. 산포도를 나타내는 방법에는 분산 (Variance), 표준편차(Standard Deviation), 평균 편차(Mean Deviation), 사분위 편차(Quartile Deviation), 범위(Range) 등이 있다.

3.2.1 범위

산포도 중에서 가장 쉽게 얻을 수 있는 수치가 범위이다. 이다 최댓값과 최솟값의 차이를 의미한다. 즉, 자료의 범위 = 자료의 최댓값− 자료의 최솟값이 범위는 크기가 같은 여러 개의 표본을 다룰 때 매우 유용하게 쓰인다. 일반적으로 최댓값과 최솟값은 극단적인 경우가 많으므로 그 타당성을 고려하여 사용하여야 한다. 따라서 품질관리와 같은 분야에서 주로 쓰이고 있다.

예제 3.9

주어진 자료가 3, 4, 7, 8, 9, 15, 7, 4 일 때 범위를 구하여라.

풀이

자료를 크기순으로 배열하면

$$3,\ 4,\ 4,\ 7,\ 7,\ 8,\ 9,\ 15$$

이므로 범위는 $15 - 3 = 12$ 이다.

3.2.2 사분위 범위

자료를 크기순으로 나열했을 때 네 등분하는 값을 사분위수라 한다. 이 값들 중에서 25%에 해당하는 첫 번째 값을 제1 사분위수 Q_1, 50%에 해당하는 두 번째 값을 제2 사분위수 Q_2, 75%에 해다하는 세 번째 값을 제 3 사분위수 Q_3 라 부르며, Q_2 는 중앙값임을 알 수 있다. 이때 사분위수 범위 Q는

$$Q = Q_3 - Q_1$$

으로 정의한다.

예제 3.10

주어진 자료가 3, 4, 7, 8, 9, 15, 7, 4 일 때 사분위 범위를 구하여라.

풀이

자료를 크기순으로 배열하면

$$3,\ 4,\ 4,\ 7,\ 7,\ 8,\ 9,\ 15$$

이 되고 이를 이등분하면

$$3,\ 4,\ 4,\ 7,\ 7,\ 8,\ 9,\ 15$$

이다. 따라서 제1 사분위수는 왼쪽 부분의 중앙값인 $\dfrac{4+4}{2} = 4$ 이고, 제3 사분위수는 오른쪽 부분의 중앙값인 $\dfrac{8+9}{2} = 8.5$ 이므로 사분의 범위는

$$Q = 8.5 - 4 = 4.5$$

이다.

3.2.3 평균 편차

주어진 자료의 어떤 값도 무시하지 않으면서 평균값의 영향을 제거시킨 상태에서 자료들이 어떻게 분포되었는지 알고자 한다. 중심 위치가 평균 $\overline{x}$ 인 자료에 대하여 각 측정값들과 평균과의 차이를 편차라고 한다. 즉, 편차 = 측정값 − 표본평균 $= x_i - \overline{x}$

이때 편차들의 합은 양수와 음수들의 편차들이 서로 상쇄되므로 항상 0이다. 다시 말해서

$$\begin{aligned}\sum_{i=1}^{n}(x_i - \overline{x}) &= \sum_{i=1}^{n} x_i - \sum_{i=1}^{n} \overline{x} = \sum_{i=1}^{n} x_i - n\overline{x} \\ &= \sum_{i=1}^{n} x_i - n\left(\frac{1}{n}\sum_{i=1}^{n} x_i\right) = \sum_{i=1}^{n} x_i - \sum_{i=1}^{n} x_i = 0\end{aligned}$$

이 성립한다. 따라서 평균과 편차가 계산되어 자료의 흩어짐의 정도를 확인하고 할 때에는 편차의 절댓값의 평균을 구하는 것이 바람직하다. 이를 평균 편차라 한다.

$$M.D. = \frac{1}{n}\sum_{i=1}^{n} |\ x_i - \overline{x}\ |$$

예제 3.11

주어진 자료가 3, 4, 7, 8, 9, 15, 8, 6 일 때 편차의 합과 평균 편차를 구하여라.

풀이

자료의 평균은 $\frac{3+4+7+8+9+15+8+6}{8} = 7.5$ 이다. 이때

자료	편차	편차의 절댓값
3	$3-7.5=-4.5$	4.5
4	$4-7.5=-3.5$	3.5
7	$7-7.5=-0.5$	0.5
8	$8-7.5=0.5$	0.5
9	$9-7.5=1.5$	1.5
15	$15-7.5=7.5$	7.5
8	$8-7.5=0.5$	0.5
6	$6-7.5=-1.5$	1.5

가 되어 편차의 합은 0 이고 평균 편차는

$$\frac{20}{8} = 2.5$$

이다. 따라서 이 자료의 각 값은 평균으로부터 거리가 평균 2.5 이다.

3.2.4 분산과 표준편차

분산과 표준편차는 자료의 흩어짐을 나타내는데 가장 많이 쓰이는 개념이다. 편차의 제곱들로 표현되는 산포의 측도에 대하여 생각하고자 한다. 분산(Variance)이란 각 편차들의 제곱을 합하여 자료의 총 수로 나눈 값을 말한다. 표준편차(Standard Deviation)는 분산의 양의 제곱근으로 정의된다. 분산을 편차의 평균이 아닌 편차 제곱의 평균으로 구하는 이유는 앞에서 말한 대로 편차의 합은 항상 0 이 되기 때문이다. 분산은 모집단의 경우와 표본의 경우를 서로 다르게 계산한다. 먼저 표본의 경우를 살펴보면 다음과 같다. 전체 N개의 자료가 있는 모집단에서 n개의 표본 $x_1, x_2, \cdots, x_n$ 을 택하였을 경우 이 표본의 평균(표본평균)을 $\overline{x}$ 라하고 표본 분산을 S^2 이라 하면 표본 분산(Sample Variance)은 다음과 같다.

$$S^2 = \frac{1}{n-1}\sum_{i=1}^{n}(x_i - \overline{x})^2$$

이때 표본 표준 편차(Sample Standard Deviation) S 는 표본 분산을 제곱근이다.

$$S = \sqrt{\frac{1}{n-1}\sum_{i=1}^{n}(x_i - \overline{x})^2} = \sqrt{S^2}$$

N 개의 자료가 있는 모집단이 $x_1,\ x_2,\ \cdots,\ x_N$ 으로 주어진 경우 이 모집단의 평균을 μ 라 하고 모집단의 분산을 σ^2 이라 할 때 모집단의 분산은 다음과 같다.

$$\sigma^2 = \frac{1}{N}\sum_{i=1}^{n}(x_i - \mu)^2$$

이때 모집단의 표준 편차 σ σ는 그리스 문자로 [sigma] 로 발음한다. 는 모집단의 분산을 제곱근이다.

$$\sigma = \sqrt{\frac{1}{N}\sum_{i=1}^{n}(x_i - \mu)^2} = \sqrt{\sigma^2}$$

자료로부터 계산된 분산이 0 에 가까울수록 그 자료의 변동은 심하지 않으며 대체로 평균에 모여 있음을 의미한다. 즉, 분산이 클수록 자료들이 평균으로부터 넓게 퍼져있음을 말한다. 또한 분산은 편차의 제곱의 평균으로서 원래 측정 단위를 제곱하게 된다. 예를 들어 원래 자료의 단위가 m 이었다면 분산의 단위는 m^2 으로 표시된다. 이러한 문제를 해결하기 위하여 분산의 제곱근을 구하게 되며 이것을 표준편차라 한다.

다시 한 번 말해서 모집단의 경우와는 달리 표본의 경우 모집단의 평균 μ 대신에 표본 평균 $\overline{x}$ 를 사용한다. 또한 분산의 계산은 n 개의 표본에서 생각했지만 $n-1$ 로 나누게 된다. 일반적으로 모집단의 분산을 추정할 때 n 으로 나누는 것보다 $n-1$ 로 나누는 것이 더 정확한 추정이 되기 때문이다. n 이 크면 이 두 값은 거의 차이가 나지 않는다.

이 내용은 표본 분포에서 자세히 다루도록 할 것이다. 여기서 $n-1$ 을 자유도(Degree of Freedom) 라 하며 각 편차의 합이 0 이므로 전체 n 개의 특정치 중에서 $n-1$ 개의 측정치를 알면 나머지 하나는 저절로 결정되기 때문에 전체 n 개의 자료 중에서 $n-1$ 개의 자료만이 자유롭게 변화 할 수 있다는 의미를 갖고 있다. 이때 대표본의 경우는 n 으로 나누거나 $n-1$ 로 나눈 것이 별 차이가 없지만 소표본의 경우 상당한 차이가 있다. 그럼에도 불구하고 앞으로는 소표본으로 다루어야 하는 특별한 경우가 아니라면

$$S^2 = \frac{1}{n}\sum_{i=1}^{n}(x_i - \overline{x})^2$$

으로 계산하겠다. 이 형식을 빌려 분산을 편차 제곱의 평균이라고 부르기도 한다.

자료의 분산을 계산할 때 다음과 같은 방법을 이용하면 쉽게 계산할 수 있다.

예제 3.12

다음의 주어진 표본으로 분산과 표준 편차를 구하여라.

$$10,\ 15,\ 20,\ 23,\ 26,\ 28,\ 30,\ 34$$

풀이

분산을 구하기 위해 먼저 평균을 구한다.

$$\overline{x} = \frac{1}{8}(10 + 15 + 20 + 23 + 26 + 28 + 30 + 34) = 23.25$$

이때 분산은 표본이 8이므로 자유도 $8 - 1 = 7$로 계산하여

$$\begin{aligned}\frac{1}{7}((10-23.25)^2 &+ (15-23.25)^2 + (20-23.25)^2 + (23-23.25)^2 + (26-23.25)^2 \\ &+ (28-23.25)^2 + (30-23.25)^2 + (34-23.25)^2) \\ =&63.643\end{aligned}$$

이고, 양의 제곱근인 표준편차는 $\sqrt{63.64} \approx 7.978$ 이다.

분산을 간단히 구하기 위한 간편식을 알아보자. 편차 제곱의 합과 평균의 제곱의 관계로부터 분산을 얻을 수 있다.

정리 3.1 편차의 제곱의 합

$$\sum_{i=1}^{n}(x_i - \overline{x})^2 = \sum_{i=1}^{n} x_i^2 - n\overline{x}^2$$

증명 3.1

$$\begin{aligned}\sum_{i=1}^{n}(x_i-\overline{x})^2 &= \sum_{i=1}^{n}(x_i^2-2\overline{x}x_i+\overline{x^2})\\ &= \sum_{i=1}^{n}x_i^2-2\overline{x}\sum_{i=1}^{n}x_i+\sum_{i=1}^{n}\overline{x^2}\\ &= \sum_{i=1}^{n}x_i^2-2\overline{x}\left(n\cdot\frac{1}{n}\sum_{i=1}^{n}x_i\right)+n\sum_{i=1}^{n}\overline{x^2}\\ &= \sum_{i=1}^{n}x_i^2-2n\overline{x^2}+n\overline{x^2}\\ &= \sum_{i=1}^{n}x_i^2-n\overline{x^2}\end{aligned}$$

이 성립한다.

정리3.1을 이용하면 분산의 계산이 조금 더 간단해 질 수 있다.

정리 3.2 분산의 계산 (대표본의 경우)

$S^2 = \overline{x}^2 - \overline{x}^2$ 이다.

증명 3.2

$$\begin{aligned}S^2 &= \frac{1}{n}\sum_{i=1}^{n}(x_i-\overline{x})^2 = \frac{1}{n}\left(\sum_{i=1}^{n}x_i^2-n\overline{x}^2\right)\\ &= \frac{1}{n}\sum_{i=1}^{n}x_i^2-\overline{x}^2 = \overline{x}^2-\overline{x}^2\end{aligned}$$

이 성립한다.

정리 3.2로부터 분산은 평균의 제곱에서 제곱의 평균을 뺀 것으로 계산 할 수 있음을 알 수 있다.

예제 3.13

다음 두 자료(소표본) 에서 평균, 분산, 표준 편차를 구하여라.

자료 1	자료 2
53	40
50	45
55	55
45	50
45	43
40	55

풀이

자료의 수가 6인 소표본이므로 평균과 분산을 각각 계산하면

자료 1	편차
53	53-48=5
50	50-48=2
55	55-48=7
45	45-48=-3
45	45-48=-3
40	40-48=-8
평균	48
편차 제곱의 합	160
분산	$160 \div 5 = 32$
표준편차	$\sqrt{32} = 5.656$

자료 1	편차
40	40-48=-8
45	45-48=-3
55	55-48=7
50	50-48=2
43	43-48=-5
55	55-48=7
평균	48
편차 제곱의 합	200
분산	$200 \div 5 = 40$
표준 편차	$\sqrt{40} = 6.324$

이다. 소표본이므로 자유도 $(6-1) = 5$를 사용했음에 주의해야 한다.

예제 3.14

어느 학생의 6회에 걸친 통계학 시험의 결과 75, 84, 86, 88, 90, 93 (점) 이었다. 이 점수의 분산과 표준편차를 구하여라.

풀이

다음과 같이 표를 만들어 보자.

x_i	$x_i - \bar{x}$	$(x_i - \bar{x})^2$
75	-11	121
84	-2	4
86	0	0
88	2	4
90	4	16
93	7	49
합 516	0	194

여기에서

$$\bar{x} = \frac{75 + 84 + 86 + 88 + 90 + 93}{6} = \frac{516}{6} = 86$$

이다. 이때

$$S^2 = \frac{194}{5} = 38.8 \text{ 이고 } S = \sqrt{38.8} = 6.228$$

이다.

모집단의 자료가 도수분포로 주어진 경우의 분산과 표준 편차를 구하는 방법에 대하여 알아보도록 하자. 자료가 도수 분포로 주어진 경우에는 도수를 고려하여 가중치로 부터 평균과 분산을 구해야한다. 자료의 평균과 각 계급값의 편차의 제곱에 각 계급의 도수(가중치)를 곱한 것들을 모두 더한 값을 $n-2$ 로 나누어 구한다.

예제 3.15

다음은 어느 학교 학생 100명의 몸무게를 측정한 결과이다. 도수 분포표를 완성하고 분산과 표준편차를 구하여라.

몸무게 kg	계급값 x_i	인원 f_i	편차$x_i - \overline{x}$	편차의 제곱 $(x_i - \overline{x})^2$	$f_i(x_i - \overline{x})^2$
60~62	61	5			
63~65	64	18			
66~68	67	42			
69~71	70	27			
72~74	73	8			
합계		100			

풀이

먼저 도수분포를 완성하면

몸무게 kg	계급값 x_i	인원 f_i	편차$x_i - \overline{x}$	편차의 제곱 $(x_i - \overline{x})^2$	$f_i(x_i - \overline{x})^2$
60~62	61	5	−6.45	41.6025	208.0125
63~65	64	18	−3.45	11.9025	214.2450
66~68	67	42	−0.45	0.2025	8.5050
69~71	70	27	2.55	6.5025	175.5675
72~74	73	8	2.55	30.8025	246.4200
합계		100			825.7500

와 같다. 이제 평균을 구하면

$$\frac{61 \times 5 + 64 \times 18 + 67 \times 42 + 70 \times 27 + 73 \times 8}{100} = 67.45$$

이다. 이때 분산은

$$S^2 = \frac{1}{n-1} \sum f_i(x_i - \overline{x})^2 = \frac{852.7500}{99} = 8.613$$

이고, 따라서 표준 편차는

$$S = \sqrt{8.613} = 2.934$$

이다.

3.2.5 변동계수 (Coefficient of Variation)

표준 편차는 평균을 중심으로 자료 집단 안의 자료 값들의 위치에 대한 산포의 측도이다. 그러나 절대적인 수치로 표시되는 표준 편차를 이용하여 두 집단의 산포를 평가하기는 어렵다. 자동차를 운전하는 사람의 나이와 운행 거리를 비교하기에 각각의 표준편차로는 두 자료의 산포도를 비교하기가 쉽지 않다. 이와 같이 측정 단위가 서로 다른 두 집단 또는 측정 단위는 같지만 평균이 크게 차이가 나는 경우에 표준 편차보다는 단위에 관계없이 양수인 값을 가지며 평균으로부터 상대적으로 흩어진 정도를 나타내는 측도가 필요하다. 이것을 변동 계수라 하고 아래와 같이 정의한다.

변동 계수 : $C.V. = \frac{S}{\overline{x}}$

이 변동 계수가 클수록 자료의 분포상태는 상대적으로 폭이 넓게 나타난다.

예제 3.16

중소기업 100개를 표본으로 직원 수와 일주일간 식사비용을 조사한 결과는 다음과 같다.

	직원 수(명)	식사비용(원)
$\overline{x}$	7.08	150,000
S	1.01	27,000

직원 수와 식사비용에 대한 변동계수를 구하고 상대적으로 비교하라.

풀이

직원 수와 식사비용의 단위가 서로 다르므로 산포의 측도로 변동계수를 사용한다.

- 직원 수의 변동 계수 : $C.V. = \frac{S}{\overline{x}} = \frac{1.01}{7.08} \times 100 = 14.2\%$
- 식사비용의 변동 계수 : $C.V. = \frac{S}{\overline{x}} = \frac{27,000}{150,000} \times 100 = 18\%$

이다. 따라서 식사비용의 흩어진 정도가 직원의 흩어진 정도에 비해 상대적으로 약 1.267 ($\frac{18\%}{14.2\%} = 1.267$) 배 정도 크다는 것을 알 수 있다.

3.2.6 표준 점수(Standardized Score, Z-score)

어떤 특정한 자료가 평균으로부터 표준편차의 몇 배 만큼 떨어져 있는 가를 측정하는 측도로서

$$z_i = \frac{x_i - \overline{x}}{S},\ i = 1,\ 2,\ \cdots,\ n$$

으로 계산 되는 측도를 표준 점수 또는 z점수라 한다.

예제 3.17

어떤 학생의 영어 성적과 수학 성적을 비교한 표이다. 이 학생은 영어를 잘하는가? 수학을 잘하는가? 판단하여라.

	점수	전체 평균	전체 표준 편차
영어	70점	65점	4
수학	40점	38점	1

풀이

영어 성적의 z점수는

$$z_E = \frac{70 - 65}{4} = 1.25$$

이고 수학 성적의 z점수는

$$z_M = \frac{40 - 38}{1} = 2$$

이다. 그러므로 이 학생은 수학 성적이 더 좋다고 말 할 수 있다.

연습문제

1. 다음 괄호에 적절한 단어를 고르면?(번호로 답하여라.)

   자료의 표현에서 각 범주에 들어가는 자료의 수를 ( )라 한다. 양적 자료를 적당한 간격으로 집단화하여 나타낸 범주를( ) 한다. 자료의 중심이 어디인가를 나타내는 수치를 ( )이라 하고, 자료들이 대푯값을 기준으로 얼마나 흩어져있는 가를 나타내는 수치를 ( )라 한다. 평균은 가장 많이 사용되는 대푯값으로 모든 자료의 ( )을 자료의 ( )로 나눈 것을 말한다. 또한 자료를 크기 순서대로 나열하였을 때 가운데 위치하는 대푯값을 ( )이라 하고, 가장 많은 자료의 수를 ( )이라 한다.

   (a) 평균 b) 대푯값 c) 편차 d) 표준편차 e)곱 f) 합

   g) 개수 h) 중앙값 i) 크기 j) 확률변수 k) 최빈값 l) 도수

   m) 산포도 n) 계급 o) 계급값

2. 다음 자료의 평균, 중앙값을 구하여라.

   1.04, 1.12, 2.31, 2.453.56, 3.66, 4.23, 4.45, 4.67, 5.57, 5.78, 6.78

3. 표본으로 주어진 자료가 7, 15, 23, 17, 33, 41 일 때 중앙값, 분산, 표준편차를 구하여라.

4. 아래 자료는 어느 대학의 통계수업을 수강하는 학생 40명에 대한 과제 성적이다.

   89, 78, 77, 90, 91, 98, 70, 60, 64, 88,

   89, 93, 94, 98, 74, 68, 66, 67, 87, 98,

   68, 95, 76, 87, 54, 98, 89, 90, 97, 76,

   78, 98, 95, 69, 83, 92, 80, 83, 89, 92.

   (a) 성적의 평균과 분산, 표준편차를 구하여라.

   (b) 성적의 중앙값과 최빈값을 구하여라.

   (c) 사분위수Q_1, Q_2, Q_3를 구하여라.

5. 표본의 자료가 68, 95, 76, 87, 54, 98, 89, 90, 97, 76 일 때 각각의 z점수를 구하여라.

6. 다음 결과로부터 x의 분산을 구하여라.($i = 1,\ 2,\ 3,\ \cdots,\ 10$ 이다.)

$$w_i = x_i^2,\ \overline{w} = 47.89,\ \overline{x} = 4.97$$

7. n개의 자료에서 평균을 구하는 파이썬 코딩을 작성하여라.

8. n개의 자료에서 중앙값을 구하는 파이썬 코딩을 작성하여라.

9. n개의 자료에서 최빈값을 구하는 파이썬 코딩을 구하여라.

10. 6개의 자료 1, 2, 3, 4, 5, 100 의 기하평균을 구하는 파이썬 코딩을 작성하라.

11. 자료 3, 5, 6, 6, 710, 12 의 조화평균을 구하는 파이썬 코딩을 작성하여라.

제 4 장
확률과 확률분포

일상의 통계 자료, 예를 들어 사는 곳, 소득, 잠자는 시간, 출근 시간, 통학 때 이용하는 교통수단, 직업, 하루 휴대폰 사용 시간 등에는 확률이 포함되어 있지 않다. 그럼에도 불구하고 이러한 조사가 우리나라 모든 소비자에 대해 조사 할 수 있는 것이 아니기 때문에 확률에 대한 지식이 필요한 것이다. 이는 표본이 전체를 잘 대표하지 못할 수도 있기 때문이다. 이 장에서는 복잡한 확률이론보다는 확률의 기초가 되는 성질과 확률변수에 대해 살펴보고자 한다.

4.1 표본공간과 사건

4.1.1 사건

어떤 실험에서 나올 수 있는 모든 가능한 결과의 집합을 표본공간(Sample Space) 이라고 하고 보통 S 또는 ω 로 쓴다. 원소의 개수가 유한이거나 셀 수 있는 경우 표본 공간을 이산표본 공간(Discrete Sample Space) 라고 한다. 배터리의 수명과 같이 표본공간이 실수 집합의 형태로 주어지는 표본공간을 연속표본 공간(Continuous Sample Space) 라고 한다. 표본 공간의 원소 또는 부분 집합으로 관심의 대상이 되는 결과들의 집합을 사건(Event) 또는 사상 이라고 부르고 보통 A, B, $\cdots$ 와 같이 대문자로 쓴다. 특히, 표본공간의 하나의 원소로만 이루어진 사건을 단순 사건(Simple Event)이라고 부른다. 공사건(Empty Event)은 원소가 하나도 들어 있지 않은 사건을 말하며 $\varnothing$으로 나타낸다.

두 사건 A, B에 대하여 A의 모든 원소가B에 속할 때 $A \subset B$ 로 나타낸다. 만약 $A \subset B$ 이고 $B \subset A$ 이면 A와 B 는 같다고 하고 $A = B$ 로 쓴다.

표본 공간 S의 두 사건 A, B에 대하여 사건 $A \cup B$ 를 합사건(Union) 이라 하고 A 또는 B 가 일어나는 사건을 나타낸다. 이 합사건은 두 사건 A 와 B 중 어느 하나 또는 둘 다에 속하는 모든 단순 사건들의 모임이다. 사건 $A \cap B$ 를 곱사건(Intersection) 이라 하고 A와 B가 동시에 일어나는 사건을 나타낸다. 곱사건을 간단하게 AB로 나타내기도 한다. 이 곱사건은 두 사건 A 와 B 둘 다에 속하는 모든 단순 사건들의 모임을 말한다. 사건 A^c는 사건 A의 여사건(Complement) 를 나타내며 사건 A에 속하지 않은 표본 공간의 모든 원소들의 집합을 말한다. 사건 A는 일어나지만 사건 B는 일어나지 않는 사건을 $A - B$로 쓰고 차사건(Different)이라 부른다. 차사건은 $A - B = AB^c = A - AB$ 로 나타내기도 한다. 원소가 하나도 없는 사건을 공사건(empty) 이라 하고$\varnothing$ 으로 타나낸다. 두 사건 A, B 에 대하여 $A \cap B = \varnothing$ 이면 두 사건 A, B는 배반사건(Disjoint)이라 한다. 일반적으로 서로 다른 모든 i, j 에 대하여 $A_i \cap A_j = \varnothing$ 이면 사건들의 열 A_1, A_2, $\cdots$ 은 상호 배반(Mutually Disjoint) 이라고 한다. 이런 관계를 나타낸 그림은 벤 다이어그램(Venn Diagram) 이라 한다.

$A \cup B$

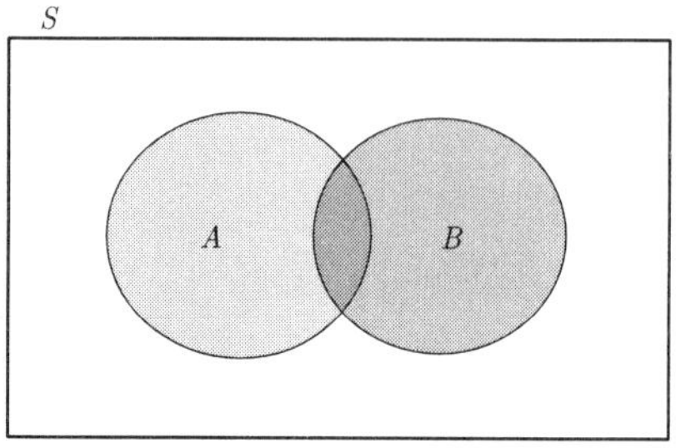

$A \cap B$

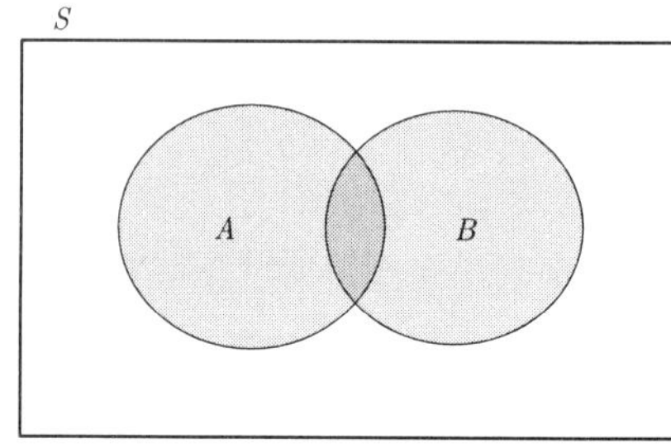

A^c

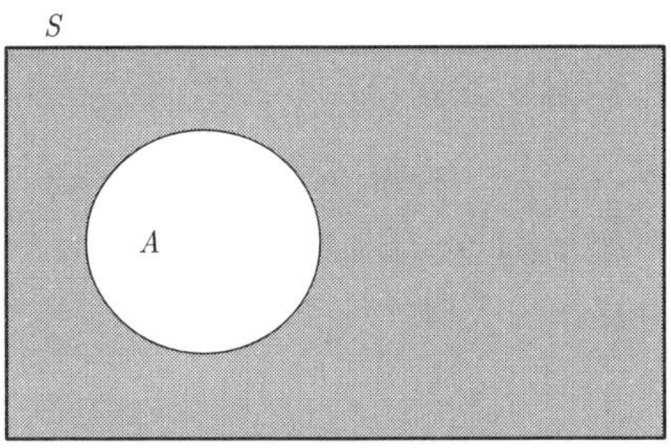

$A-B$

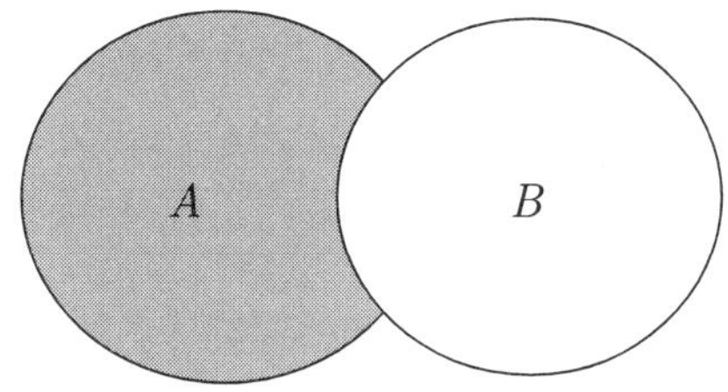

예제 4.1

동전을 세 번 던지는 실험에서 앞면이 세 번 나오는 사건을 A, 두 번 나온 사건을 B, 앞면이 꼭 한번만 나오는 사건을 C라 하면

$$S=\{HHH,\ HHT,\ HTH,\ THH,\ HTT,\ THT,\ TTH,\ TTT\}$$

$$A=\{HHH\},\ B=\{HHT,\ HTH,\ THH\},\ C=\{HTT,\ THT,\ TTH\}$$

이다. 이때

$$A\cup B=\{HHH,\ HHT,\ HTH,\ THH\}$$

이고

$$A\cap B=\varnothing,\ A\cap C=\varnothing,\ B\cap C=\varnothing$$

이므로 세 집합 A, B, C는 상호 배반이다.

예제 4.2

주사위를 1개 던지는 시행에서 짝수의 눈이 나오는 사건을 A, 홀수의 눈이 나오는 사건을 B, 소수의 눈이 나오는 사건을 C 라 할 때 다음에 답하여라.

1. 표본공간 S 를 정하여라.
2. $A\cap B$ 와 $B\cap C$ 를 구하여라.
3. A 와 B 가 배반 사건인지 확인 하여라.
4. $A\cap(B\cup C)=(A\cap B)\cup(A\cap C)$ 가 성립함을 보여라.

풀이

1. $S = 1,\ 2,\ 3,\ 4,\ 5,\ 6$

2. $A = 2,\ 4,\ 6,\ B = 1,\ 3,\ 5,\ C = 2,\ 3,\ 5$ 이므로 $A \cap B = \varnothing$ 이고 $B \cap C = 3,\ 5$ 이다.

3. $A \cup B = S$ 이고 (2)에서 $A \cap B = \varnothing$ 이므로, 두 사건은 배반사건이다.

4. $B \cup C = 1,\ 2,\ 3,\ 5$ 이므로 $A \cap (B \cup C) = 2$ 이다. 또, $A \cap C = 2$ 가 되어 주어진 식, 즉 분배법칙은 성립한다.

4.1.2 순열과 조합

확률을 계산하기 전에 먼저 집합의 원소의 수를 세는 방법을 다루어 보기로 한다.

1. 경우의 수

   (a) 합의 법칙 : 한 사건 A 가 m 번 일어나고 다른 사건 B 가 n 번 일어났을 때, 두 사건 A와B가 동시에 일어나지 않을 때 사건 A 또는 사건 B 가 일어나는 경우의 수는 $m + n$ 가지이다.

   두 사건 A와 B가 일어나는 경우의 집합을 각각 A 와 B 라 하면 두 사건 A와 B가 일어나는 경우의 수는 각각 $n(A)$와 $n(B)$ 이다. 이때 사건 A 또는 사건 B 가 일어나는 경우의 집합은 $A \cup B$로 나타낼 수 있으므로 사건 A 또는 사건 B 가 일어나는 경우의 수는

   $$n(A \cup B) = n(A) + n(B) - n(A \cap B)$$

   이다. 한편 두 사건 A와 B가 동시에 일어나지 않을 때 $A \cap B = \varnothing$ 이므로

   $$n(A \cap B) = 0$$

   이다. 따라서 동시에 일어나지 않을 때 사건 A 또는 사건 B 가 일어나는 경우의 수는

   $$n(A \cup B) = n(A) + n(B)$$

   이다.

1. 다른 두 개의 주사위 D_1과 D_2를 동시에 던질 때, 나온 눈의 수의 합이 5 또는 8이 되는 경우의 수를 구하여라.

풀이

D_1의 눈의 수를 x, D_2의 눈의 수를 y라 하고, 두 개의 주사위를 동시에 던져서 나오는 눈의 수를 $(x,\ y)$로 나타내자. 눈의 합이 5인 사건을 A라고 하면

$$A = (1,\ 4),\ (2,\ 3),\ (3,\ 2),\ (4,\ 1)$$

눈의 합이 8인 사건을 B라고 하면

$$B = (2,\ 6),\ (3,\ 5),\ (4,\ 4),\ (5,\ 3),\ (6,\ 2)$$

이다. 이때 두 사건 $A,\ B$는 동시에 일어ㅏ지 않으므로 고하는 경우의 수는 합의 법칙을 이용하여

$$n(A \cup B) = n(A) + n(B) = 4 + 5 = 9$$

이다.

(b) 곱의 법칙 : 한 사건 A가 m 번 일어나고, 그 각각에 대하여 다른 사건 B가 n 번 일어났을 때 A와 B가 동시에 일어나는 경우의 수는 $m \times n$ 가지이다.

사건 A가 일어나는 경우의 집합을 $A = a_1,\ a_2,\ \cdots,\ a_m$, 사건 B가 일어나는 경우의 집합을 $B = b_1,\ b_2,\ \cdots,\ b_n$ 이라고 하자. A의 각 원소에 대하여 $b_1,\ b_2,\ \cdots,\ b_n$ 이 대응되므로 두 사건 $A,\ B$가 동시에 일어나는 경우를 순서쌍으로 나타내면 다음과 같다.

$$m\text{가지}\left\{\begin{array}{cccc} (a_1,b_1) & (a_1,b_2) & \cdots & (a_1,b_n) \\ (a_2,b_1) & (a_2,b_2) & \cdots & (a_2,b_n) \\ \vdots & \vdots & & \vdots \\ \underbrace{(a_m,b_1)}_{} & (a_m,b_2) & \cdots & (a_m,b_n) \end{array}\right.$$

$$\underbrace{\qquad\qquad\qquad\qquad\qquad\qquad}_{n\text{가지}}$$

따라서 두 사건 A와 B가 동시에 일어나는 경우의 수는

$$n(A) \times n(B)$$

이다.

예제 4.3

남자 5명과 여자 7명으로 구성된 모임에서 남녀 각 1명씩을 뽑아 위원회를 구성하려고 한다. 구성할 수 있는 경우의 수를 구하여라.

풀이

남자 5명에서 1명을 위원으로 선택하는 방법은 5가지이고, 여자 7명에서 1명을 위원으로 선택하는 방법을 7가지이므로 위원회를 구성할 수 있는 방법은 $5 \times 7 = 35$ 가지이다.

예제 4.4

15개의 진위형문제 (OX 문제)에서 나올 수 있는 가능한 해답은 2^{15} 가지이다.

예제 4.5

216의 약수의 개수를 구하여라.

풀이

216 을 소인수 분해하면 $216 = 2^3 \times 3^3$ 이다. 2^3 의 약수의 집합을 A, 3^3 의 약수의 집합을 B 라 하면

$$A = 1,\ 2,\ 2^2,\ 2^3 \text{ 이고 } B = 1,\ 3,\ 3^2,\ 3^3$$

이다. 여기서 2^3 의 약수 각각에 대하여 3^3 의 약수를 각각 곱하면 216의 약수가 되므로 216의 약수의 개수는

$$n(A) \times n(B) = 4 \times 4 = 16$$

이다. 실제로 약수는

$$1,\ 2,\ 3,\ 4,\ 6,\ 8,\ 9,\ 12,\ 18,\ 24,\ 27,\ 36,\ 54,\ 72,\ 108,\ 216$$

이다.

2. 순열 (Permutation)

서로 다른 n개에서 r개를 선택하여 순서를 고려하여 늘어놓는 것을 순열이라 하며 이

순열의 수를 ${}_nP_r$ 로 나타내고

$$\begin{aligned} {}_nP_r &= n \times (n-1) \times (n-2) \times \cdots \times (n-r+1) \\ &= \frac{n!}{(n-r)!} \end{aligned}$$

로 계산한다. 단 $0 < r \leq n$ 이다.

예제 4.6

1, 2, 3, 4, 5 를 써서 만들 수 있는 4자리 정수의 개수는 ${}_5P_4 = 5 \times 4 \times 3 \times 2 = 120$ 개이다.

예제 4.7

n 개의 서로 다른 대상을 순서대로 늘어놓을 수 있는 방법은 ${}_nP_n = n!$ 이다. 따라서 야구 선수 9명의 타순을 정하는 방법은 $9! = 362,\ 880$개 이다.

예제 4.8

수강인원 30명인 강의에서 대표, 부대표, 총무를 한사람씩 선출하는 방법은 모두 몇 가지인가 구하여라.

풀이

30명에서 서로 다른 3명을 뽑는 순열의 수 이므로 ${}_{30}P_3 = 30 \times 29 \times 28 = 24,\ 360$ 이다.

3. 조합 (Combination)

서로 다른 n개에서 순서를 고려하지 않고 r개를 선택할 때 이 r개로 이루어진 각각의 집합을 조합이라 하며 이 조합의 수를 ${}_nC_r$ 또는 $\binom{n}{r}$ 로 나타내고

$${}_nC_r = \frac{{}_nP_r}{r!} = \frac{n!}{r!(n-r)!}$$

로 계산한다.

예제 4.9

전체 5명중에서 대표 두 명을 뽑는 방법의 수는 두 명의 순서가 고려되지 않으므로(즉, 대표의 구분이 없으므로) 조합 ${}_5C_2 = \frac{{}_5P_2}{2!} = \frac{5 \times 4}{2} = 10$ 이고, 회장, 부회장 두 명을 뽑는 방법의 수는 순열 ${}_5P_2 = 5 \times 4 = 20$ 이다.

예제 4.10

남자 7명, 여자 5명으로 이루어진 모임에 대하여 다음을 구하여라.

1. 4명의 대표를 뽑는 방법의 수
2. 4명의 대표중 적어도 한명이 여자가 포함되는 방법의 수

풀이

1. 남, 녀의 구별이 없으므로 ${}_{12}C_4$ 이다.
2. 적어도 1명의 여자가 포함되려면 전체 경우의 수에서 모두 남자만 대표가 되는 경우를 빼면 된다. 따라서 ${}_{12}C_4 - {}_7C_4$ 이다.

예제 4.11

24명의 학생을 3명씩 8개조로 나누는 방법의 수를 구하여라.

풀이

${}_{24}C_3 \times {}_{21}C_3 \times {}_{18}C_3 \times {}_{15}C_3 \times {}_{12}C_3 \times {}_9C_3 \times {}_6C_3 \times {}_3C_3 \times \frac{1}{8!}$ 이다.

이항계수를 정하는 방법으로 다음과 같은 이항 정리를 소개한다.

정리 4.1 이항정리(Binomial Theorem)

$$(a+b)^n = \sum_{k=0}^{n} \binom{n}{k} a^k b^{n-k}$$

여기서 $\binom{n}{k}$ 를 이항계수[1](Binomial coefficient) 라고 한다.

예제 4.12

$(a+b)^3$ 을 전개하여라.

풀이

$$
\begin{aligned}
(a+b)^3 &= \sum_{k=0}^{3} \binom{3}{k} a^{3-k} b^k \\
&= \binom{3}{0} a^3 b^0 + \binom{3}{1} a^2 b^1 + \binom{3}{2} a^1 b^2 + \binom{3}{3} a^0 b^3 \\
&= a^3 + 3a^2 b + 3ab^2 + b^3
\end{aligned}
$$

예제 4.13

$\sum_{k=0}^{n} (-1)^{n-k} \binom{n}{k} = 0$ 임을 증명하여라.

풀이

이항정리를 이용하면

$$
\sum_{k=0}^{n} (-1)^{n-k} \binom{n}{k} = \sum_{k=0}^{n} \binom{n}{k} 1^k (-1)^{n-k} = (1-1)^n = 0
$$

이다.

4. 중복순열

서로 다른 n 개에서 중복을 허락하여 r 개를 선택하여 순서를 고려하여 늘어놓는 것을 중복순열이라 하며 이 순열의 수를 ${}_n\Pi_r$ 로 나타내고

$$
{}_n\Pi_r = n^r
$$

로 계산한다.

[1]이항계수는 이항분포에서 다시 다루게 된다.

예제 4.14

1, 2, 3, 4, 5 를 써서 만들 수 있는 4자리 정수 중에서 각 자리의 수가 같아도 좋을 때의 개수를 모두 구하여라.

풀이

${}_5\Pi_4 = 5^4$

예제 4.15

6통의 편지를 3개의 우편함에 넣는 방법은 모두 몇 가지인가 구하여라.

풀이

${}_3\Pi_6 = 3^6$

예제 4.16

$X = x_1,\ x_2,\ \cdots,\ x_r,\ Y = y_1,\ y_2,\ \cdots,\ y_n$ 일 때 X 에서 Y 로의 함수의 총수는 ${}_n\Pi_r$ 이고 일대일 함수의 총수는 ${}_nP_r$ 이다.

5. 중복조합

서로 다른 n개에서 중복을 허락하여 r개를 택하는 조합을 중복조합이라 하고 이 중복조합의 수를 ${}_nH_r$ 로 나타내고

$${}_nH_r = {}_{n+r-1}C_r$$

로 계산한다.

예제 4.17

서로 다른 문자 $A,\ B,\ C$ 에서 순서를 고려하지 않고 중복을 하락하여 두 문자를 택하는 방법의 수를 구하여라.

풀이

중복 조합의 수이므로 ${}_3H_2$ 이다.

예제 4.18

다섯 개의 수 1, 2, 3, 4, 5 에서 두 개의 수를 택하는 방법의 수를 구하여라.

풀이

1. 순서는 고려되고 중복되지 않는 경우 : 순열 ${}_5P_2$
2. 순서는 고려되고 중복도 허락되는 경우 : 중복순열 ${}_5\Pi_2 = 5^2 = 25$
3. 순서는 고려되지 않고 중복되지 않는 경우 : 조합 ${}_5C_2$
4. 순서는 고려되지 않고 중복이 허락되는 경우 : 중복조합 ${}_5H_2 ={}_{5+2-1} C_2 ={}_6 C_2$

4.2 확률

통계와 확률은 그 성격도 다르고 목적도 다르다. 예를 들어 큰 통속에 다양한 형태의 공이 들어 있다고 하자. 이 통에서 무작위로 꺼낸 몇 개의 공을 이용하여 그 통속에 무엇이 들어있는지 알아가는 과정을 통계라 한다면 확률은 그 통속에 어떤 공들이 들어 있는가에 대한 정보를 완전히 알고 있는 상태에서 눈을 가리고 꺼낸 몇 개의 공이 어떤 것인가를 추측하는 과정이라 할 수 있다, 확률은 어떤 사건이 발생할 가능성을 나타내는 수학적 개념이다. 일반적으로 0부터 1까지의 범위에서 표현되며, 0은 사건이 절대로 발생하지 않을 가능성을 나타내고, 1은 사건이 반드시 발생할 가능성을 나타낸다.

4.2.1 확률의 정의

확률(Probability)이란 어떤 현상이 일어날 가능성에 대한 믿음의 정도 또는 어떤 실험[2] (Experiment)에서 특정한 사건이 발생할 비율에 해당하는 개념이다. 즉, 어떤 사건이 일어날 가능성을 0과 1사이의 값으로 표현한 것이며 이 값이 크면 일어날 가능성이 크고, 값이 작으면 가능성이 적다고 판단한다. 이러한 확률의 정의는 다음과 같이 세 가지로 구분하여 말할 수 있다.

1. 고전적 확률

공정한 동전을 던지는 실험에서 앞면이 나올 확률은 누구나 1/2 이라고 할 것이다. 이것은 실험의 결과가 앞면 또는 뒷면의 두 가지인데 그 중 하나에 해당하므로 간단하게 말 할 수 있는 것이다. 표본공간이 유한집합이고 표본 공간의 원소들이 일어날 가능성이 모두 같은 경우

[2]시행(trial)이라고도 한다.

확률의 고전적 정의는 다음과 같다. 표본공간 S에 대해 어떤 사건 A 가 일어날 확률을 $P(A)$ 라 표기하면

$$P(A) = \frac{A\text{에 해당하는 원소의 수}}{S\text{ 의 원소의 수}}$$

이다.

예제 4.19

공정한 동전을 두 번 던지는 실험에서 앞면이 한 번만 나오는 사건의 확률은 얼마인가 구하여라.

풀이

동전의 앞면을 H (head), 뒷면을T (tail)라 하자. 이때 동전을 두 번 던지는 실험의 표본 공간은

$$S = (H,\ H),\ (H,\ T),\ (T,\ H),\ (T,\ T)$$

이다. 앞면이 한 번만 나오는 사건을 A 라 하면

$$A = (H,\ T),\ (T,\ H)$$

이므로 사건 A 가 일어날 확률

$$P(A) = \frac{2}{4} = \frac{1}{2} = 0.5$$

이다.

2. 통계적 확률

반복되는 실험에서 상대도수의 개념으로 특정한 사건이 발생할 확률을 설명하는 것을 확률의 통계적 정의라고 한다. 즉 전체 실험 횟수를 N 이라 하고 특정한 사건 A의 발생 횟수를 a_N 이라 할 때, 극한값

$$P(A) = \lim_{N \to \infty} \frac{a_N}{N}$$

을 사건 A의 통계적 확률 또는 경험적 확률이라고 한다. 현실적으로 시행 N을 무한히 할 수는 없다. 그러므로 극한값을 확률로 사용하는 것이다. 공장에서 생산되는 제품이 불량일 확률, 어떤 타자가 안타를 칠 확률 등이 통계적 확률로부터 구할 수 있는 확률이다.

3. 기하학적 확률

연속적인 변량을 크기로 갖는 표본 공간 S 안에서 각각의 점을 잡을 가능성이 같은 정도로 기대될 때 표본 공간 S 에 대한 영역의 크기에 대한 사건 A 에 대한 영역의 크기에 대한 상대적 비율인

$$P(A) = \frac{A \text{ 의 크기}}{S \text{ 의 크기}}$$

을 기하학적 확률이라고 부른다.

예제 4.20

반지름의 길이가 $25cm$ 인 다트 원판의 중앙에 반지름의 길이가 $5cm$ 인 원이 그려져 있다. 다트를 던져서 중앙에 있는 원안에 맞힐 확률을 구하여라.

풀이

반지름이 r 인 원의 넓이는 πr^2 이므로 다트 원판의 넓이는

$$25^2\pi = 625\pi$$

이고 중앙에 그려진 원의 넓이는

$$5^2\pi = 25\pi$$

이므로 다트를 원안에 맞힐 확률은

$$\frac{25\pi}{625\pi} = \frac{1}{25} = 0.04$$

이다.

예제 4.21

$-2 \le a \le 8$ 을 만족하는 실수 a에 대하여 이차 방정식 $x^2 + 2ax + 4a = 0$이 실근을 가질 확률을 구하여라.

풀이

이차 방정식 $x^2 + 2ax + 4a = 0$의 판별식을 D 라 할 때 이차방정식이 실근을 가지려면

$$D = 4a^2 - 16a \ge 0$$

에서 $a(a-4) \ge 0$ 이므로 $a \le 0$ 또는 $a \ge 4$ 이다. 그런데 실수 a 는 $-2 \le a \le 8$ 을 만족하므로 선택할 수 있는 a의 범위는 $-2 \le a \le 0$ 과 $4 \le a \le 8$ 이다. 따라서 구하는

확률은

$$\frac{4}{8-(-2)} = \frac{2}{5}$$

이다.

예제 4.22

종이에 거리가 바늘의 길이와 같은 평행선을 여러 개 그은 후에 바늘을 많이 던져 본다. 양쪽 평행선 밖으로 떨어진 바늘은 무시하고 바늘과 선이 만났을 때와 던져진 바늘의 개수의 비율을 구하여라.

풀이

프랑스 수학자 뷔퐁[3]에 의해 제기된 문제로서 던져진 바늘이 선과 만나는 확률을 계산하고자 한다. 바늘의 중심에서 각 선에 가장 가까운 거리를 d 라 하고 바늘이 만든 각을 θ 라 하면 바늘과 선이 만나는 것은

$$d \le \frac{1}{2}\sin\theta$$

일 때 이다.

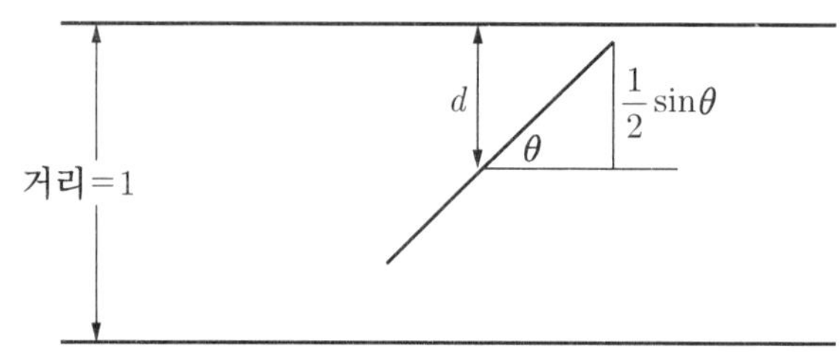

위 그림은 바늘의 길이가 1일 때를 나타낸 것이다. 가로축을 바늘의 각도 θ, 세로축을 바늘의 중심에서 가장 가까운 선까지의 거리d 라고 하면 바늘과 선이 만나는 경우는 아래 그래프의 어두운 영역이다.

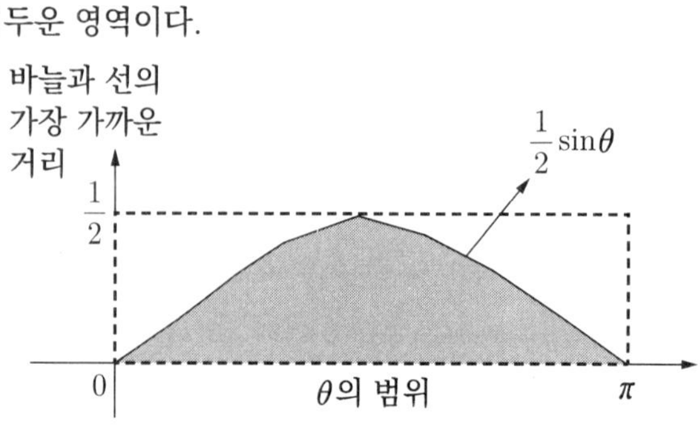

즉,

$$\text{바늘이 선과 만날 확률} = \frac{\text{어두운 영역의 넓이}}{\text{직사각형의 넓이}}$$

이때 그래프의 어두운 영역의 넓이는

$$\int_0^\pi \frac{1}{2}\sin\theta d\theta$$

이고 직사각형의 넓이는

$$\frac{\pi}{2}$$

이다. 적분 계산에 의해

$$\frac{1}{2}\int_0^\pi \sin\theta d\theta = \frac{1}{2}[-\cos\theta]_0^\pi = \frac{1}{2}(-(-1)+1) = 1$$

이므로 바늘이 선분과 만날 확률은

$$\frac{1}{\pi/2} = \frac{2}{\pi}$$

이다. 여기서

$$\frac{\text{바늘이 선과 만날 확률}}{\text{바늘의 개수}} = \frac{2}{\pi}$$

이므로

$$\pi = \frac{\text{바늘의 개수} \times 2}{\text{선과 만난 바늘의 개수}}$$

인 식을 얻게 된다. 던진 바늘의 개수를 늘려가면서 π값을 구할 수 있음을 알 수 있다.

예제 4.23

70m 거리에서 사용되는 양궁의 과녁지에 있는 점수가 10점인 노란색 원의 지름은 12.2cm 이다. 1점씩 줄어들 때 마다 빨간색, 파란색, 검은 색의 순서대로 지름이 12.2cm 씩 커진다. 가장 큰 바깥쪽 흰색의 원은 지름이 122cm 이다. 제일 작은 X-10의 크기는 지름이 6.1cm 인 원이다. 우리 나라 양궁 선수가 3 개의 화살을 발사하여 모두 과녁에 명중하였다고 한다. 과녁지를 4등분하여 중심으로 부터 12시 방향에서 3시 방향까지를 R_1, 3시 방향에서 6시 방향까지를 R_2, 6시 방향에서 9시 방향까지를 R_3 , 9시 방향에서 12시 방향 까지를 R_4 라 하자. 이때 화살의 점수 i에 대한 사건을 P_i 라고 한다면, 두 사건 P_9

[3]Buffon, 1707 1788

과 R_1 의 곱사건과 합사건을 구하고, 각각의 확률을 구하여라.

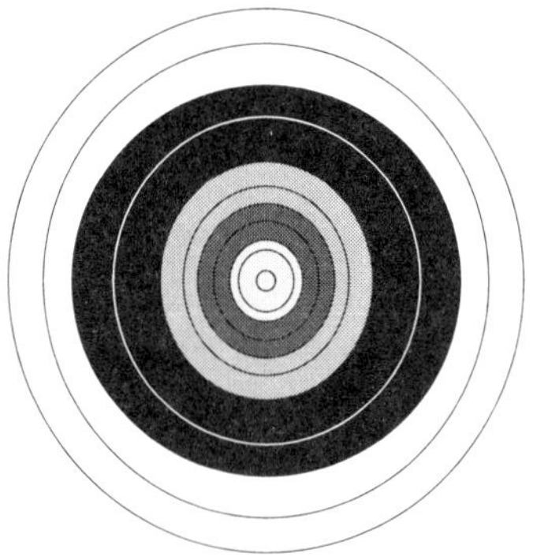

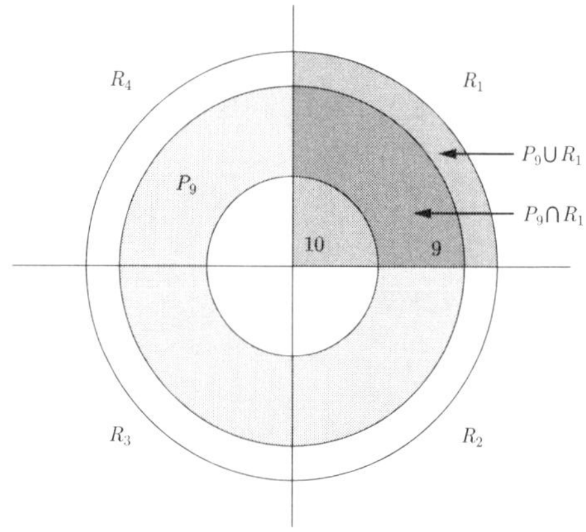

풀이

표본공간에서 사건의 기하학적 확률은 표본 공간에 대한 사건의 상대적인 넓이를 의미한다. 표본공간의 전체 넓이를 구하면

$$61^2\pi$$

이다. 따라서 사건 P_9 은 원환면이며 그 확률은

$$P(P_9) = \frac{(12.2^2 - 6.1^2)\pi}{61^2\pi} = \frac{3}{100}$$

이고 R_1 은 사분원으로 그 확률은

$$P(R_1) = \frac{1}{4}$$

이다. 두 사건 P_9 과 R_1 의 곱사건은 그림에서 $P_9 \cap R_1$ 으로 그 확률은

$$P(P_9 \cap R_1) = \frac{3}{100} \times \frac{1}{4} = \frac{3}{400} = 0.0075$$

이고 두 사건의 합사건은 $P_9 \cup R_1$ 으로 그 확률은

$$P(P_9 \cup R_1) = P(P_9) + P(R_1) - P(P_9 \cap R_1) = \frac{3}{100} + \frac{1}{4} - \frac{3}{400} = 0.2725$$

이다.

확률의 고전적 정의는 가능한 결과가 유한하고 모든 결과가 이어날 가능성이 같다는 것을 전제로 하고 있다. 확률의 통계적 정의는 각 시행이 같은 조건에서 독립적으로 무한히 이루어 져야한다.

그러나 현실적으로 이러한 조건을 만족하는 것은 매우 어려운 일이다. 이 문제점을 극복하고 엄밀성을 확보하기 위해 수학적 공리를 도입하여 확률을 정의한다. 앞에서 말한 고전적 확률이나 통계적 확률은 모두 이 공리[4]를 만족하며 이 공리를 이용한 확률의 정의는 현대 확률론의 기초를 이룬다.

4.2.2 확률의 공리적 정의

표본 공간 S의 각 사건에 대하여 실수를 대응하는 함수 P가 다음 공리를 만족하면 이 값을 확률이라고 한다.

- (공리1) 임의의 사건 A에 대하여 $0 \le P(A) \le 1$ 이다.
- (공리2) 표본 공간 S 에 대하여 $P(S) = 1$ 이다.
- (공리3) 사건들의 열 $A_1,\ A_2,\ \cdots$ 이 상호배반(Mutually disjoint), 즉 $i \neq j$ 이면 $A_i \cap A_j = \varnothing$ 일 때

$$P\left(\bigcup_{i=1}^{\infty} A_i\right) = \sum_{i=1}^{\infty} P(A_i)$$

  이다.

앞에서 언급한 사건의 성질을 기초로 하여 다음과 같은 확률의 중요한 성질들을 보일 수 있다.

성질 1. 다음은 확률의 중요한 성질이다.

1. 공사건의 확률: $P(\varnothing) = 0$
2. 덧셈 법칙

   (a) 배반 사건의 확률 : $A_1,\ A_2,\ \cdots,\ A_n$ 이 상호배반이면

$$P(A_1 \cup A_2 \cup \cdots \cup A_n) = P(A_1) + P(A_2) + \cdots + P(A_n)$$

   (b) 배반이 아닌 두 사건 $A,\ B$의 확률 :

$$P(A \cup B) = P(A) + P(B) - P(A \cap B)$$

   (c) 배반이 아닌 세 사건 $A,\ B,\ C$의 확률 :

$$P(A \cup B \cup C) = P(A) + P(B) + P(C) - P(A \cap B) - P(A \cap C) - P(B \cap C) + P(A \cap B \cap C)$$

---

[4]옛 소련의 수학자 콜모고로프의 이름을 붙여 콜모고로프의 공리라고 한다.

3. 여사건의 확률: $P(A^c) = 1 - P(A)$

4. 차사건의 확률: $P(A - B) = P(A) - P(A \cap B)$

5. 확률의 단조성: $A \subset B$ 이면 $P(A) \leq P(B)$ 이다.

예제 4.24

주사위를 던지는 실험에서 두 번째 눈의 수가 3인 사건을 A, 두 번째 나온 눈의 수가 5인 사건을 B 그리고 두 눈의 합이 8인 사건을 C 라 하자. 다음 확률을 구하여라.

1. $P(A \cup B)$
2. $P(A \cup B \cup C)$

풀이

주사위를 두 번 던지는 실험의 표본 공간은

$$\begin{aligned} S =\{&(1,\ 1),\ (1,\ 2),\ (1,\ 3),\ (1,\ 4),\ (1,\ 5),\ (1,\ 6) \\ &(2,\ 1),\ (2,\ 2),\ \qquad \cdots \qquad (2,\ 6) \\ &\cdots \\ &(6,\ 1),\ (6,\ 2),\ (6,\ 3),\ (6,\ 4)(6,\ 5),\ (6,\ 6)\} \end{aligned}$$

으로 모두 36개의 경우가 있다. 한편 세 사건은 다음과 같다,

$$\begin{aligned} A &= (1,\ 3),\ (2,\ 3),\ (3,\ 3),\ (4,\ 3),\ (5,\ 3),\ (6,\ 3) \\ B &= (1,\ 5),\ (2,\ 5),\ (3,\ 5),\ (4,\ 5),\ (5,\ 5),\ (6,\ 5) \\ C &= (2,\ 6),\ (3,\ 5),\ (4,\ 4),\ (5,\ 3),\ (6,\ 2) \end{aligned}$$

따라서

$$P(A) = \frac{1}{6},\ P(B) = \frac{1}{6},\ P(C) = \frac{5}{36}$$

이다.

1. A와 B 는 서로 배반이므로 $P(A \cup B) = P(A) + P(B) = \frac{1}{6} + \frac{1}{6} = \frac{1}{3}$ 이다.

2. $A \cap C = (5,\ 3)$, $B \cap C = (3,\ 5)$ 이고 $A \cap B = \varnothing$, $A \cap B \cap C = \varnothing$ 이므로

$$\begin{aligned} P(A \cup B \cup C) &= P(A) + P(B) + P(C) - P(A \cap B) - P(A \cap C) - P(B \cap C) + P(A \cap B \cap C) \\ &= \frac{1}{6} + \frac{1}{6} + \frac{5}{35} - 0 - \frac{1}{36} - \frac{1}{36} + 0 \\ &= \frac{15}{36} = \frac{5}{12} \end{aligned}$$

이다.

예제 4.25

세 개의 동전을 동시에 던질 때 뒷면이 적어도 한 개 나올 확률을 구하여라.

풀이

세 개의 동전을 동시에 던질 때 뒷면이 적어도 한 개 나오는 사건[5]을 A라 하면 A의 여사건은 세 개 모두 앞면이 나오는 사건이므로 $P(A^c) = \frac{1}{8}$ 이다. 따라서

$$P(A) = 1 - P(A^c) = 1 - \frac{1}{8} = \frac{7}{8}$$

이다.

4.3 조건부 확률과 베이즈 정리

지금까지 우리는 표본 공간 이 주어진 경우 또는 표본 공간을 구성할 수 있는 경우의 확률에 대해 알아보았다. 여기에서는 실험의 결과가 표본 공간의 일부만 나타낼 수 있다는 정보가 주어졌을 때의 확률에 대해 알아보도록 하자. 예를 들어 어떤 학생이 지금 우산을 가지고 있을 확률을 생각해 볼 때, 이 학생이 일 년 내내 우산을 가지고 다니는 경우가 있을 수 있고, 오늘 아침에 비가 온다는 일기 예보를 듣고 우산을 가져 왔을 경우가 있을 수 있다, 이 두 경우의 확률은 같을까 하는 의문이 들 수 있다. 이와 같이 어떤 사건의 확률을 생각할 때 그보다 먼저 어떤 사건이 발생했을 경우를 고려해보자.

[5]적어도 한 개이므로 뒷면이 한 개, 두 개, 또는 세 개 모두 나올 수 있다.

4.3.1 조건부 확률

어떤 사건이 발생 했다는 조건 아래에서 다른 사건이 발생할 확률을 조건부 확률(Conditional probability) 라고 한다. 두 개의 사건 A, B가 있고 A가 일어날 확률이 0 보다 크다고 하자. 이때, 사건 A 가 일어났다는 조건 아래에서 사건 B가 일어날 조건부 확률은

$$P(B \mid A) = \frac{P(A \cap B)}{P(A)}$$

로 정의한다.

예제 4.26

어느 대학의 통계 강좌에서 수강생 중에서 90%의 학생이 이 과목을 좋아 한다고 했으며, 1학년 중에서 이 과목을 좋아하는 학생은 전체 수강생의 75%라고 한다. 임의로 한 학생을 선택 했는데 그 학생이 이 과목을 좋아하는 학생이라고 할 때, 그 학생이 1학년일 확률을 구하여라.

풀이

임의로 선택된 학생이 이 과목을 좋아하는 학생일 사건을 A, 1학년 학생을 사건을 B 라고 하자. 이 경우 사건 A가 주어졌을 때 사건 B가 일어날 확률을 구하는 것이므로

$$P(B \mid A) = \frac{P(A \cap B)}{P(A)} = \frac{0.75}{0.9} = 0.833$$

이다.

조건부 확률의 정의에서 다음이 성립함을 알 수 있다.

조건부 확률의 정의에서 하나의 사건이 일어났다는 사실이 다른 사건이 일어날 확률에 영향을 주지 않는 경우 두 사건은 서로 독립 사건(Independent Event) 이라고 한다. 독립이 아닌 경우 두 사건을 종속사건(Dependent Event) 이라고 한다. 다시 말해서 두 사건 A 와 B에 대하여 $P(B \mid A) = P(B)$ 또는 $P(A \mid B) = P(A)$ 가 성립하는 경우 A 와 B 는 독립이라고 하며 이 식이 성립하지 않는 경우 서로 종속이라고 한다.

독립사건과 배반사건은 다른 것임에 주의해야 한다.

예제 4.27

공정한 동전 하나를 두 번 던지는 실험에서 첫 번째 시행에서 앞면이 나오는 사건을 A, 두 번째 시행에서 앞면이 나오는 사건을 B 라 하면 두 사건은 독립인지 종속인지 설명하여라.

풀이

동전의 앞면을 H, 뒷면을 T 라 하면 표본공간 S 는 다음과 같다.

$$S = (H,\ H),\ (H,\ T),\ (T,\ H)(T,\ T)$$

이때 사건 A와 B는 각각

$$A = (H,\ H),\ (H,\ T) \text{ 이고}$$
$$B = (H,\ H)(T,\ H) \text{ 이고}$$
$$A \cap B = (H,\ H) = AB$$

이므로

$$P(A) = \frac{1}{2},\ P(B) = \frac{1}{2},\ P(A \cap B) = \frac{1}{4}$$

이고 따라서

$$P(B|A) = \frac{P(A \cap B)}{P(A)} = \frac{1/4}{1/2} = \frac{1}{2}$$

이다. 즉 $P(B \mid A) = P(B)$ 가 성립하므로 두 사건 A 와 B는 서로 독립이다.

예제 4.28

어떤 부부에게는 두 명의 아이가 있다. 첫 아이가 여자일 때, 두 명 모두 여자일 확률을 구하여라.

풀이

b 를 남자 아이, g를 여자 아이라고 하자. 이때 표본 공간은

$$S = \{(b,\ b),\ (b,\ g),\ (g,\ b),\ (g,\ g)\}$$

이다. A를 첫 아이가 여자일 경우의 사건이라 하고, K를 둘째 아이도 여자일 사건이라고

하면 구하는 확률은

$$P(K \mid A) = \frac{P(K \cap A)}{P(A)} = \frac{P((g,\ g))}{P((g,\ b),\ (g,\ g))} = \frac{1/2}{2/4} = \frac{1}{2}$$

예제 4.29

어떤 가정에는 두 명의 아이가 있다. 두 명의 아이 중에서 적어도 한명이 남자 아이라 할 때, 두 명 모두 남자일 확률을 구하여라. (단, 아이가 남자일 확률은 $\frac{1}{2}$ 이다.)

풀이

b 를 남자 아이, g를 여자 아이라고 하자. 이때 표본 공간은

$$S = \{(b,\ b),\ (b,\ g),\ (g,\ b),\ (g,\ g)\}$$

이다. 두 명 중에서 적어도 한 명이 남자일 경우의 사건을 A 라 하고, 두 명 모두남자일 경우의 사건을 K 라 하면 구하는 확률은

$$P(K \mid A) = \frac{P(K \cap A)}{P(A)} = \frac{P((b,\ b))}{P((b,\ b),\ (b,\ g),\ (g,\ b))} = \frac{1/4}{3/4} = \frac{1}{3}$$

이다.

확률 계산을 위한 법칙 중에서 곱사건에 대한 확률은 조건부 확률이 이용하여 구할 수 있다, 조건부 확률의 정의에서

$$P(B \mid A) = \frac{P(A \cap B)}{P(A)}$$

이고

$$P(A \mid B) = \frac{P(A \cap B)}{P(B)}$$

이므로 다음의 결과를 얻을 수 있다.

정리 4.2 곱셈 정리(Multiplication Theorem)

어떤 사건 A 와 B가 $P(A) > 0,\ P(B) > 0$ 일 때

$$P(A \cap B) = P(B)P(A \mid B) = P(A)P(B \mid A)$$

위의 정리에서 두 사건 A 와 B가 독립인 경우라면

$$P(B \mid A) = P(B) \text{ 또는 } P(A \mid B) = P(A)$$

이므로 다음이 성립함을 알 수 있다.

정리 4.3

서로 독립인 두 사건 A 와 B에 대하여 다음이 성립한다.

$$P(A \cap B) = P(A)P(B) \text{ 또는 } P(AB) = P(A)P(B)$$

예제 4.30

$P(A) = 0.7,\ P(B) = 0.4$ 그리고 $P(A \mid B) = 0.3$ 일 때 $P(A \cup B)$를 구하여라.

풀이

$$P(A \cap B) = P(B) \times P(A \mid B) = 0.4 \times 0.3 = 0.12$$

이므로

$$\begin{aligned} P(A \cup B) &= P(A) + P(B) - P(A \cap B) \\ &= 0.7 + 0.4 - 0.12 = 0.98 \end{aligned}$$

이다.

4.3.2 베이즈 정리

영국의 수학자 이자 목사인 토마스 베이즈[6]에 의해서 소개된 베이즈 정리는 조건부 확률을 구할 때 특히 $P(A \cap B)$ 와 $P(A)$ 가 직접 주어지지 않은 경우에 유용하게 쓰일 수 있다. 또한 베이즈 정리는 의사 결정론(Decision Theory) 에서도 중요한 역할을 한다.

$A_1,\ A_2,\ \cdots,\ A_n$ 이 표본공간 S 를 분할(Partition) 한다고 가정하자. 이때 $A_i \cap A_j = \varnothing$ 즉

[6]Tomas Bayes, 1702 1761

$inot = j$ 에 대해 A_i 와 A_j 는 서로 배반이고

$$A_1 \cup A_2 \cup \cdots \cup A_n = S$$

이다. 그러면 임의의 사건 B 에 대하여

$$\begin{aligned} B &= S \cap B = (A_1 \cup A_2 \cup \cdots \cup A_n) \cap B \\ &= (A_1 \cap B) \cup (A_2 \cap B) \cup \cdots \cup (A_n \cap B) \end{aligned}$$

이 성립한다, 여기에서 $A_i \cap B$ 는 서로 배반이므로 A_i 의 조건부 확률은

$$P(B|A_i) = \frac{P(A_i \cap B)}{P(A_i)}$$

가 되어

$$P(A_i \cap B) = P(A_i)P(B \mid A_i)$$

이다. 따라서 다음의 결과를 얻는다.

정리 4.4 전 확률 정리(Total probability rule)

사건 $A_1,\ A_2,\ \cdots,\ A_n$ 이 표본공간의 분할이고 $P(A_i) > 0$ 이면 임의의 사건 B 에 대하여

$$\begin{aligned} P(B) &= P(A_1 \cap B) + P(A_2 \cap B) + \cdots + P(A_n \cap B) \\ &= P(A_1)P(B \mid A_1) + P(A_2)P(B \mid A_2) + \cdots + P(A_n)P(B|A_n) \end{aligned}$$

이 성립한다.

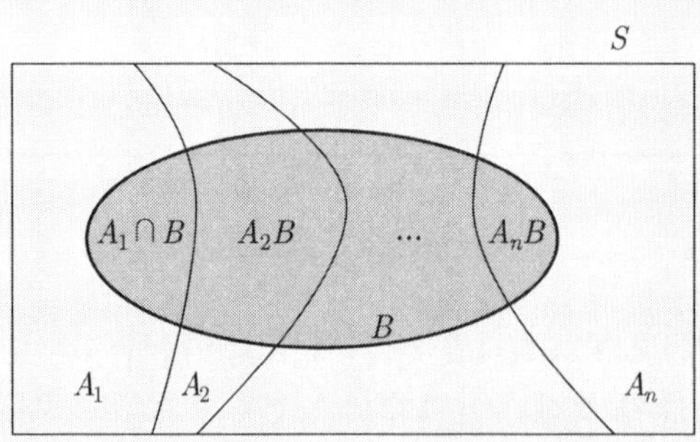

예제 4.31

E를 한 고객이 1년 안에 사고를 낼 사건이라 하고 F를 사고 경향이 큰 사람일 사건이라고 하자. $P(F) = 0.3,\ P(F^c) = 0.7$ 이고 $P(E \mid F) = 0.4,\ P(E \mid F^c) = 0.1$ 이라고 할 때 $P(E)$ 를 구하여라.

풀이

그림에서 한 고객이 1년 안에 사고를 낼 확률은

$$P(E) = P(E \mid F)P(F) + P(E \mid F^c)P(F^c) = 0.4 \times 0.3 + 0.1 \times 0.7 = 0.19$$

이다.

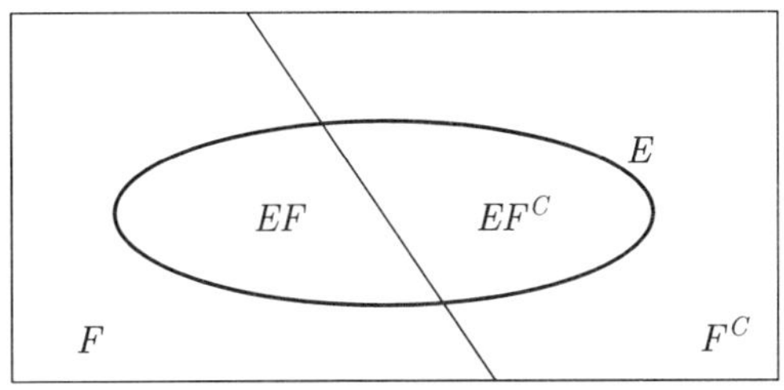

$P(A_i \cap B) = P(A_i)P(B|A_i)$와 정리 4.4와 정리 4.5를 이용하며 다음의 베이즈 정리를 얻는다.

정리 4.5 베이즈 정리 (Baye's Theorem)

사건 $A_1, A_2, \cdots, A_n$ 이 표본공간 S의 분할이고 각각의 확률이 0보다 크다고 할 때 임의의 사건 B 에 대하여

$$\begin{aligned} P(A_i \mid B) &= \frac{P(A_i \cap B)}{P(B)} \\ &= \frac{P(A_i)P(B \mid A_i)}{P(A_1)P(B \mid A_1) + P(A_2)P(B \mid A_2) + \cdots + P(A_n)P(B \mid A_n)} \end{aligned}$$

이다.

예제 4.32

어느 공장에서는 모두 3 대의 기계 A, B, C에서 물건을 생산하고 있다. A 기계에서는 전체물량의 50%, B 기계에서는 전체 물량의 30% 그리고 C 기계에서는 전체 물량의 20%를 생산하고 있다. 이때 각 기계의 불량률은 차례로 1%, 2%, 3% 라고 한다. 이 공장에서 생산된 물건을 임의로 선택했을 때 그 물건이 불량일 때 이 물건이 기계 B 에서 생산된 물건일 확률을 구하여라.

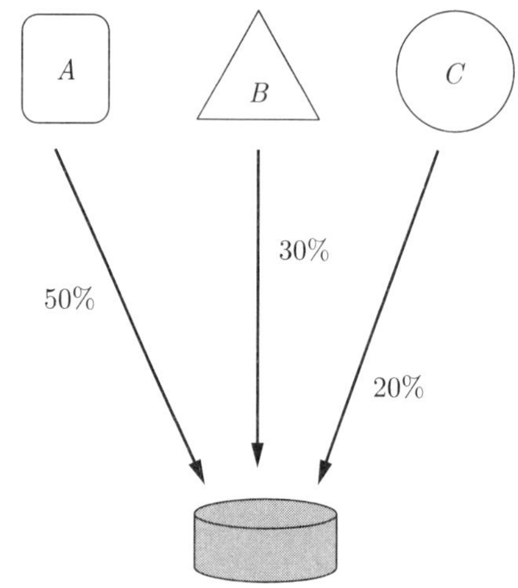

풀이

생산된 물건이 불량일 사건을 E라고 하자. 이때

$$P(E \mid A) = 0.01,\ P(E \mid B) = 0.02,\ P(E \mid C) = 0.03$$

이므로

$$\begin{aligned} P(B \mid E) &= \frac{P(B)P(E \mid B)}{P(A)P(E \mid A) + P(B)P(E \mid B) + P(C)P(E \mid C)} \\ &= \frac{0.02 \times 0.3}{0.01 \times 0.5 + 0.02 \times 0.3 + 0.03 \times 0.2} = \frac{6}{17} \end{aligned}$$

이다.

예제 4.33

세 회사 A, B, C 에는 각각 75명, 80명, 100명의 사원이 있다. 이들 중 각각 차례로 45%, 50%, 55% 가 여성 사원이다. 휴직을 할 확률은 남녀 관계없이 모든 사원들에게 동등하다. 한 사원이 휴직했는데 여성이었다면, 이 여상 사원이 A 회사의 사원일 확률은 구하여라.

풀이

휴직한 사원이 여성일 사건을 E라고 하자. 이때

$$P(E \mid A) = 0.45,\ P(E \mid B) = 0.5,\ P(E \mid C) = 0.55$$

이므로

$$P(A \mid E) = \frac{P(A)P(E \mid A)}{P(A)P(E \mid A) + P(B)P(E \mid B) + P(C)P(E \mid C)}$$

$$= \frac{\left(\frac{75}{225}\right) \times 0.45}{\left(\frac{75}{225}\right) \times 0.45 + \left(\frac{80}{225}\right) \times 0.5 + \left(\frac{100}{225}\right) \times 0.55} = \frac{27}{103}$$

이다.

4.4 확률변수와 확률분포

어떤 실험이나 시행을 확률로 나타내려면 그 시행의 결과인 표본공간을 정하고 각각의 결과에 확률을 적용해야한다. 앞 장에서 기본결과를 성질에 의하여 나타낸 예를 다루었다. 예를 들어 동전을 2 번 던지는 시행에서의 결과를 HH, HT, TH, TT 와 같이 나타냈었다. 물론 결과가 수치로 나타나는 경우도 있었다. 어떤 지역의 하루 교통사고 발생 건수, 시험 성적 등이 그 예이다. 이제 결과가 성질로 나타나는 경우에도 수치를 구할 필요가 있기 때문에 결과를 수치적인 면으로 맞추기 위하여 새로운 개념을 도입하고자 한다. 이 절에서는 확률 변수의 개념을 소개함으로써 앞에서 다룬 확률에 대한 내용을 확장하려고 한다. 확률변수가 어떤 값을 취할 확률을 나타내는 확률분포를 다루고 이를 이용하여 기댓값과 분사의 정의와 계산 방법에 대해서도 살펴본다.

4.4.1 확률변수

확률변수(Random variable)란 표본공간 S 내의 각 사건들에 실수 값을 대응시키는 함수 $X : S \to \mathbb{R}$ 를 말한다. 즉, 확률변수는 실험의 결과 각각에 수치를 대응시킨 것이다.

예제 4.34

동전을 두 번 던지는 시행에서 앞면의 개수를 X 라 하면 시행의 결과와 X 사이에 다음과 같은 표를 만들 수 있다.

결과(성질)	X 의 값
(H H)	2
(H T)	1
(T H)	1
(T T)	0

각 결과에는 단 하나의 X의 값이 대응하지만 여러 결과가 같은 X 값을 가질 수 있다. 즉

X	구성
2	(H H)
1	(H T), (T H)
0	(T T)

이다.

위 예제 4.34에서 변수 X가 취할 수 있는 모든 값이 $x_{1,}$ $x_{2,}$ $\cdots$, x_n 이고 이들 각각의 확률 $p_{1,}$ $p_{2,}$ $\cdots$, p_n 이 정해져 있을 때 이 변수 X를 확률변수라 한다. 특히 유한개의 값을 갖는 확률변수를 이산형 확률변수라 하고, 연속적인 구간의 값을 갖는 확률 변수를 연속형 확률변수라고 한다.

예제 4.35

동전을 세 번 던졌을 때 뒷면이 나오는 수를 X라 할 때 다음과 같이 나타낼 수 있다.

X	구성
0	HHH
1	HHT, HTH, THH
2	HTT, THT, HTT
3	TTT

예제 4.36

다섯 개의 정수 1, 2, 3, 4, 5 에서 비복원으로 두 개를 뽑을 때, 뽑힌 두 수의 합을 정하는 시행에서 확률변수 X 를 구하여라.

풀이

두 수의 합이므로 다음과 같은 표를 통해 $X = 3,\ 4,\ 5,\ 6,\ 7,\ 8,\ 9$ 를 얻는다. 따라서

X	구성
3	1 과 2
4	1 과 3
5	1 과 4, 2 와 3
6	1 과 5, 2 와 4
7	2 와 5, 3 과 4
8	3 과 5
9	4 와 5

이다.

확률변수가 취하는 값이 유한개 이거나 자연수와 같이 셀 수 있는 값을 가지는 확률 변수를 이산 확률변수(Discrete random variable) 라 한다. 이산 확률 변수 X 의 확률 분포(Probability distribution)는 X 의 서로 다른 수치와 그것에 대응하는 확률을 함께 적어 놓은 것이다. X 를 유한[7]이라 하고 각 확률변수 x_i 의 확률을 p_i 라 하면 다음과 같이 나타낼 수 있다. 아래의 표를 확률분포라 한다.

$X = x_i$	x_1	x_2	x_3	$\cdots$	x_n
$P(X = x_i)$	p_1	p_2	p_3	$\cdots$	p_n

예제 4.37

동전을 세 번 던졌을 때 뒷면이 나오는 수 X 의 확률분포를 구하여라.

풀이

동전을 던졌을 때 뒷면이 나오는 수를 X 라 하면 $X = 0,\ 1,\ 2,\ 3$ 이다. 이때 각 확률변수가 나올 확률은 차례로 1/8, 3/8, 3/81/8 이므로 확률 분포는

$X = x_i$	0	1	2	3
$P(X = x_i)$	$\frac{1}{8}$	$\frac{3}{8}$	$\frac{3}{8}$	$\frac{1}{8}$

이다.

---

[7] 무한인 경우에도 마찬가지로 쓴다.

예제 4.38

주사위를 두 번 던질 때 나오는 눈의 합을 X 로 하는 확률분포를 구하여라.

풀이

주사위를 두 번 던질 때 나오는 눈의 합을 확률변수 X 로 두면 확률분포는

$X = x_i$	2	3	4	5	6	7	8	9	10	11	12
$P(X = x_i)$	$\frac{1}{36}$	$\frac{2}{36}$	$\frac{3}{36}$	$\frac{4}{36}$	$\frac{5}{36}$	$\frac{6}{36}$	$\frac{5}{36}$	$\frac{4}{36}$	$\frac{3}{36}$	$\frac{2}{36}$	$\frac{1}{36}$

이다.

일반적으로 확률변수 x_i 가 일어날 확률을 $f(x_i)$ 로 나타내며 다음과 같은 성질을 만족한다.

성질 2. 이산 확률 변수 X 의 확률분포는 함수 $f(x_i) = P(X = x_i)$ 로 나타내며

1. 모든 x_i 에 대하여, $f(x_i) \geq 0$
2. $\displaystyle\sum_{i=1}^{n} f(x_i) = 1$

을 만족한다.

확률 변수 X 가 이산형 분포를 가지면 $f(x_i) = P(X = x_i)$로 정의된 함수 f를 확률 질량 함수 (Probability mass fumction, PMF) 라 한다.

예제 4.39

동전을 세 번 던졌을 때 앞면이 나오는 수 X 의 확률분포에서 X 가 2보다 크거나 같을 확률을 구하여라.

풀이

아래 표에서 $P(X \geq 2) = f(2) + f(3) = \dfrac{3}{8} + \dfrac{1}{8} = \dfrac{1}{2}$ 이다.

$X = x_i$	0	1	2	3
$P(X = x_i)$	$\frac{1}{8}$	$\frac{3}{8}$	$\frac{3}{8}$	$\frac{1}{8}$

즉, 동전을 세 번 던졌을 때 두 번 이상 앞면이 나올 확률은 0.5 이다. 이때 확률 질량 함수는

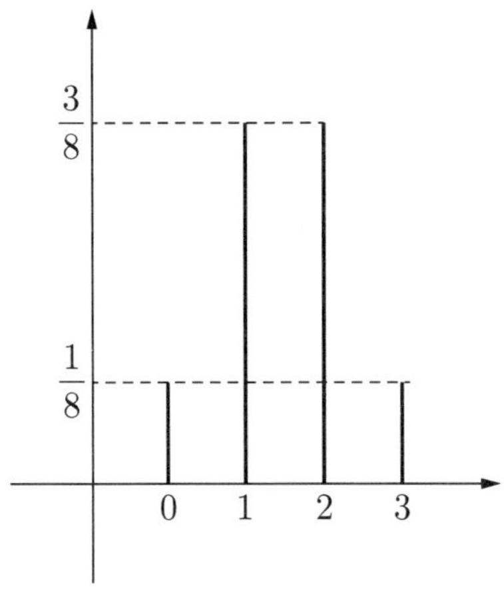

으로 나타난다.

4.4.2 확률변수의 기댓값

앞에서 우리는 표본의 중심과 퍼진 정도를 나타내는 수치인 표본평균과 표본 분산, 표본 표준편차에 대해 학습했다. 모집단에서도 그 특성을 알려주는 대표적인 값은 모집단의 평균과 모집단의 표준 편차이다. 확률분포에서 가운데 놓인 값, 즉 무게 중심을 확률변수 X 에 대한 평균 (μ) 또는 기댓값(Expected value) 이라 하며 보통 $E(X)$ 로 쓰고

$$E(X) = \sum_i x_i p_i = \sum_i x_i f(x_i)$$

로 계산한다.

예제 4.40

동전을 두 번 던질 때 앞면이 나오는 수를 확률변수 X라 할 때 X의 기댓값을 구하여라.

풀이

다음 확률 분포에서

$X = x_i$	0	1	2
$P(X = x_i)$	$\frac{1}{4}$	$\frac{1}{2}$	$\frac{1}{4}$

$$E(X) = \sum_i x_i p_i = 0 \times (\frac{1}{4}) + 1 \times (\frac{1}{2}) + 2 \times (\frac{1}{4}) = 1$$

이다.

예제 4.41

주사위를 두 번 던질 때 나오는 눈의 합을 확률변수 X라 할 때 X의 기댓값 $E(X)$를 구하여라.

풀이

다음 확률 분포에서

$X=x_i$	2	3	4	5	6	7	8	9	10	11	12
$P(X=x_i)$	$\frac{1}{36}$	$\frac{2}{36}$	$\frac{3}{36}$	$\frac{4}{36}$	$\frac{5}{36}$	$\frac{6}{36}$	$\frac{5}{36}$	$\frac{4}{36}$	$\frac{3}{36}$	$\frac{2}{36}$	$\frac{1}{36}$

$$E(X)=\sum_i x_ip_i = 2\times(\frac{1}{36})+3\times(\frac{2}{36})+\cdots+12\times(\frac{1}{36})=7$$

이다.

예제 4.42

어느 보험회사에서 여행 중 도난당하거나 파손된 물건이 있는 경우 고객에게 200만원의 보험금을 지급하는 여행자 보험 상품을 개발하였다. 물건이 도난당하거나 파손될 위험이 $\frac{1}{200}$ 이라면 이 보험의 보험료는 얼마 이상으로 정하여야 하는지 구하여라.

풀이

보험 회사가 고객에게 200 만원을 지불 할 확률은 0.005이다. 이때 각 고객에 대한 보험금 지급액수를 확률변수 X 라 할 때 다음과 같은 분포를 얻는다.

보험금	확률
200 만	0.005
0	0.995

이므로

$$E(X)=2,000,000\times(0.005)+0\times(0.095)=10,000$$

이다. 즉, 고객에 대한 회사의 기댓값은 10,000원 이므로 보험회사는 최소한 10,000원

이상의 보험료를 받아야 한다.

성질 1. 확률 변수 X 의 기댓값을 $E(X)$라 하면 상수 a, b에 대하여 다음이 성립한다.

1. $E(a) = a$
2. $E(aX) = aE(X)$
3. $E(aX + b) = aE(X) + b$
4. $E(X - E(X)) = 0$

증명 4.1

1. $$E(a) = \sum_{i=1}^{n}(a)p_i = a\sum_{i=1}^{n}p_i = a$$

2. $$\begin{aligned} E(aX) &= \sum_{i=1}^{n}(ax_i)p_i = a\sum_{i=1}^{n}x_ip_i \\ &= aE(X) \end{aligned}$$

3. $$\begin{aligned} E(aX+b) &= \sum_{i=1}^{n}(ax_i+b)p_i = \sum_{i=1}^{n}(ax_ip_i+bp_i) \\ &= a\sum_{i=1}^{n}x_ip_i + b\sum_{i=1}^{n}p_i \\ &= aE(X)+b \end{aligned}$$

4. $$\begin{aligned} E(X-E(X)) &= \sum_{i=1}^{n}(x_i-E(X))p_i = \sum_{i=1}^{n}(x_ip_i-\sum_{i=1}^{n}x_ip_i) \\ &= \sum_{i=1}^{n}x_ip_i - \sum_{i=1}^{n}x_ip_i \\ &= 0 \end{aligned}$$

이 성립한다.

예제 4.43

확률변수 X 의 확률분포가 아래와 같을 때, 확률변수 $Y = 2X + 3$의 기댓값을 구하여라.

$X = x_i$	-2	1	2
$P(X = x_i)$	$\frac{1}{4}$	$\frac{1}{2}$	$\frac{1}{4}$

풀이

먼저 X의 확률 분포에서

$$E(X) = \sum_i x_i p_i = -2 \times (\frac{1}{4}) + 1 \times (\frac{1}{2}) + 2 \times (\frac{1}{4}) = \frac{1}{2}$$

을 알 수 있다. 이때 $Y = 2X + 3$의 기댓값은

$$E(Y) = E(2X + 3) = 2E(X) + 3 = 2 \times \frac{1}{2} + 3 = 4$$

이다.

4.4.3 확률변수의 분산과 표준 편차

확률 변수 X의 평균값에서의 편차제곱의 평균값

$$E((X - E(X))^2)$$

을 확률 변수 X의 분산의 기댓값 또는 간단히 분산이라고 하며 $Var(X)$로 나타내고

$$Var(X) = \sum_i (x_i - E(X))^2 f(x_i)$$

로 계산한다. 또한 분산 $Var(X)$의 양의 제곱근을 확률변수 X의 표준편차라 하고 $\sqrt{Var(X)}$로 나타낸다.

예제 4.44

주사위를 두 번 던질 때 나오는 눈의 합을 확률변수 X라 할 때 X의 분산 $Var(X)$를 구하여라.

풀이

예제 4.44에서 구하는 $E(X) = 7$ 임을 안다. 따라서 구하는 분산은

$$\begin{aligned} Var(X) &= \sum_i (x_i - 7)^2 f(x_i) \\ &= (2-7)^2 \times \left(\frac{1}{36}\right) + (3-7)^2 \times \left(\frac{2}{36}\right) + \cdots + (12-7)^2 \times \left(\frac{1}{36}\right) = \frac{35}{6} \end{aligned}$$

이다.

확률 변수 X의 $Var(X)$를 편의를 위하여 다음과 같이 계산할 수도 있다.

정리 4.6 확률 변수의 분산

$$Var(X) = E(X^2) - (E(X))^2$$

증명 4.2

$$\begin{aligned} Var(X) &= \sum_{i=1}^{n} (x_i - E(X))^2 p_i \\ &= \sum_{i=1}^{n} (x_i^2 p_i - 2E(X) x_i p_i + E(X)^2 p_i) \\ &= \sum_{i=1}^{n} x_i^2 p_i - 2E(X) \sum_{i=1}^{n} x_i p_i + E(X)^2 \sum_{i=1}^{n} p_i \\ &= \sum_{i=1}^{n} x_i^2 p_i - 2E(X)E(X) + E(X)^2 \\ &= \sum_{i=1}^{n} x_i^2 p_i - E(X)^2 = E(X^2) - E(X)^2 \end{aligned}$$

이 성립한다.

예제 4.45

확률변수 X의 평균이 5 이고 분산이 3일 때, X^2의 평균을 구하여라.

풀이

$Var(X) = E(X^2) - (E(X))^2$ 이므로 $3 = E(X^2) - (5)^2$ 에서 $E(X^2) = 28$ 이다.

성질 2. 확률 변수 X의 분산을 $Var(X)$라 하면 상수 a, b에 대하여 다음이 성립한다.

1. $V(a) = 0$ 2. $V(aX) = a^2V(X)$ 3. $V(aX+b) = a^2V(X)$

증명 4.3

1. 모든 자료와 평균의 차이는 항상 $a - a = 0$ 이다. 그러므로

$$V(a) = \frac{1}{n}\sum_i (x_i - \overline{x})^2 = \frac{1}{n} \times 0 = 0$$

이다.

2. $$\begin{aligned} V(aX) &= E(((aX) - E(aX))^2) = E(a(X - E(X))^2) \\ &= a^2E((X - E(X))^2) = a^2V(X) \end{aligned}$$

3. $$\begin{aligned} V(aX+b) &= E(((aX+b) - E(aX+b))^2) \\ &= E((aX + b - aE(X) - b)^2) \\ &= E((aX - aE(X))^2) \\ &= E(a^2(X - E(X)^2) \\ &= a^2E((X - E(X)^2) \\ &= a^2V(X) \end{aligned}$$

이 성립한다.

예제 4.46

확률변수 X의 확률 분포가 다음과 같을 때 확률 변수 $Y = 2X + 3$ 의 기댓값과 분산을 구하여라.

X	-2	-1	1	2
$P(X = x_i)$	$\frac{1}{4}$	$\frac{1}{4}$	$\frac{1}{4}$	$\frac{1}{4}$

풀이

먼저 확률변수 X 의 기댓값을 구하면

$$E(X) = (-2) \times \frac{1}{4} + (-1) \times \frac{1}{4} + (1) \times \frac{1}{4} + (-2) \times \frac{1}{4} = 0$$

이고, 이때 확률변수 X 의 분산은

$$Var(X) = E(X^2) - (E(X))^2 = 4 \times \frac{1}{4} + 1 \times \frac{1}{4} + 1 \times \frac{1}{4} + 4 \times \frac{1}{4} = 2.5$$

이다. 따라서

$$E(Y) = 2E(X) + 3 \text{ 에서 } E(Y) = 3$$

이다. 또한

$$Var(Y) = 4V(X) = 4 \times 2.5 = 10$$

이다.

연습문제

1. 서로 다른 다섯 개의 숫자 1, 2, 3, 4, 5 로 만들 수 있는 세 자리 정수의 수를 모두 몇 개인지 구하여라.

2. 상자 M 안에는 사과 5개, 상자 D 안에는 배가 7개 들어있다. 이 중에서 사과 3개 또는 배 5개를 선택하는 방법의 수를 구하여라.

3. 7명의 위원 1, 2, 3, 4, 5, 6, 7 에서 3명의 대표 위원을 뽑는 방법의 수를 구하여라.

4. 한 회사의 직원이 8명 중 3명이 여성이다. 무작위로 선택한 4명의 직원 중에 최소 한 명 이상이 여성일 확률을 구하여라.

5. 복권 담청게임에서 45개의 숫자에서 6개를 선택하는 조합의 수를 구하는 파이썬 코딩을 작성하고 그 수를 계산하여라.

6. n개에서 r개를 선택하는 순열의 수를 구하는 파이썬 코딩을 작성하고 이를 이용하여 30개에서 3개를 선택하는 순열의 수를 구하여라.

7. n개에서 r개를 선택하는 조합의 수를 구하는 파이썬 코딩을 작성하라.

8. 코딩을 이용하여 18개에서 4개를 선택하는 조합의 수를 구하여라.

9. 두 사건 A 와 B 에 대하여 $A \subset B$ 이면 $P(A) \leq P(B)$ 임을 보여라.

10. $P(A) = P(B) = \dfrac{1}{3}$ 이고 $P(A \cap B) = \dfrac{1}{8}$ 일 때 다음을 구하여라.
    (a) $P(B^c)$ b) $P(A \cup B^c)$
    c) $P(B \cap A^c)$ d) $P(A^c \cup B^c)$

11. 두 사건 A, B에 대하여 $P(A) = \dfrac{2}{3}$, $P(B) = \dfrac{3}{4}$, $P(A \cap B) = \dfrac{5}{6}$ 일 때, $P(B^c \mid A^c)$ 를 구하여라.

12. 어느 대학의 통계학 과목에서 수강생 중 25% 가 A 학점을 받았으며 4학년 중에서 A학점을 받은 학생은 전체 수강생 중에서 15% 라고 한다. 임의로 한 명의 수강생을 선택했을 때 그 학생이 A 학점을 받았다고 가정할 때, 그 학생이 4학년일 확률을 구하여라.

13. 다음은 확률 변수 X 의 확률 분포이다. X 의 기댓값과 분산을 구하여라.

X	1	2	3	4	5	6
$P(X=x)$	$\frac{3}{10}$	$\frac{1}{10}$	$\frac{2}{10}$	$\frac{1}{10}$	$\frac{2}{10}$	$\frac{1}{10}$

14. 어떤 확률 변수 X가 -1, 0, 1 이고 각각의 확률은 차례로 0.5, 0.20.3 이다. 이때 분산 $Var(X)$ 을 구하여라.

15. 어떤 화목한 가정에는 두 명의 아이가 있다. 이 아이 중 한 아이가 반대표가 되었을 때, 또 다른 한 아이가 여자 아이일 확률을 구하여라.

16. 어느 공장에서는 3개의 기계 A, B, C를 통해서 물건을 생산하고 있다. A기계는 전체 생산의 50%, B 기계에서는 30% , C기계에서는 20% 를 생산하고 있다. 또한 각 기계에서 생산된 물건의 불량률은 A기계는 4%, B 기계는 3% , C 기계는 2% 라고 한다. 이 공장에서 생산된 물건에서 임의로 하나를 선택한 것이 불량품이라고 할 때 이 불량품이 B 기계에서 생산된 제품일 확률을 구하여라.

17. 2000명 중 한 명 꼴로 감염되는 어떤 바이러스에 감염되었는지를 판정하는 검사 키트의 정확도는 90% 라고 한다. 이 검사 키트에서 양성 반응을 보인 사람이 실제로 바이러스에 감염된 사람일 확률을 Bayes 정리를 이용하여 구하여라.

18. 다음은 확률 변수 X 의 확률 분포이다. X와 $3X-1$의 기댓값을 구하여라.

X	1	2	3	4
$P(X=x)$	$\frac{3}{10}$	$\frac{2}{10}$	$\frac{1}{10}$	$\frac{4}{10}$

19. 다음과 같은 확률분포를 가지는 확률변수X가 있다. X의 기댓값이 $E(X)=1.9$, 분산이 $Var(X)=0.49$일 때, $P(X=2)$를 구하여라.

X	1	2	3
$P(X=x)$	a	b	0.2

20. 주사위를 1개 던져서 나온 수의 2배를 점수로 얻을 때, 점수의 기댓값을 구하여라.

제 5 장
이산형 확률 분포

5.1 이항분포

5.2 푸아송분포

5.3 특별한 분포들

이 장에서는 이산형 확률분포의 특별한 경우에 대해 학습해 본다. 대표적인 이산형 분포인 베르누이분포, 이항분포, 푸아송 분포의 특징과 성질을 알아보고, 초기하분포와 기하분포에 대해서 알아본다. 각 분포에 대해 확률함수(p.m.f)를 사용하여 가댓값(평균)과 분산을 구하는 방법을 학습하고 각 분포에 대해 확률을 구하는 방법도 알아본다.

5.1 이항 분포

5.1.1 베르누이 시행

매 시행마다 결과가 두 가지로만 나오는 사건을 반복 시행하는 실험을 생각하자. 예를 들면 동전을 던지는 시행과 같이 얻어지는 결과가 앞과 뒤라든가 또는 어느 제품의 검사 결과가 합격 또는 불합격이라든가 또는 어떤 정당 후보자의 공약에 대해 찬성하느냐 반대하느냐와 같은 경우이다. 이런 시행들은 매 시행마다 독립적이어서 매번 마다 성공할 확률 p 는 같다. 이와 같은 시행을 베르누이 시행(Bernoulli Trial) 또는 이항실험[1](Binomial Experiment)이라고 부른다.

베르누이 시행은 다음과 같은 성질을 갖는다.

1. 매 시행마다 성공과 실패 두 가지의 결과만 나온다.
2. 매 시행마다 성공할 확률 p 는 같으며 실패할 확률은 $1-p$ 이다. 즉 성공할 확률과 실패할 확률의 합은 1 이다.
3. 각 시행은 독립적이고 첫 시행은 다음 시행에 영향을 주지 않는다. 예를 들어
   (a) 하나의 동전을 던지는 실험
   (b) 생산된 제품이 불량품인지 판정하는 실험
   (c) 무승부없는 운동 경기의 승패 판정
   (d) 모임에 참석하는 실험

   와 같은 경우가 베르누이 시행에 해당한다. 여기에서 성공(S)[2]이란 관심이 있는 것을 말하며, 실패(F)란 성공이 아닌 경우를 말한다.

예제 5.1

주머니에 흰 공 3개와 빨간 공 5개가 들어있다. 이 주머니에서 공 한 개를 꺼낼 때 그 공이 흰 공일 확률은 $\frac{3}{8}$ 이다. 이 공을 다시 주머니에 넣고 다시 한 개의 공을 꺼낼 때(복원 추출), 꺼낸 공이 흰색일 확률은 여전히 $\frac{3}{8}$ 이다. 즉 처음시행과 두 번째 시행은 독립이다. 그러나 처음 꺼낸 공을 다시 주머니에 넣지 않고 두 번째로 공을 꺼냈다면(비복원 추출) 처음 꺼낸 공이 흰색일 경우에는 $\frac{2}{7}$ 이고, 처음 꺼낸 공이 빨간색 공인 경우에는 $\frac{3}{7}$ 이다.

---

[1]이 용어는 스위스 수학자 베르누이(1654-1705)의 이름에서 비롯되었다.

[2]부의 축적과 같은 것을 성공이라 하지 않는다.

따라서 비복원 추출의 경우는 베르누이 시행이 아니다.

확률변수 X 가 성공할 확률이 p 인 베르누이 시행을 따를 때, X 의 평균과 분산은 각각

$$E(X) = p,\ Var(X) = p(1-p) = pq$$

이다.

예제 5.2

동전을 한 번 던져서 앞면이 나왔을 때를 성공이라고 한다면, 이때 평균과 분산을 구하여라.

풀이

이 시행은 확률변수가 $X = 0,\ 1$ 이고 성공할 확률은 각 $p = \frac{1}{2}$ 인 베르누이 분포이다. 이때 확률분포는

X	0	1
$P(X=x)$	$\frac{1}{2}$	$\frac{1}{2}$

이 되어, 평균은

$$E(X) = \frac{1}{2}$$

이고 분산은

$$Var(X) = \frac{1}{2} \cdot \frac{1}{2} = \frac{1}{4}$$

이다.

5.1.2 이항 분포

앞에서와 같이 동일한 성공과 실패의 확률을 가진 베르누이 시행을 독립적으로 반복하여 시행할 때 성공의 횟수 또는 실패의 횟수를 이항 확률변수(Binomial Random Variable) 라 하며, 이 이항 확률변수의 확률분포를 이항 확률분포(Binomial Probability Ddistribution) 또는 간단히 이항 분포(Binomial Distribution) 라고 한다.

예제 5.3

주사위를 던질 때 1의 눈이 나올 경우를 ○로, 1외의 다른 눈이 나올 경우를 ●로 표시하기로 하고, 5회 연속해서 던졌을 때 일어날 수 있는 경우에 대하여 알아보도록 하자. 주사위를 5회 연속해서 던졌을 때 1의 눈이 나오는 경우를 확률변수 X로 한다면, 확률변수 X의 각 값 $x = 0,\ 1,\ 2,\ 3,\ 4,\ 5$ 에 해당하는 확률을 계산하면 이항분포를 구할 수 있다.

X	0	1	2	3	4	5
경우의 형태	●●●●●	○●●●●	○○●●●	○○○●●	○○○○●	○○○○○
형태의 총수	${}_5C_0 = 1$	${}_5C_1 = 5$	${}_5C_2 = 10$	${}_5C_3 = 10$	${}_5C_4 = 5$	${}_5C_5 = 1$
형태의 확률	$\left(\frac{5}{6}\right)^5$	$\left(\frac{1}{6}\right)\left(\frac{5}{6}\right)^4$	$\left(\frac{1}{6}\right)^2\left(\frac{5}{6}\right)^3$	$\left(\frac{1}{6}\right)^3\left(\frac{5}{6}\right)^2$	$\left(\frac{1}{6}\right)^4\left(\frac{5}{6}\right)$	$\left(\frac{1}{6}\right)^5$
$P(X=x)$	${}_5C_0\left(\frac{5}{6}\right)^5$	${}_5C_1\left(\frac{1}{6}\right)\left(\frac{5}{6}\right)^4$	${}_5C_2\left(\frac{1}{6}\right)^2\left(\frac{5}{6}\right)^3$	${}_5C_3\left(\frac{1}{6}\right)^3\left(\frac{5}{6}\right)^2$	${}_5C_4\left(\frac{1}{6}\right)^4\left(\frac{5}{6}\right)$	${}_5C_5\left(\frac{1}{6}\right)^5$

예를 들어 표에서 있듯이 1의 눈이 처음 두 번만 나올 경우 ○○●●●의 확률은 $(1/6)^2$ $(5/6)^3$이다. 이때 $X = 2$ 일 때 형태의 총수는 모두 10개이며 표에 나타난 형태 외에 나머지 9개의 경우에 대해서도 그 확률은 모두 같다. 그리고 이들 경우는 모두 독립이다. 그러므로 1의 눈이 두 번 나올 확률은 위의 확률에 경우의 수 10을 곱한 값 $10 \times (1/6)^2(5/6)^3$과 같다. 그런데, 이 경우의 수는 5번 가운데 2번 앞면이 나올 경우로 볼 수 있으므로 ${}_5C_2 = 10$ 으로 계산할 수 있다. 이항실험의 결과인 위의 이항 분포표에서 1이 한 번도 나오지 않을 확률이

$$\left(\frac{5}{6}\right)^5$$

로 제일 크다.

위의 예제 5.3을 일반화하면, 다음과 같은 성질을 얻을 수 있다. 즉 성공확률이 p인 베르누이 시행을 n번 시행하였을 때 성공한 횟수 X를 확률변수로 하는 이항분포는 확률함수(p.m.f)가

$$f(x) = P(X = x) =_n C_x p^x q^{n-x}\ (x = 0,\ 1,\ 2,\ \cdots,\ n)$$

으로 주어지며 여기서 n은 총 시행 횟수, x는 성공 횟수, p는 성공할 확률 그리고 q 는 실패할 확률 $1-p$ 를 나타내며 이 분포를 보통 $X \sim B(n,\ p)$로 나타낸다. 이항분포의 경우 n이 적으면

확률 계산이 그리 어렵지 않지만 n이 크면 계산이 쉽지 않다. 이런 경우 부록에 있는 이항분포표를 이용하여 그 값을 구할 수 있다.

예제 5.4

어느 집에 아이가 모두 5명이다. 이 아이들 중 3명이 남자 아이일 확률을 구하여라.

풀이

한 아이가 남자일 확률은 0.5 이고 선택된 아이는 남자 아니면 여자 아이 이므로 남자 아이가 선택될 분포는 $B(5,\ 0.5)$ 인 이항분포이다. 따라서 확률함수를 이용하면

$$f(3) = P(X = 3) = {}_5C_3(0.5)^3(0.5)^2 = 0.3125$$

이다.

예제 5.5

어느 회사에서 생산된 제품의 불량률은 0.05 이라고 한다. 이 회사 제품을 20개 선택 했을 때 그 중에서 5개가 불량일 확률을 구하여라.

풀이

선택한 제품이 불량일 때 성공이므로 $p = 0.05$ 이고 $q = 1 - 0.05 = 0.95$ 이다. 따라서 이항 분포의 확률함수를 이용하면 구하는 확률은

$$f(5) = P(X = 5) = {}_{20}C_5(0.05)^5(0.95)^{15} = 0.0023$$

이다.

이항분포에 대한 도수꺾은선 그래프를 그리면 성공할 확률 p가 0.5 일 때 대칭형이고 p가 아주 작을 때라도 시행 횟수 n이 커질수록 대칭형에 가까워진다.

5.1.3 이항분포의 기댓값

확률변수 X가 이항분포 $X \sim B(n,\ p)$ 를 따를 때 X의 기댓값과 분산은 다음과 같다.

정리 5.1 이항분포의 기댓값과 분산

1. $E(X) = np$
2. $Var(X) = npq$

증명 5.1

1.
$$\begin{aligned} E(X) &= \sum_{x=0}^{n} x_n C_x p^x q^{n-x} \\ &= \sum_{x=0}^{n} x \frac{n(n-1)(n-2)\cdots(n-x+1)}{x!} p^{x-1} q^{n-x} \\ &= np \sum_{x=1}^{n} \frac{(n-1)\cdots(n-x+1)}{(x-1)!} p^{x-1} q^{n-x} \\ &= np \sum_{x=0}^{n-1} \frac{(n-1)\cdots(n-1-x+1)}{x!} p^x q^{n-1-x} \\ &= np(q+p)^{n-1} = np \end{aligned}$$

2. 이항정리 $(q+tp)^n = \sum_{x=0}^{n} {}_nC_x p^x t^x q^{n-x}$ 의 양변을 t에 관하여 미분하면

$$n(q+tp)^{n-1} \cdot p = \sum_{x=1}^{n} x \cdot {}_nC_x p^x t^{x-1} q^{n-x}$$

이고 다시 이 식을 t에 관하여 미분하면

$$n(n-1)(q+tp)^{n-2} \cdot p^2 = \sum_{x=2}^{n} x(x-1) \cdot {}_nC_x p^x t^{x-2} q^{n-x} \quad \cdots\cdots\cdots \text{①}$$

를 얻는다. 식 ①에 $t=1$을 대입하면

$$\begin{aligned} n(n-1)p^2 &= \sum_{x=2}^{n} x(x-1)_n C_x p^x q^{n-x} = \sum_{x=0}^{n} x(x-1)_n C_x p^x q^{n-x} \\ &= \sum_{x=0}^{n} x(x-1) f(x) = \sum_{x=0}^{n} x^2 f(x) - \sum_{x=0}^{n} x f(x) \\ &= \sum_{x=0}^{n} x^2 f(x) - np \end{aligned}$$

이다. 이때

$$\sum_{x=0}^{n} x^2 f(x) = n(n-1)p^2 + np = n^2p^2 - np^2 + np$$

이다. 따라서

$$Var(X) = E(X^2) - E(X)^2 = n^2p^2 - np^2 + np - (np)^2 = np(-p+1) = npq.$$

이다.

예제 5.6

5개의 주사위를 동시에 던질 때, 1의 눈이 나오는 수를 확률변수 X 라 할 때, X의 평균과 분산을 구하여라.

풀이

X는 이항분포 $B\left(5,\ \frac{1}{6}\right)$을 따르므로 평균은

$$E(X) = np = 5 \times \frac{1}{6} = \frac{5}{6}$$

이고 분산은

$$Var(X) = 5 \times \frac{1}{6} \times \frac{5}{6} = \frac{25}{36}$$

이다.

예제 5.7

이항분포 $B(n,\ p)$를 따르는 확률변수 X의 평균이 18 이고, 표준편차가 3일 때, n의 값을 구하여라.

풀이

$np = 18$ 이고 $npq = np(1-p) = 9$ 이다. 따라서 $18(1-p) = 9$ 에서 $1-p = \frac{1}{2}$ 이므로 $p = \frac{1}{2}$ 이다. 따라서 $n = 36$ 이다.

예제 5.8

정답이 하나인 지문이 5개인 선다형문제 25개가 있다. 무조건 찍어서 답을 제출 했을 때 모든 답이 틀렸을 때의 확률과 25문제를 모두 맞힐 확률을 구하여라.

풀이

정답이 하나인 경우이므로 성공할 확률은 $p = 0.2$ 이다. 답을 맞힌 개수를 확률변수 X 라 하면 $X \sim B(25,\ 0.2)$ 이므로, 확률함수는

$$P(X = x) = \binom{25}{x} (0.2)^x (0.8)^{25-x}$$

가 된다. 한 문제도 못 맞힌 경우는

$$P(X = 0) = \binom{25}{0} (0.2)^0 (0.8)^{25} = 0.00377\cdots$$

이고 25문제 모두 맞힐 확률은

$$P(X = 25) = \binom{25}{25} (0.2)^{25} (0.8)^0 = 0.0000000\cdots$$

이다.

예제 5.9

한 개의 동전을 4번 던질 때 앞면이 나오는 수를 확률변수 X 라 할 때, 다음을 구하여라.

1. $E(X^2)$
2. $E((X+c)^2)$의 최솟값 (단, c는 실수)

풀이

확률변수 X 는 이항분포 $B(4,\ \frac{1}{2})$ 를 따르므로

$$E(X) = 2 \text{ 이고 } V(X) = 1$$

이다. $E(X^2) = V(X) + E(X)^2$ 이므로

1. $E(X^2) = V(X) + E(X)^2 = 1 + 2^2 = 5$

2. $$\begin{aligned} E((X+c)^2) &= E(X^2) - 2cE(X) + c^2 \\ &= 25 - 4c + c^2 \\ &= (c-2)^2 + 21 \end{aligned}$$

이므로 최솟값은 21이다.

5.2 푸아송 분포

5.2.1 푸아송분포

푸아송분포는 프랑스의 수학자 푸아송에 의하여 창안된 분포로서 산업분야에 두루 사용되고 있다. 이 분포는 일정한 시간 또는 일정한 지역에서 일어나는 현상의 개수를 확률변수 X로 하는 이산형 확률분포이다. 즉 $X = 1,\ 2,\ 3,\ \cdots$ 일 때

$$f(x) = P(X = x) = \frac{e^{-\lambda}\lambda^x}{x!}$$

를 확률함수로 갖는 분포를 푸아송분포(Poisson Distribution)라 한다. 이때

$$0 < \lambda = np < \infty \text{ 이고 } e = 2.71828\cdots$$

이다.

푸아송분포는 많은 시행 횟수에서 발생 확률이 극히 작은 경우에 대한 확률분포로써 한 시간 동안 교통사고 발생 건수, 한 시간 동안 특정한 공중전화에 전화를 걸러 오는 사람의 수, 백과사전의 오타의 수, 방사성 물질에서의 방사능 누출정도 등은 푸아송분포를 따르고 있는 예이다.

예제 5.10

군 입대 대상자 중 2% 가 체중미달이라 할 때 100명 중 체중 미달자가 5명 이상일 확률을 구하여라.

풀이

체중 미달자의 확률이 0.02로 매우 작으므로 $n = 100$ 이고 $p = 0.02$인 즉, $\lambda = 100 \times 0.02 = 2$인 푸아송분포로 생각하면

$$P(X \geq 5) = 1 - P(X < 4) = 1 - 0.9473 = 0.0527$$

이다.

시행횟수 n이 비교적 크고 ($n \geq 20$)성공할 확률 p 가 매우 작은 ($p \leq 0.05$) 경우에 이항분포

값은 푸아송분포 값에 가깝게 접근 한다. 즉

$$ {}_nC_x p^x q^{n-x} \approx \frac{e^{-\lambda}\lambda^x}{x!}(\lambda = np) $$

라 할 수 있다.

예제 5.11

어느 공장에서 만들어진 제품의 2%가 불량품이라 한다. 이 공장의 제품 20개를 임의로 뽑았을 때 그 중에서 3개가 불량일 확률을 구하여라.

풀이

1. 이항분포로 보고 계산하면

$$ {}_{20}C_3(0.02)^3(0.98)^{17} = 0.00648 $$

2. 푸아송분포로 계산하면 $\lambda = 20 \times 0.02 = 0.4$ 이므로

$$ \frac{e^{-0.4}0.4^3}{3!} = 0.0071 $$

이다.

이항 분포와 푸아송분포는 서로 다른 분포이긴 하나 서로 밀접한 한 관계가 있다. 평균이 λ 인 푸아송분포를 따르는 확률변수가 있을 때, 구간을 n개의 짧은 소구간으로 나눈다면 즉, n 이 충분히 크다면 각 소구간에서 사건이 발생할 확률은 근사적으로 $p = \lambda/n$ 이라 할 수 있고, 이때 푸아송분포는 이항분포로 근사 시킬 수 있다. 또한 n이 충분히 크고 p가 아주 작을 때, 이항분포를 따르는 확률변수는 푸아송 분포로 근사 시킬 수 있다. 이 성질은 아주 큰 n에 대해서는 이항분포표에서 값을 제공하지 않으므로 유용하게 쓰일 수 있다. 아래 표 1에서는 $n = 50$, $p = 0.04$ 인 이항분포의 확률과 이에 대한 근사로 $\lambda = np = 2$인 푸아송 분포의 확률을 0부터 7까지에 대해 비교해 두었고, 표 2에서는 시행 횟수 n은 점차 늘려가고 성공확률 p 는 점차 줄여가면서 이항분포와 푸아송분포를 비교해 두었다.

X	이항분포의 확률 $\binom{50}{x}(0.04)^x(0.96)^{50-x}$	푸아송분포의 확률 $\dfrac{e^{-2}2^x}{x!}$
0	0.077	0.135
1	0.027	0.270
2	0.276	0.270
3	0.184	0.180
4	0.090	0.090
5	0.034	0.036
6	0.010	0.012
7	0.002	0.003

[표 1]

X	이항분포의 확률			푸아송분포의 확률 $\lambda=1$
	$n=10,\ p=0.1$	$n=100,\ p=0.01$	$n=200,\ p=0.005$	
0	0.348	0.366	0.366	0.367
1	0.387	0.369	0.369	0.367
2	0.193	0.184	0.184	0.184

[표 2]

5.3 특별한 분포들

5.3.1 초기하분포

유한 모집단에서 복원 추출을 할 경우 베르누이 시행을 만족하므로 그 확률분포로 이항 분포를 사용할 수 있다. 그러나 유한 모집단에서 비복원 추출을 할 경우에는 베르누이 시행의 독립성을 만족하지 못하므로 이항 분포를 사용할 수 없다. 이럴 경우유용하게 사용되는 분포가 초기하분포(Hyper-Geometric Distribution) 이다.

크기가 N 인 유한 모집단에서 A 종류를 M 개, B 종류는 $N-M$ 개가 있다고 하자. 이 유한 모집단에서 비복원 추출로 n개를 선택했을 때 A 종류에서 뽑힌 물건의 개수를 확률 변수 X로

정의하면, X의 확률을

$$P(X=x)=\frac{\begin{pmatrix}M\\x\end{pmatrix}\begin{pmatrix}N-M\\n-x\end{pmatrix}}{\begin{pmatrix}N\\n\end{pmatrix}}$$

여기에서 $x=0,\ 1,\ 2,\ 3,\ \cdots,\ n$ 이고, 이 확률 분포를 $X \sim HG(n,\ N,\ M)$ 으로 쓰고 초기하 분포 : 라 한다.

예제 5.12

검은 공 7개와 흰 공 5개가 들어있는 항아리에서 4개의 공을 비복원 추출하였을 때 정확히 3개가 검은 공을 확률을 구하여라.

풀이

확률 변수 X를 검은 공의 수라고 하자. 이때 확률 변수 X는 $N=12,\ M=7,\ n=4$ 인 초기하 분포를 따른다. 따라서 구하는 확률은

$$P(X=3)=\frac{\begin{pmatrix}7\\3\end{pmatrix}\begin{pmatrix}5\\1\end{pmatrix}}{\begin{pmatrix}12\\4\end{pmatrix}}=\frac{35}{99}$$

이다.

5.3.2 기하분포

반복되는 베르누이 시행에서 발생할 수 있는 실험의 결과가 성공과 실패만 있는 경우 확률변수 X가 최초의 성공이 있을 때 까지 나타난 시행 횟수라고 하자. 이때 각 시행은 독립이므로 확률변수 X 의 확률 함수를

$$f(x)=P(X=x)=p(1-p)^{x-1},\ x=1,\ 2,\ 3,\ \cdots$$

로 가지는 경우 성공할 확률이 p인 기하분포(Geometric distribution) 또는 파스칼분포(Pascal distribution)라고 하고, $X \sim MB(1,\ p)$ 로 나타낸다.

예제 5.13

공정한 주사위를 처음 1의 눈이 나올 때 까지 던지는 시행에서 던진 횟수를 확률 변수 X 라 하면 이 시행은 $X \sim NB\left(1,\ \frac{1}{6}\right)$ 인 기하분포를 따른다. $X \sim MB(1,\ p)$ 일 때 확률 변수 X 의 기댓값과 분산은 다음과 같다.

1. $E(X) = \frac{1}{p}$
2. $Var(X) = \frac{1-p}{p^2}$

증명 5.2

1. $g(x) = \sum_{k=0}^{\infty} ax^k = \frac{a}{1-x},\ -1 < x < 1$ 이라고 하면

$$g'(x) = \sum_{k=1}^{\infty} akx^{k-1} = \frac{a}{(1-x)^2}$$

이고

$$g''(x) = \sum_{k=2}^{\infty} ak(k-1)x^{k-2} = \frac{2a}{(1-x)^3}$$

가 된다. 확률변수 X 의 평균은

$$E(X) = \sum_{x=1}^{\infty} xpq^{x-1} = \frac{p}{(1-q)^2} = \frac{1}{p}$$

이고

$$\begin{aligned} E(X^2) &= E[X(X-1)+X)] = E[X(X-1)] + E(X) \\ &= \sum_{x=2}^{\infty} x(x-1)pq^{x-1} + \frac{1}{p} = pq\sum_{x=2}^{\infty} x(x-1)q^{x-2} + \frac{1}{p} \\ &= \frac{2pq}{(1-q)^3} + \frac{1}{p} = \frac{2q}{p^2} + \frac{1}{p} \\ &= \frac{1+q}{p^2} \end{aligned}$$

가 되어

$$Var(X) = E(X^2) - [E(X)]^2 = \frac{1+q}{p^2} - \left(\frac{1}{p}\right)^2 = \frac{q}{p^2} = \frac{1-p}{p^2}$$

이다.

예제 5.14

공정한 동전을 처음 앞면이 나올 때 까지 던지는 시행에서 6번째 처음으로 앞면이 나올 확률을 구하고, 기댓값과 분산을 구하여라.

풀이

동전을 던진 횟수를 확률 변수 X 라 하면 이 시행은

$$X \sim NB\left(1,\ \frac{1}{2}\right)$$

인 기하분포를 따른다. 따라서

$$P(X=6) = \frac{1}{2}\left(\frac{1}{2}\right)^6$$

이고 이때 기댓값과 분산은 각각

$$E(X) = \frac{1}{(1/2)} = 2$$

이고

$$Var(X) = \frac{\frac{1}{2}}{\frac{1}{2^2}} = 2$$

이다.

연습문제

1. 어려운 수술을 받은 환자가 회복될 확률은 0.8 이라고 한다. 이 수술을 받은 10 명의 환자 중에서 6 명이 회복될 확률을 구하여라.

2. 어느 가게에는 하루 평균 50 명의 손님이 온다고 한다. 어느 날 손님이 한 명도 오지 않을 확률을 구하여라.

3. 동전을 100번 던져서 앞면이 56번 나올 확률을 구하는 파이썬 코딩을 작성하라.

4. 당첨 확률이 p_1 인 복권 n_1 개를 구입하였을 때 n_2 개의 복권이 당첨될 확률을 푸아송 분포로 구하는 파이썬 코딩을 작성하라.

5. 내 휴대폰으로 시간당 평균적으로 걸려오는 전화 횟수가 2번이다. 15분간 휴대폰을 못 봤을 때 전화가 왔을 확률을 구하여라.

6. 세 쌍둥이가 태어날 확률이 0.01% 라고 할 때 5000명의 신생아 중에서 적어도 4쌍이 세 쌍둥이일 확률을 구하여라.

7. 어느 공장에서 생산된 물건 중 3% 가 불량품이라고 하자. 이 공장에서 생산된 물건 100개 중에서 3개가 불량품일 확률을 이항분포와 푸아송 분포를 이용하여 구하여라.

8. 어떤 지역에서 교통사고가 하루 평균 0.5회 발생한다고 한다, 다음을 구하여라.
   (a) 이 지역에서 오늘 교통사고가 한 번도 일어나지 않을 확률
   (b) 오늘 3번의 교통사고가 일어날 확률
   (c) 오늘 3번 이상의 교통사고가 일어날 확률

9. 당첨될 확률이 0.001 인 복권을 100장 구입하였다. 이 중에서 적어도 한 장이 당첨 될 확률을 구하여라.

10. 당첨 확률이 0.002 인 복권 50 개를 구입하였을 때 2개의 복권이 당첨될 확률을 푸아송 분포로 구하여라.(파이썬을 이용하라.)

11. 100개의 제비가 있는 상자에 당첨 제비는 10개가 들어있다. 7명이 차례로 비복원 추출할 때 2명이 당첨될 확률을 초기하 분포를 이용하여 구하여라.

12. 확률변수 X가 이항분포 $B(n,\ p)$ 를 따르고 $E(X)=2$, $Var(X)=1$ 일 때, 확률 $P(X=2)$을 구하여라.

13. 정상적인 상태에서 공정 불량률이 10%인 어떤 공정에서 6개의 제품을 추출할 때, 불량품이 2개 이상 나올 확률을 구하여라.

14. 공정한 동전 하나를 5번 던졌을 때 앞면이 나오는 횟수를 X라 한다. $(X-1)^2$ 의 기댓값을 구하여라.

15. 어느 학생이 통계학 자격 시험에 합격할 확률은 0.7 이다. 이 학생이 시험에 응시한 횟수를 X 라 할 때 이 학생이 3번째 응시한 시험에서 합격할 확률를 구하여라.

제 6 장
연속형 확률분포

6.1 연속형 확률분포

6.2 정규 분포

6.3 표준 정규분포

6.4 이항분포의 정규 근사

지금까지는 이산형 확률분포인 이항분포, 푸아송분포 그리고 초기하분포, 기하분포등에 대하여 알아보았다. 이번 장에서는 확률변수가 연속적인 값을 갖는 경우인 연속형 확률변수와 연속형 확 대표적인 연속형 확률분포인 정규분포에 대해 알아보고 표준 정규분포의 성질을 학습한다. 이 분포에서의 기댓값과 분산을 구해보고 이항분포와 정규분포의 관계를 확인해 본다.

6.1 연속형 확률분포

6.1.1 연속확률 분포

이산형 확률변수는 취할 수 없는 값이 있으나 확률변수가 연속적인 값을 갖는 경우는 일정한 범위안에서 어떤 값이라도 취할 수 있다. 예를 들어 사람의 키를 잴 때 174cm에서 176 cm 사이에 발생 가능한 변수의 값은 무한히 많다. 이와 같이 연속 확률변수는 사람의 몸무게, 키, 시간, 물의 양 등과 같이 일정한 범위 안에서 어떤 실수 값도 취할 수 있는 변수이다. 이때 연속형 확률변수는 이산형 확률변수와는 달리 어떤 한 점에서 관련된 확률을 구할 수 없다. 예를 들어 어떤 사람의 키가 정확히 174cm일 확률은 0 으로 간주한다. 즉, 연속형 확률변수에서 $P(X = x) = 0$ 이다. 이 성질은 구간이 열린구간, 닫힌구간, 반 열린구간에 관계없다는 사실을 말해준다. 다시 말해서

$$\begin{aligned} P(a \leq X \leq b) &= P(X = a) + P(a < X < b) + P(X = b) \\ &= P(a < X < b) \\ &= P(a \leq X < b) \\ &= P(a < X \leq b) \end{aligned}$$

가 성립한다. 이와 같은 연속 확률변수가 이루는 분포를 연속확률분포(Continuous Probability Distribution)라 한다. 즉, 연속형 확률변수 X 가 임의의 구간 $[a,\ b]$의 모든 값을 취하고 이에 대응하는 확률함수 $f(x)$로서 이루는 분포를 말한다. 연속형 확률변수의 x 값과 x 값에서의 높이 사이의 관계를 곡선으로 나타낸 함수식을 확률밀도 함수 (Probability Density Function: p.d.f) 라고 하며 다음과 같은 성질을 갖는다.

성질 1. 확률밀도함수의 성질

1. 모든 x 값에 대하여 $f(x) \geq 0$ 이다.

2. 확률밀도함수 아래의 전체의 넓이는 1 이다.

$$\int_{-\infty}^{\infty} f(x)dx = 1$$

3. $P(a < X < b) = \displaystyle\int_a^b f(x)dx$ 이다.

예제 6.1

확률 밀도 함수 $f(x) = \begin{cases} \dfrac{3x^2}{7}, & 1 < x < 2 \\ 0, & otherwise \end{cases}$ 으로 주어진 확률분포가 있다. 확률밀도 함수의 성질을 만족함을 보이고 $P(0 < X \leq 3)$ 의 값을 구하여라.

풀이

이 함수의 그래프는 아래와 같다.

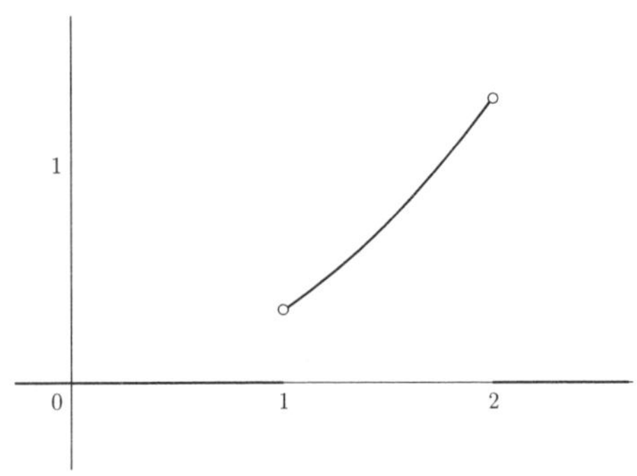

1. 모든 x 값에 대하여 $f(x) \geq 0$ 이 성립한다.

2. 확률밀도함수 아래의 전체의 넓이는

$$\int_{-\infty}^{\infty} f(x)dx = \int_1^2 \frac{3x^2}{7}dx = \left[\frac{x^3}{7}\right]_1^2 = \frac{8}{7} - \frac{1}{7} = 1$$

이 성립한다.

3. $P(0 < X \leq 3) = \int_0^3 f(x)dx = \int_1^2 \frac{3x^2}{7}dx = 1$ 이다.

6.1.2 여러 가지 연속확률 분포

1. 균등 분포

구간 $[a,\ b]$의 어느 부분 구간에 확률 변수X 가 놓일 확률을 그 부분 구간의 길이에 비례하는 방법으로 결정하는 확률 실험이 있다고 하자. 이때 X 는 구간 $[a,\ b]$ 에서 한 점이 무작위로 또는 동등하게 선정되며, 다른 구간에서는 점을 취할 수 없는 실험의 결과로 나타나게 되고, 따라서 X 의 확률 밀도 함수는 구간 $[a,\ b]$에서는 일정하고 다른 구간에서는 0이 된다. 더욱이 임의의

확률 밀도함수 $f(x)$ 에 대하여

$$\int_{-\infty}^{\infty} f(x)dx = \int_{a}^{b} f(x)dx = 1$$

이므로 $f(x)$는 구간 $[a,\ b]$ 에서 일정한 값 $\frac{1}{b-a}$ 를 가진다. 그러므로 이 경우 확률 밀도함수는 $f(x) = \begin{cases} \frac{1}{b-a}, & a \leq x \leq b \\ 0, & \text{그 외의 구간} \end{cases}$ 이다. 이와 같은 확률변수는 구간 $[a,\ b]$에서 균등분포(Uniform Distribution) 를 따른다고 하고, $X \sim U[a,\ b]$ 로 나타낸다.

정리 6.1

확률변수 X가 구간 $[a,\ b]$ 에서 균등분포를 따를 때, 기댓값과 분산은 다음과 같다.

1. $E(X) = \frac{a+b}{2}$
2. $Var(X) = \frac{(a-b)^2}{12}$

증명 6.1

1. $$\begin{aligned} E(X) &= \int_{a}^{b} x \cdot \frac{1}{b-a}dx = \frac{1}{b-a}\left[\frac{1}{2}x^2\right]_a^b = \frac{1}{b-a}\left(\frac{1}{2}b^2 - \frac{1}{2}a^2\right) \\ &= \frac{1}{b-a}\left(\frac{1}{2}(b^2-a^2)\right) = \frac{a+b}{2} \end{aligned}$$

2. $$\begin{aligned} V(X) &= E(X^2) - [E(X)]^2 = \int_{a}^{b} x^2 \frac{1}{b-a}dx - \left(\frac{a+b}{2}\right)^2 \\ &= \frac{1}{b-a}\left[\frac{1}{3}x^3\right]_a^b - \left(\frac{a+b}{2}\right)^2 = \frac{(a-b)^2}{12} \end{aligned}$$

이다.

예제 6.2

$f(x) = \frac{1}{20}$, $(0 \leq x \leq 20)$ 으로 정의되는 함수의 기댓값과 분산을 구하여라.

풀이

$E(X) = \frac{20+0}{2} = 10$ 이고 $Var(X) = \frac{(20-0)^2}{12} = \frac{400}{12} = \frac{100}{3}$ 이다.

예제 6.3

확률변수 X가 구간 $[30,\ 90]$ 에서 균등분포를 따른다고 하자.

1. X가 50에서 70 사이에 있을 확률을 구하여라.
2. X의 기댓값과 분산을 구하여라.

풀이

1. X의 확률밀도함수는 $f(x) = \dfrac{1}{90-30} = \dfrac{1}{60}$, $30 \le x \le 90$ 이다. 따라서

$$P(50 \le X \le 70) = \int_{50}^{70} \frac{1}{60} dx = \frac{1}{60} \times 20 = \frac{1}{3}$$

이다.

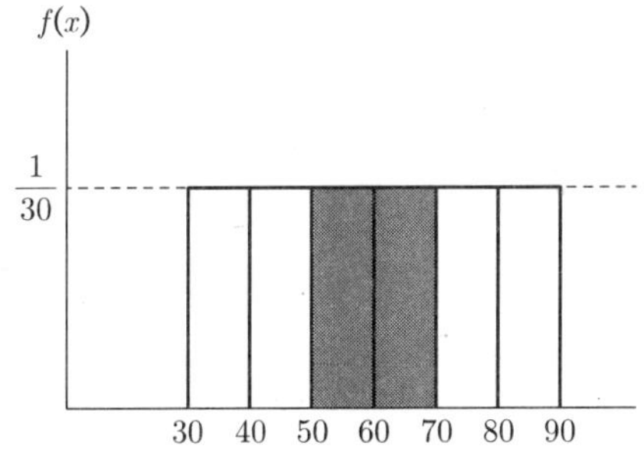

2. $E(X) = \dfrac{90+30}{2} = 60$ 이고 $Var(X) = \dfrac{(90-30)^2}{12} = \dfrac{3600}{12} = 300$ 이다.

2. 감마분포

모든 $\alpha > 0$에 대하여

$$\gamma(\alpha) = \int_{0}^{\infty} t^{\alpha-1} e^{-t} dt$$

로 정의된 함수를 감마함수(Gamma Function) 이라고 한다.

정리 6.2

감마함수는 다음의 성질을 만족한다.

1. $\alpha > 1$에 대하여 $\gamma(\alpha) = (\alpha-1)\gamma(\alpha-1)$
2. 양의 정수 $n \in \vec{N}$에 대하여 $\gamma(n) = (n-1)!$

3. $\gamma\left(\frac{1}{2}\right) = \sqrt{\pi}$

연속 확률변수X의 확률밀도함수가

$$f(x|\alpha,\ \beta) = \begin{cases} \dfrac{\beta^{\alpha}}{\gamma(\alpha)} x^{\alpha-1} e^{-\beta x} & ,\ x > 0 \\ 0 & ,\ x \le 0 \end{cases}$$

인 연속형 확률분포를 따른다면, X 는 모수가 $\alpha > 0,\ \beta > 0$ 인 감마분포(Gamma distribution)를 따른다고 하고, $X \sim GAM(\alpha,\ \beta)$로 나타낸다.

정리 6.3

확률변수 X가 감마분포를 따를 때, 기댓값과 분산은 다음과 같다.

1. $E(X) = \dfrac{\alpha}{\beta}$
2. $Var(X) = \dfrac{\alpha}{\beta^2}$

예제 6.4

어떤 강에서 측정 가능한 하루 강수량 (단위: cm)은 $X \sim GAM(6,\ 5)$ 를 따른다고 하자. 강수량이 3cm를 초과할 확률을 구하여라.

풀이

$P(X > 3) = \displaystyle\int_3^{\infty} \frac{5^6}{\gamma(6)} x^5 e^{-5x} dx \approx 0.0027924$ 이다.

3. 지수분포

지수 분포는 어떤 사건이 발생하기 전에 경과한 시간의 분포를 나타내는데 사용한다, 예를 들어 어떤 기계가 고장 없이 작동할 시간, 고객센터의 직원이 고객을 상대하는데 걸리는 시간, 암환자가 사망하기까지의 시간 등과 같이 어떤 시간의 주기를 나타내는데 사용한다.

$\alpha = 1$ 인 감마분포를 지수분포라 한다. 즉, 연속 확률변수X의 확률밀도함수가

$$f(x|1,\ \beta) = \begin{cases} \beta e^{-\beta x} & ,\ x > 0 \\ 0 & ,\ x \le 0 \end{cases}$$

인 연속형 확률분포를 따른다면, X 는 모수가 $\beta > 0$ 인 지수분포(Exponential distribution)를 따른다고 하고, $X \sim \mathrm{EXP}\ (\beta)$로 나타낸다.

지수 분포는 연속형 확률 분포에서 중요한 분포 중 하나이다. 지수 분포는 푸아송 분포와 관련이 있다. 예를 들어 어떤 사건이 시간당 변화의 수가 λ 인 푸아송 분포를 따를 때 t시간 동안 평균 λt 로 사건이 발생한다. t 시간동안 특정한 사건이 발생한 사건의 수가 $N(t)$ 라고 하면

$$P(N(t)=k)=\frac{(\lambda t)^k e^{-\lambda t}}{k!},\ k=0,\ 1,\ 2,\ 3,\ \cdots$$

이다.

푸아송 분포에서 첫 번째 변화가 일어날 때 까지 걸리는 시간은 $\beta=\frac{1}{\lambda}$을 가는 지수 분포를 따른다.

정리 6.4

확률변수 X가 지수분포를 따를 때, 기댓값과 분산은 다음과 같다.

1. $E(X)=\frac{1}{\beta}$
2. $Var(X)=\frac{1}{\beta^2}$

예제 6.5

어느 공장에서 생산된 LED의 수명은 평균이 1000시간인 지수분포를 따른다고 한다. 200개의 LED에서 1000시간 이상 사용할 수 있는 것의 평균 개수를 구하여라.

풀이

LED의 수명을 확률 변수 X 라 하면 $\lambda=\frac{1}{1000}$ 이다. 따라서

$$P(X\geq 1000)=1-P(X<1000)=1-(1-e^{-1})=e^{-1}=0.3679$$

가 되어 구하는 평균은 $200\times 0.3679=73.58$ 이어서 약 78개 이다.

6.2 정규분포

6.2.1 정규분포

연속 확률 분포 중 가장 중요하고 대표 적인 것이 정규분포(Normal Distribution) 이다. 정규분포는 프랑스 수학자 A. De moivre 에 의하여 처음 발견되었으며 P. S. Laplace 가 천문학

등에 이용하였고 19세기 들어 C. F. Gauss 에 의해서 물리학과 천문학 등에 폭넓게 이용되었다 이러한 이유로 정규분포를 가우스분포(Gauss Distribution) 라고도 한다.

정규분포가 여러 가지 연속형 확률분포 중에서 가장 중요하게 취급되는 이유는 우리 일상 생활에서 흔히 볼 수 있는 확률변수는 정규분포와 유사한 분포를 이루고 있으며, 이항분포나 푸아송분포와 같은 이산형 확률분포의 근사치를 구하는데 이용할 수 있으며 표본의 크기가 비교적 큰 $(n > 30)$ 경우 모집단의 분포에 관계없이 그 표본의 평균과 비율의 분포가 정규분포를 이루고 있기 때문이다. 정규 분포는 함수

$$f(x) = \frac{1}{\sqrt{2\pi}\sigma} e^{-(x-\mu)^2/2\sigma^2}$$

을 확률 밀도 함수로 갖는 분포를 말하며 확률변수 X가 평균 μ, 분산 σ^2 인 정규분포를 따를 때

$$X \sim N(\mu,\ \sigma^2)$$

으로 나타낸다. 이때 $e = 2.7181\cdots$ 이고 $\pi = 3.14159\cdots$ 이며, 이 함수가 그리는 곡선을 정규 분포곡선(Normal Distribution Curve), 간단히 정규곡선이라고 한다. 이 곡선은 $x = \mu$ 에서 대칭인 형태를 하고 있으며 μ 에서 최댓값 $\frac{1}{\sqrt{2\pi}\sigma}$ 을 갖는다. 또한 x값이 μ 에서 좌우로 멀어질수록 $f(x)$는 0에 가까워지는 종 모양(bell-shaped)으로 나타난다. 그리고 분산 σ^2이 클수록 넓게 퍼져있으며, σ^2이 작을수록 뾰족한 종모양이 되어 대부분의 자료가 평균에 몰려 있음을 말한다.

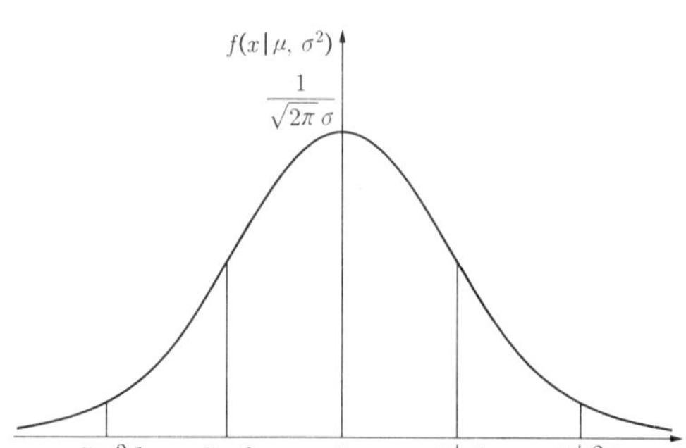

정규분포 $N(\mu,\ \sigma^2)$ 에 대한 확률은 x의 경계값과 x축 그리고 정규곡선 아래에 주어진 부분의 넓이로 나타난다. 예를 들어 확률 $P(a \le X \le b)$는 $x = a$ 와 $x = b$ 와 x축 그리고 정규함수$f(x)$로 둘러싸인 부분의 넓이이고 다음 적분

$$P(a \le x \le b) = \frac{1}{\sqrt{2\pi}\sigma} \int_a^b \exp\left(-\frac{(x-u)^2}{2\sigma^2}\right) dx$$

으로 계산한다.

[그림 2]에서 정규분포에서 확률변수 X가 평균을 중심으로 표준편차의 몇 배 이내에 있는지에 따라 다른 확률이 나타나 있다. 확률변수 X가 정규분포 $N(\mu,\ \sigma^2)$을 따를 때 확률밀도함수 곡선 아래의 전체 넓이는 1 이고 X 가 평균 μ 에서 $\pm\sigma$ 이내에 있을 확률, $\pm2\sigma$ 이내에 있을 확률, $\pm3\sigma$ 이내에 있을 확률은 각각

$$P(\mu-\sigma < X < \mu+\sigma) = 0.683$$
$$P(\mu-2\sigma < X < \mu+2\sigma) = 0.954$$
$$P(\mu-3\sigma < X < \mu+3\sigma) = 0.997$$

이다. 즉, 정규 분포에서 평균을 중심으로 3 배의 표준 편차를 벗어난 자료가 관측될 가능성은 아주 희박하다는 것을 의미한다.

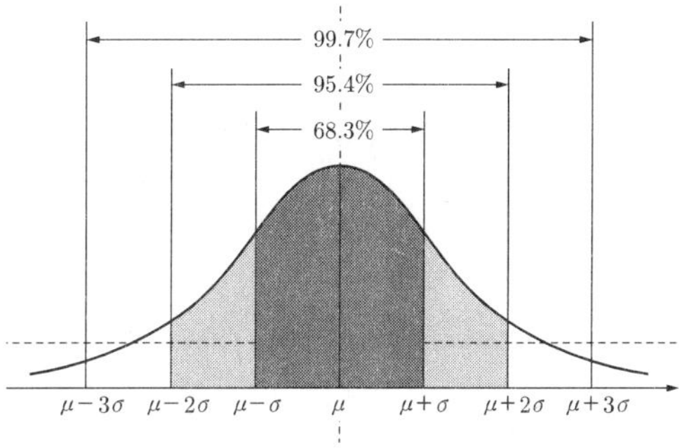

6.2.2 표준 정규 분포

정규분포 $N(\mu,\ \sigma^2)$ 은 평균 μ와 분산 σ^2에 의하여 분포의 형태가 결정되므로, 정규분포의 형태는 무수히 많다. 따라서 서로 다른 두 분포를 비교하거나 넓이를 계산하여 확률을 얻기란 쉽지 않다. 평균은 같고 분산이 다른 5개의 정규 분포의 모습은 아래와 같다.

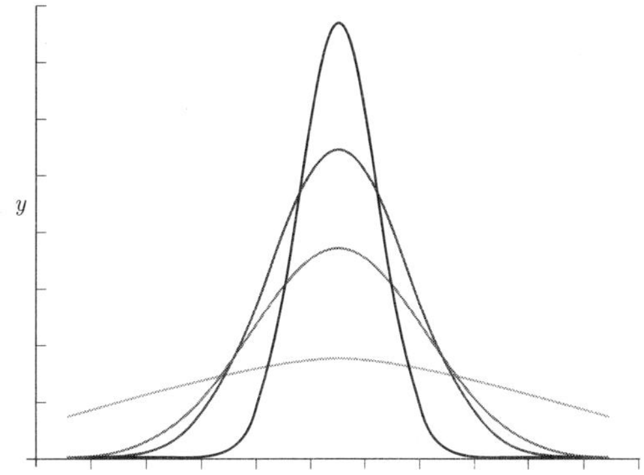

위 그림에서 분산이 작을수록 자료는 평균 중심으로 모여 있으며 최빈값은 높아지는 것을 볼 수 있다. 평균과 분산이 모두 다른 경우 정규 곡선의 형태는 아래와 같이 다양하게 그려진다.

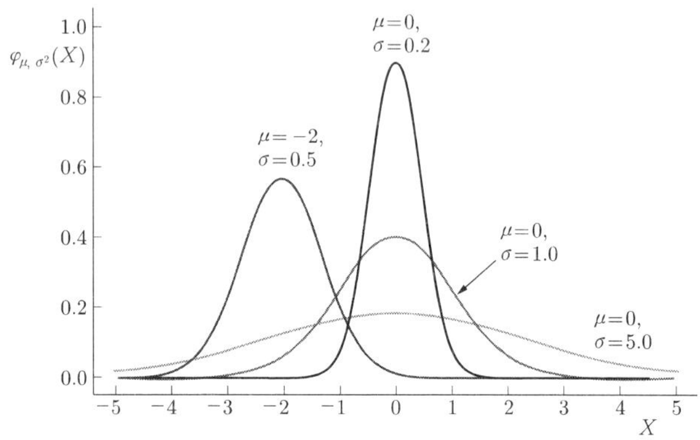

이 경우 확률

$$P(a \le x \le b) = \frac{1}{\sqrt{2\pi}\sigma}\int_a^b \exp\left(-\frac{(x-u)^2}{2\sigma^2}\right)dx$$

을 계산 하려면 매번 상황에 따라, 즉 평균과 분산에 따라 매번 계산해야하는 어려움이 있다. 따라서 이러한 어려움을 해결하고 모든 정규분포의 확률을 간단히 계산하기 위하여 서로 다른 평균과 분산을 하나의 값으로 표준화하는 작업을 거친다면 이런 어려움은 해소될 수 있다. 우리는 정규분포를 표준화한 표준 정규 분포(Standard Normal Distribution)를 이용할 것이다.

표준 정규 분포란 확률변수 X가 정규 확률변수일 때

$$Z = \frac{X-\mu}{\sigma}$$

로 변환하면 Z는 평균(기댓값)이 0 이고 분산이 1 인 정규 분포를 따르게 된다. 즉

$$Z \sim N(0,\ 1)$$

이다. 이러한 이유로 편의상 표준 정규 분포를 Z-분포(Z-Distribution)라고도 한다. 이때 표준 정규분포의 확률밀도함수는

$$f(z) = \frac{1}{\sqrt{2\pi}}e^{-z^2/2}$$

이다. 따라서 표준 정규분포는 확률변수 X의 평균과 분산에 관계없이 일정한 형태를 갖는다.

정리 6.5

확률변수 Z의 평균과 분산은 다음과 같다.

1. $E(Z) = 0$
2. $Var(Z) = 1$

증명 6.2

1. $E(Z) = E\left(\frac{X-\mu}{\sigma}\right) = \frac{1}{\sigma}E(X-\mu) = \frac{1}{\sigma}(E(X)-\mu) = 0$

2. $Var(Z) = V\left(\frac{X-\mu}{\sigma}\right) = \frac{1}{\sigma^2}V(X-\mu) = \frac{1}{\sigma^2}V(X) = 1$

이 표준화 과정을 통해

$$P(a \le x \le b) = \frac{1}{\sqrt{2\pi}\sigma}\int_a^b \exp\left(-\frac{(x-u)^2}{2\sigma^2}\right)dx$$

를

$$P(z_1 \le Z \le z_{2)=}\frac{1}{\sqrt{2\pi}}\int_{z_1}^{z_2} \exp\left(-\frac{x^2}{2}\right)dx$$

로 표준화해서 계산할 수 있다.

예제 6.6

$Z \sim N(0,\ 1)$ 일 때 주어진 부록 A-1을 이용하여 다음 값을 구하여라.

1. $P(Z < 1.04)$
2. $P(Z > 0.15)$
2. $P(0.85 < Z < 1.23)$
4. $P(Z < a) = 0.648$ 을 만족하는 a 값

풀이

1. $P(Z < 1.04) = 0.8508$
2. $P(Z > 0.15) = 1 - P(Z < 0.15) = 1 - 0.5596 = 0.4404$
3. $P(Z \le 1.23) - P(Z < 0.85) = 0.8907 - 0.8023 = 0.0884$
4. $P(Z < 0.38) = 0.648$이므로 $a = 0.38$ 이다.

표준 정규분포포를 이용한 확률의 계산은 다음과 같은 절차에 따른다.

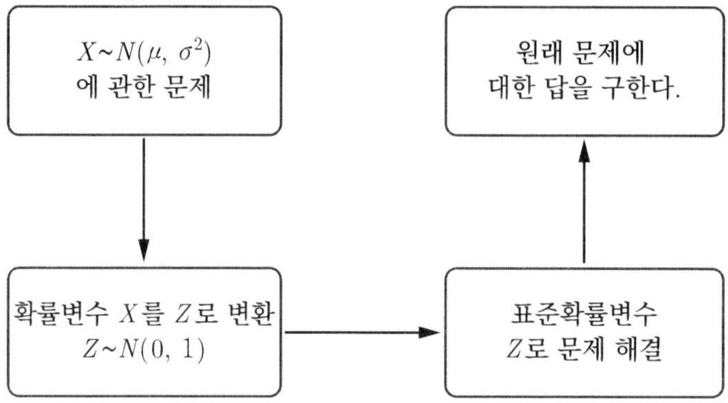

예제 6.7

어느 대학교 통계학 수강생들 점수는 $N(70,\ 10^2)$ 인 정규 분포를 따른다고 한다. 전체 100명의 학생 중에서 어떤 한 학생의 점수가 65점에서 75점 사이일 확률을 구하여라.

풀이

$X \sim N(70,\ 10^2)$ 에서 $Z = \dfrac{X-70}{10} \sim N(0,\ 1)$ 이므로 한 학생이 65에서 75점을 받을 확률은

$$\begin{aligned} P(65 < X < 75) &= P\left(\frac{65-70}{10} < Z < \frac{75-70}{10}\right) \\ &= P(-0.5 < Z < 0.5) = 2P(0 < Z < 0.5) \\ &= 2 \times 0.1915 = 0.383 \end{aligned}$$

이다.

연속형 확률 변수에서는

$$P(a < Z < b) = P(a < Z \le b) = P(a \le Z < b) = P(a \le Z \le b)$$

가 성립하기 때문에 예제 6.7에서 양 끝 값이 포함되는 것은 확률을 구하는데 영향이 없다.

예제 6.8

표준 정규 분포에서 오른 쪽 꼬리의 확률이 0.05 일 때 z 값을 구하여라.

풀이

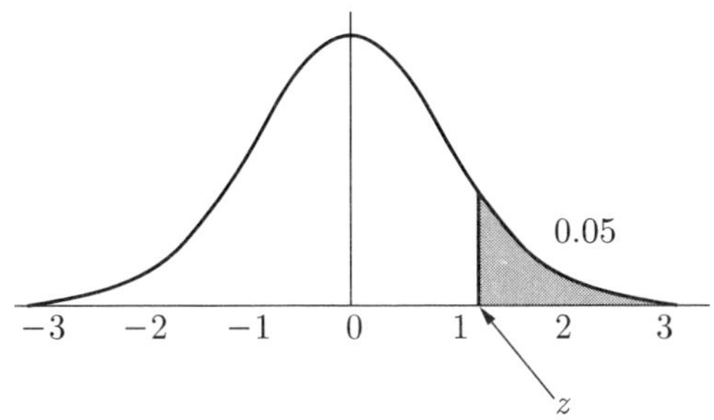

그림에서 $P(Z \geq z) = 0.05$ 의 값을 구하기 위해 $P(Z < z) = 0.95$를 만족하는 z 값을 구하면 된다. 부록 A-1로부터 $z = 1.645$ 이다.

예제 6.9

표준 정규 분포에서 양쪽 꼬리의 확률이 0.05 일 때 z 값을 구하여라.

풀이

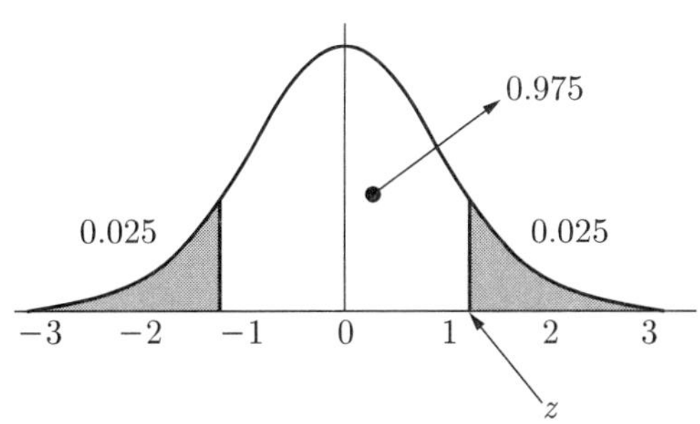

그림에서 $P(|\ Z\ | \geq z) = 0.05$ 를 만족하는 z 는 $P(Z > z) = P(Z < -z) = 0.025$ 를 만족하는 값이므로 부록 A-1로부터 $z = 1.96$ 이다.

예제 6.8과 예제 6.9에서 등장하는 수치인 1.645와 1.96 은 가장 많이 쓰이는 수치이기 때문에 잘 기억해 두길 바란다.

예제 6.10

확률 변수 X 가 평균이 17 이고 표준편차가 5인 정규 분포를 따르고 있다고 할 때 다음 확률을 구하여라.

1. $P(X \le 11)$ 2. $P(X > 21)$ 3. $P(12 < X \le 22)$

풀이

$X \sim N(17,\ 5^2)$ 이므로 이를 표준화하여 구한다.

$$1.\quad P(X \le 11) = P\left(Z \le \frac{11-17}{5}\right) = P(Z \le 1.2) = 0.8665$$

$$2.\quad P(X > 21) = P\left(Z > \frac{21-17}{5}\right) = P(Z \le 0.8) = 07881$$

$$3.\quad P(12 < X \le 22) = P\left(\frac{12-17}{5} < Z \le \frac{22-17}{5}\right) = P(-1 < Z \le 1) = 2P(0 < Z < 1) = 2 \times 0.3413 = 0.6826$$

이다.

6.3 이항분포의 정규근사

6.3.1 연속체 수정

어떤 실험을 n번 독립적으로 시행하였을 때 나타나는 성공 횟수 X를 확률변수로 하는 분포에 가장 적합한 것이 이항분포이다. 성공할 확률이 0이나 1에 너무 가깝지 않고 시행 횟수가 충분히 클 때 이항 분포는 정규분포에 잘 근사한다.

Binomial distribution: $p = 0.25$

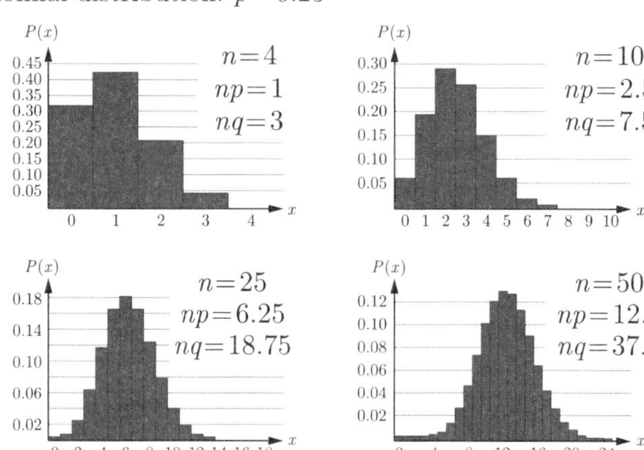

As n increases the histogram approaches a normal curve

이때 이항 확률

$$P(X = x) =_n C_x p^x q^{n-x}$$

를 근사적으로 정규 확률로 구하기 위해서는 한 점 x에서의 확률은 무의미하므로 구간 $x - \frac{1}{2}$와 $x + \frac{1}{2}$ 의 확률로 구하는 것이 적당하다. 이와 같이 $\frac{1}{2}$를 더하고 빼는 것을 연속체 수정(Continuity Correction)이라 한다.

예제 6.11

$n = 15$이고 성공할 확률이 0.4인 이항분포에서

$$P(X = 7) =_{15} C_7(0.4)^7(0.6)^8 = 0.177$$

이다. 이때

$$\mu = np = 15 \times 0.4 = 6.0$$

이고

$$\sqrt{\sigma^2} = \sqrt{npq} = \sqrt{15 \times 0.4 \times 0.6} = 1.897$$

이므로 평균이 이고 분산이 인 정규분포를 생각한다. 이때 구간 $-\frac{1}{2}$에서 $7 + \frac{1}{2}$까지의 확률은 다음과 같다.

$$\begin{aligned} P(6.5 < X < 7.5) &= p\left(\frac{6.5 - 6}{1.897} < \frac{X - 6}{1.897} < \frac{7.5 - 6}{1.897}\right) \\ &= p(0.264 < Z < 0.791) \\ &= 0.1814 \end{aligned}$$

이다.

예제 6.12

X 가 이항분포 $B\left(40, \frac{1}{4}\right)$ 을 따를 때, 다음 확률의 근삿값을 구하여라.

1. $P(X = 10)$
2. $P(X \leq 13)$
3. $P(8 \leq X < 13)$

풀이

$$np = 40 \times \frac{1}{4} = 10 > 5$$

이고

$$n(1-p) = nq = 40 \times \frac{3}{4} = 30 > 5$$

이므로 정규근사가 가능하다.

$$npq = 40 \times \frac{1}{4} \times \frac{3}{4} = 7.5$$

이므로

1. $P(X=10) \quad = P(9.5 \le X \le 10.5) = P\left(\frac{9.5-10}{\sqrt{7.5}} \le Z \le \frac{10.5-10}{\sqrt{7.5}}\right)$
   $= P(-0.1825 \le Z \le 0.1825) = 0.1448$

2. $P(X \le 13) \quad = P(X \le 13.5) = P\left(Z \le \frac{13.5-10}{\sqrt{7.5}}\right)$
   $= P(Z \le 1.278) = 0.8993$

3. $P(8 \le X < 13) \quad = P(7.5 \le X \le 12.5) = P\left(\frac{7.5-10}{\sqrt{7.5}} \le Z \le \frac{12.5-10}{\sqrt{7.5}}\right)$
   $= P(-0.9128 \le Z \le 0.9128) = 0.8413$

이다.

6.3.2 이항분포의 정규 근사

n이 충분히 크고, p가 아주 작은 경우에 이항분포의 확률은 푸아송분포로 근사시켜 구할 수 있을 알고 있다. 그러나 n이 충분히 크고, p도 적당히 큰 경우에는 푸아송분포를 이용한 근사로서 확률을 구하기 어려운 경우가 있다. 이러한 경우에 이항 분포를 따르는 확률 변수는 다음과 같이 정규분포로 근사 될 수 있다. 즉, n과 p 두 값이 모두 충분히 클 때 $(n \ge 30)$ 이항분포는 평균이 np이고 분산이 $np(1-p)$ 인 정규분포 $N(np,\ np(1-p))$에 잘 근사된다. 따라서 $Z = \frac{X-np}{\sqrt{np(1-p)}}$ 는 근사적으로 표준정규분포 $N(0,\ 1)$ 을 따른다.

예제 6.13

$X \sim B\left(50,\ \frac{1}{5}\right)$ 일 때 $P(X=10)$ 일 확률을 구하여라.

풀이

$n = 50 \times \dfrac{1}{5} = 10$ 이고 $npq = 50 \times \dfrac{1}{5} \times \dfrac{4}{5} = 8$이므로 $X \sim N(10,\ (\sqrt{8})^2)$ 을 따른다. 따라서 연속체 수정을 하여

$$\begin{aligned} P(X = 10) &= P(9.5 \le X \le 10.5) = P\left(\frac{9.5 - 10}{\sqrt{8}} \le Z \le \frac{10.5 - 10}{\sqrt{8}}\right) \\ &= P(-0.18 \le Z \le 0.18) = 2P(0 < Z \le 0.18) \\ &= 2 \times 0.0714 = 0.1428 \end{aligned}$$

이다.

예제 6.14

공정한 하나의 동전을 900번 던진다고 할 때, 앞면이 470번 이상 나올 확률을 구하여라.

풀이

확률변수 X 를 앞면이 나온 횟수라고 하자. 이때 X 는 $n = 900$ 이고 $p = 0.5$ 인 이항분포

$$X \sim B(900,\ 0.5)$$

를 따른다. 이때, 평균은

$$np = 900 \times 0.5 = 450$$

이고 분산은

$$np(1 - p) = 900 \times 0.5 \times 0.5 = 225$$

이다. 따라서 확률변수

$$Z = \frac{X - 450}{\sqrt{225}} = \frac{X - 450}{15}$$

는 표준 정규분포를 따른다. 그러므로 연속체 수정을 통하여 확률을 구하면

$$\begin{aligned} P(X \ge 470) &= P\left(\frac{X - 450}{15} \ge \frac{469.5 - 450}{15}\right) \\ &= P(Z \ge 1.3) = 0.0968 \end{aligned}$$

이다.

연습문제

1. 확률 변수 X의 확률 밀도함수 $f(x)$가 다음과 같다고 한다. $f(x) = -0.4x + 1.2,\ 0 \le x \le 1$

   (a) $f(x)$의 그래프를 그려라.
   b) $f(x)$ 가 확률 밀도함수가 되는지 확인 하여라.
   c) $P(X \le 0.9)$ 를 구하여라.
   d) $P(0.1 \le X)$ 를 구하여라.

2. 확률 변수 X가 구간 $(10,\ 30)$에서 균등 분포를 따를 때, X의 확률밀도 함수와 기댓값, 분산을 구하여라.

3. 확률 변수 X 가 $X \sim GAM(3,\ 1)$ 를 따른다고 할 때, $P(X \ge 1.5)$를 구하여라.

4. 어느 공장에서 생산된 건전지(battery)의 수명은 평균이 10,000시간인 지수분포를 따른다고 한다. 500개의 건전지에서 15,000시간 이상 사용할 수 있는 것의 평균 개수를 구하여라.

5. 확률변수 Z가 $N(0,\ 1)$ 을 따를 때 부록 A1을 이용하여 다음 확률을 구하여라.

   (a) $P(0 \le Z \le 1.24)$
   b) $P(Z \ge 1.24)$
   c) $P(-1.24 \le Z \le 1.8)$

6. 확률변수 Z가 $N(0,\ 1)$ 을 따를 때 다음을 만족하는 z_0 를 구하여라.

   (a) $P(0 \le Z \le z_0) = 1.772$
   b) $P(Z > z_0) = 0.025$

7. 신생아 체중의 평균은 3.4, 표준 편차는 0.5 이다. 아기의 체중이 2,5 이하일 때 저체중, 4.2 이상일 때 과체중으로 분류한다면 오늘 태어난 아기가 정상 체중 일 확률을 구하여라.

8. 평균이 20 이고 표준편차가 1.5 인 정규 분포를 따르는 확률 변수X 에 대하여 다음을 구하여라.

   (a) $P(X < 18)$
   b) $P(15 < X < 21)$
   c) $P(X < a) = 0.2266$일 때 a 값
   d) $P(X > a) = 0.1423$일 때 a 값

9. 어느 대학교에 등교하는 한 학생을 대상으로 조사한 결과 등교에 걸리는 시간은 평균 30분 이고, 표준 편차는 5.5분인 정규분포를 따른다고 한다. 등교시간이 적어도 40분 이상 걸릴 확률을 구하여라.

10. 통계 시험의 결과 성적의 평균이 66 이고 표준 편차가 4.8인 정규 분포를 따른 다고 할 때 다음을 구하여라.

    (a) 하위 10% 가 F 학점을 맞는 다고 할 때, F를 피할 수 있는 가장 낮은 점수

    (b) 상위 30% 가 A 학점을 맞는 다고 할 때, A 학점을 맞을 가장 낮은 점수

11. 수학 시험에서 성적의 평균은 78점이고 분산이 36점 이었다. 80점에서 88점 까지의 학생들은 B 학점을 맞게 된다. 이 시험 점수가 정규 분포를 따를 때, 6명의 학생이 B학점을 맞았다고 한다. 이 시험에 응시한 학생은 모두 몇 명인가?

12. 하나의 동전을 900번 던졌을 때 앞면이 450번 나올 확률을 이항분포와 표준 정규분포를 사용하여 구하여라.

제 7 장
표본분포

7.1 표본 분포

7.2 다른 분포들

합리적인 통계적 추론을 위해서 모집단의 구조를 잘 반영하는 표본을 추출하는 것이 중요하다. 또한 추출된 표본이 오차없이 모집단을 잘 설명할 수 있도록 하는 것이 중요하다. 추출된 표본으로부터 조사된 결과가 모집단 전체를 조사했을 때의 결과와 어떤 관계가 있는 지를 규명할 수 있다면 모집단의 특성을 이해하는데 도움이 될 것이다. 이장에서는 이러한 모집단의 특성과 표본의 특성간의 관계를 공부할 것이다. 또 두 개의 특별한 분포인 $t-$ 분포와 χ^2 $-$분포를 소개한다.

7.1 표본분포

모집단에 대한 특징이나 성질을 파악하고자 할 때 모집단 전체를 조사하는 것이 가장 바람직하기는 하나 그럴 수 없는 경우가 매우 많으므로 이러한 경우 모집단의 일부를 표본으로 추출하여 표본의 특성치를 구하고 이로부터 모집단을 추측하는 것이 옳을 것이다. 이와 같이 표본의 특성치에서 모집단의 성질을 추정하는 과정을 표본조사라 한다. 이때 표본의 특성치는 모집단의 일부인 표본으로부터 얻어진 값이므로 반드시 오차가 생기게 되고 이러한 오차를 줄이기 위해서는 표본의 선택이 매우 중요하다. 이번 장에서는 표본분포의 개념과 표본으로부터 얻어진 정보를 분석하는 가장 기본적인 방법에 대하여 생각해 보고자 한다.

표본의 관측값으로부터 추론을 통하여 모집단의 일반적인 경우를 유추한다. 모집단의 변이가 표본평균과 같은 통계량의 변이로 나타난다는 사실에 기초한다, 이번 장에서는 이들 개념을 다루고자 한다. 모집단의 수치적 특성을 나타낸 것을 모수(Parameter) 라 한다. 모수는 미지의 상수이다. 이 값은 모집단을 전수 조시 했을 경우에만 정확히 알 수 있다. 그러나 전수 조사가 불가능한 경우에는 통계적 추론에 의지해야만 한다. 이런 경우 표본을 이용하여 모수를 추론한다. 표본에 기초한 양을 통계량(Statistic) 이라 한다. 그러나 표본은 단지 모집단의 일부이기 때문에 통계량의 수치는 모수의 참값과 다르게 나타날 수 있다. 더욱이 통계량은 뽑혀진 표본에 따라 달라진다. 예를 들어 특정 도시에서 거주하는 직장인들을 대상으로 하여 출근시간을 조사하고자 할 때 표본 50명의 평균 출근 시간(통계량)이 30분이 라고 하더라도 실제 전체 직장인의 평균 출근 시간(모수)이 30분이길 기대하기는 어렵다. 또한 직장인들을 달리 조사하면 평균 출근 시간이 달라진다. 즉 반복된 표본의 평균 (표본 평균) $\overline{X}$ 는 변하게 되며, 이 변이를 보고 모집단의 평균(모평균) μ 를 얼마나 정확하게 추정할 수 있는지 알 수 있다. 이와 같은 통계량의 확률분포를 표본 분포(sampling distribution)라 한다.

7.1.1 평균의 표본분포

평균의 표본분포(Sampling distribution of mean)란 모집단에서 일정한 크기의 표본을 보두 뽑았을 때 각 표본들의 평균에 대한 확률을 말한다. 다시 말해서 표본은 어떤 확률을 가지고 추출되는 것이므로 표본 평균 $\overline{X}$ 도 확률변수이다.

예제 7.1

3 장의 카드에 각각 숫자가 2, 3, 4 가 써있다고 하자. 각 숫자가 가진 확률이 같을 때 기댓값과 분산을 구하여라.

풀이

숫자 2, 3, 4를 확률변수X 라 하자. 이때

X	2	3	4
$P(X=x)$	$\frac{1}{3}$	$\frac{1}{3}$	$\frac{1}{3}$

이다. 따라서

$$E(X)=\sum xP(X=x)=2\times\frac{1}{3}+3\times\frac{1}{3}+4\times\frac{1}{3}=\frac{9}{3}=3$$

이고, 분산은

$$Var(X)=E(X^2)-(E(X))^2=2^2\times\frac{1}{3}+3^2\times\frac{1}{3}+4^2\times\frac{1}{3}-(3)^2=\frac{2}{3}$$

이다.

예제 7.2

3 개의 공에 각각 숫자가 2, 3, 4 가 써있다고 하자. 편의상 복원 추출 방법으로 표본의 크기를 $n=2$ 로 하자. 이때 얻은 관측량을 X_1과 X_2 라 한다면 $\overline{X}=\frac{X_1+X_2}{2}$ 의 표본분포는 다음과 같다.

표본 X_1 과 X_2	(2, 2)	(2, 3)	(2, 4)	(3, 2)	(3, 3)	(3, 4)	(4, 2)	(4, 3)	(4, 4)
$\overline{X}$의 값	2	2.5	3	2.5	3	3.5	3	3.5	4

이때 표본 평균 $\overline{X}$에 대한 확률분포는

$\overline{X}$	2	2.5	3	3.5	4
$P(\overline{X}=\overline{x})$	$\frac{1}{9}$	$\frac{2}{9}$	$\frac{3}{9}$	$\frac{2}{9}$	$\frac{1}{9}$

이다.

다시 말해서 표본의 통계량 (표본 평균, 표본 분산, 표본 비율) 으로부터 모집단의 모수(모평균, 모분산, 모비율) 를 추정하는 과정에서 추출된 n 개의 표본들의 통계량 사이에는 차이가 나타난다. 예를 들어 2, 3, 4 세 개의 숫자가 적힌 공이 들어있는 주머니에서 2개의 공을 꺼낸다고 하자. 하나의 공에 적힌 숫자 $x_1=2$ 를 확인한 후 다시 주머니에 공을 넣고 다시 공을 꺼내 숫자 $x_2=3$ 를 확인한다. 이때 확인된 숫자의 평균은

$$\overline{x}=\frac{2+3}{2}=2.5$$

이다. 이와 같은 복원 추출에 의하여 2개의 자료 x_1, x_2 를 얻는 실험을 50회 반복하였다면 그 때 마다 얻은 평균을 각각 다르게 나타난다. 따라서 하나의 모집단으로부터 크기가 일정한 모든 표본들을 추출할 때 얻을 수 있는 각 표본들의 통계량에 대한 확률분포를 표본 분포라고 한다. 이때 표본의 통계량 중에서 평균의 확률분포를 표본평균의 분포라 하고, 분산의 확률분포를 표본분산의 분포라 하며 비율의 확률분포를 표본비율의 분포라 한다.

일반적으로 표본의 크기를 달리하면 표본 분포도 변하게 되는데 표본의 크기와 표본 분포 사이에는 다음과 같은 관계가 성립한다.

1. 표본의 크기가 증가하면 표본 분포는 정규분포에 가깝게 접근한다. 이때 모집단의 분포가 대칭분포일수록 표본분포가 정규분포에 접근하는 속도가 빠르다고 할 수 있다.
2. 표본의 크기가 증가할수록 표본 오차는 감소한다. 즉, 표본의 크기가 클수록 통계량이 모수에 근사하게 된다.

모집단의 평균인 모평균을 추정하는 과정은 표본평균

$$\overline{x} = \frac{x_1 + x_2 + \cdots + x_n}{n}$$

과 이것의 분포에 기초한다. 표본평균의 분포라는 것은 모집단에서 일정한 크기의 표본을 모두 뽑았을 때 각 표본들의 평균에 대한 확률분포를 의미한다. 즉, 표본은 어떠한 확률을 가지고 추출되었으므로 표본 평균 $\overline{x}$ 도 확률변수라 할 수 있다.

위의 예제에서 우리는 모집단의 모수와 평균의 표본 분포의 특성치 사이에 주어진 관계를 다음과 확인할 수 있다.

성질 1. 표본평균의 기댓값과 분산

모평균이 μ 이고 모분산이 σ^2 인 모집단으로부터 크기 n 인 확률 표본 X_1, X_2, $\cdots$, X_n 을 복원 추출할 때 표본 평균의 기댓값과 분산은 다음과 같다.

$$\overline{X} = \mu,\ \overline{X} = \frac{\sigma^2}{n}$$

증명 7.1

크기가 n 인 표본 $x_1, x_2, \cdots, x_n$ 은 모두 독립적이고

$$\overline{x} = \frac{x_1 + x_2 + \cdots + x_n}{n},\ E(x_i) = \mu,\ V(x_i) = \sigma^2$$

이라 하자. 이때

$$\begin{aligned}\overline{x} &= E\left(\frac{x_1 + x_2 + \cdots + x_n}{n}\right) \\ &= \frac{1}{n}(E(x_1) + E(x_2) + \cdots + E(x_n)) \\ &= \frac{1}{n}(\mu + \mu + \cdots + \mu) \\ &= \frac{1}{n}(n\mu) = \mu\end{aligned}$$

또한

$$\begin{aligned}\frac{Var}{\overline{x}} &= Var\left(\frac{x_1 + x_2 + \cdots + x_n}{n}\right) \\ &= \frac{1}{n^2}(Var(x_1) + Var(x_2) + \cdots + Var(x_n)) \\ &= \frac{1}{n^2}(\sigma^2 + \sigma^{2+} \cdots + \sigma^2) = \frac{1}{n^2}(n\sigma^2) \\ &= \frac{\sigma^2}{n}\end{aligned}$$

이다.

성질 1은 표본평균의 기댓값 $\overline{X}$ 는 모평균 μ 와 같고, 표본의 크기 n 이 커질수록 표본 평균의 분산 $\overline{X}$ 는 감소한다는 의미이다. 또 본 교재에서는 표본 평균의 분산을 구할 때 표본을 비복원 추출한 경우는 다루지 않는다.

예제 7.3

예제 7.2의 표본분포에서 기댓값과 분산을 구하고 예제 7.1과 비교하라.

풀이

예제7.1의 평균과 분산은 각각

- $E(X) = \mu = \frac{1}{3} \cdot (2 + 3 + 4) = 3$
- $Var(X) = \sigma^2 = \frac{1}{3} \cdot ((2-3)^2 + (3-3)^2 + (4-3)^2) = \frac{2}{3}$

이다. 예제7.2에서 두 개의 표본을 꺼낸 경우에 대하여 표본 평균 표본 평균에 대한

확률분포는

$\overline{X}$	2	2.5	3	3.5	4
$P(\overline{X}=\overline{x})$	$\frac{1}{9}$	$\frac{2}{9}$	$\frac{3}{9}$	$\frac{2}{9}$	$\frac{1}{9}$

임을 안다. 이 경우 표본평균의 평균과 분산을 정의대로 계산하면 각각

$$\begin{aligned} E(\overline{X}) =& \sum \overline{x} f(\overline{x}) = 2 \times \left(\frac{1}{9}\right) + 2.5 \times \left(\frac{2}{9}\right) + 3 \times \left(\frac{3}{9}\right) \\ &+ 3.5 \times \left(\frac{2}{9}\right) + 4 \times \left(\frac{1}{9}\right) \\ =& \frac{27}{9} = 3 \end{aligned}$$

$$\begin{aligned} Var(\overline{X}) =& \sum (\overline{x} - E(\overline{X}))^2 f(\overline{x}) \\ =& (2-3)^2 \times \left(\frac{1}{9}\right) + (2.5-3)^2 \times \left(\frac{2}{9}\right) + (3-3)^2 \times \left(\frac{3}{9}\right) \\ &+ (3.5-3)^2 \times \left(\frac{2}{9}\right) + (4-3)^2 \times \left(\frac{1}{9}\right) \\ =& \frac{1}{3} \end{aligned}$$

이다. 그러나 성질 1을 사용하면 하나씩 계산하지 않아도

$$E(\overline{X}) = \mu = 3 \qquad Var(\overline{X}) = \frac{\sigma^2}{2} = \frac{1}{3}$$

가 같이 간단하게 평균과 분산을 구할 수 있다.

모집단의 평균과 분산을 알면 표본의 평균과 분산도 알 수 있다. 즉, 모집단의 확률변수 X 가 정규분포 $N(\mu,\ \sigma^2)$을 따르면 평균의 표본분포의 확률변수 $\overline{X}$ 는 정규분포 $N\left(\mu,\ \frac{\sigma^2}{n}\right)$ 을 따르게 된다.

예제 7.4

어느 회사에서 생산되는 과자의 내용물 함량이 평균 $50g$ 으로, 표준 편차는 $3g$ 이라고 표시되어 있다. 이 회사의 과자 내용물의 함량은 정규분포를 따른다고 하자. 이 회사에서 생산되는 과자 49개를 뽑았을 때, 평균 함량이 $51g$ 이상일 확률을 구하여라.

풀이

$\overline{X}$ 의 분포는 $\overline{X} \sim N\left(50,\ \dfrac{9}{49}\right)$ 이므로

$$\begin{aligned} P(X \geq 51) &= P\left(\frac{\overline{X}-50}{3/7} \geq \frac{51-50}{3/7}\right) \\ &= P(Z \geq 2.336) \approx 0.0097 \end{aligned}$$

이 되어 이 회사에서 생산되는 과자 49개를 뽑았을 때 평균 함량이 $51g$ 이상일 확률은 약 0.97% 이다.

7.1.2 중심 극한 정리

모집단이 정규분포라면 표본평균 $\overline{X}$ 는 표본의 크기 n과 관계없이 언제나 정규분포

$$N\left(\mu,\ \frac{\sigma^2}{n}\right)$$

을 따르게 된다. 그러나 모집단의 분포가 정규분포가 아닐 때에는 표본평균 $\overline{X}$ 의 분포는 반드시 정규분포를 따른다고 말할 수 없다. 이 경우 모집단의 분포가 정규분포가 아니더라도 표본의 크기 n을 충분히 크게 하면 표본분포는 정규분포에 접근하게 된다. 다시 말하면 대부분의 경우 표본의 크기가 $n \geq 30$ 이면 모집단의 분포와 상관없이 표본분포는 정규분포를 이루게 된다. 이것을 중심극한 정리(Central Limit Theorem)라고 한다.

중심극한 정리: 평균이 μ 이고 분산이 σ^2 인 모집단에서 무작위롤 표본 $X_1,\ X_2,\ \cdots,\ X_n$ 를 추출할 때 표본의 크기n 이 충분히 크면 표본 평균 $\overline{X}$ 는 근사적으로

$$N\left(\mu,\ \frac{\sigma^2}{n}\right)$$

를 따른다. 즉

$$\frac{\overline{X}-\mu}{\dfrac{\sigma}{\sqrt{n}}} \sim N(0,\ 1)$$

중심 극한 정리의 중요한 의미는 모집단의 분포가 어떤 형태이든 간에 표본의 크기가 충분히 크면 표본 평균의 분포는 근사적으로 정규분포를 따른다는 것이다. 이것은 정규분포가 통개적 추론에서 중요한 역할을 하는 이유 중의 하나이며 앞으로 이러한 사실을 이용하게 될 것인. 중심극한 정리에서 말하는 충분한 크기의 표본의 수는 일반적으로 30 이상을의미하고 있지만 분포의 형태가 확연하게 두 개 이상의 봉우리를 가지거나 한쪽으로 치우쳐 있는 경우처럼 모집

단의 분포가 정규분포와 확연하게 다른 경우에는 더 큰 표본의 수가 필요하다.

[모집단]

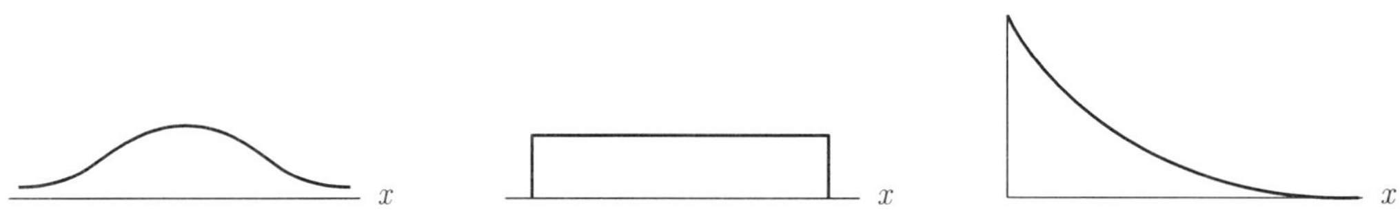

균일분포 균일분포 지수분포

[$n = 5$일 때, $\overline{X}$의 표본분포]

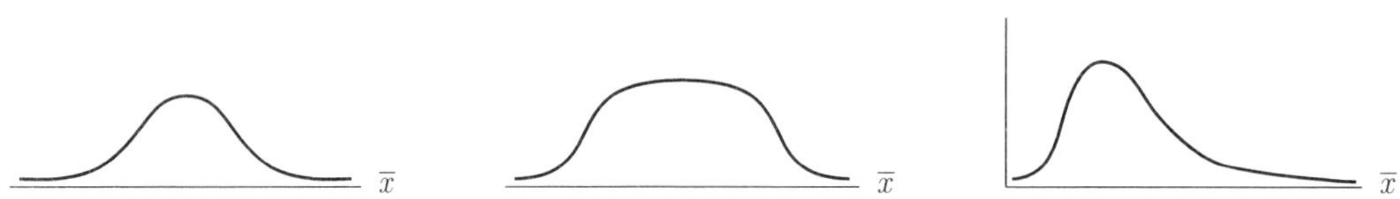

[$n = 30$일 때, $\overline{X}$의 표본분포]

[그림] 서로 다른 모집단에서 추출된 표본평가 $\overline{X}$의 표본분포

예제 7.5

평균이 80이고 분산이 144인 임의의 모집단에 대하여 다음에 답하라.

1. 크기가 6464인 표본을 추출하였을 때 표본 평균이 78.8 에서 81.2 사이에 있을 확률을 구하여라.

2. 크기가 100인 표본을 추출하였을 때 표본 평균이 78.8 에서 81.2 사이에 있을 확률을 구하여라.

풀이

$X_1,\ X_2,\ \cdots,\ X_n$ 을 $\mu = 80,\ \sigma^2 = 114$ 인 임의의 모집단으로부터 추출된 표본이라고 하자.

1. $n = 64$ 인 경우는 표본의 크기가 크기 때문에 표본 평균 $\overline{X}$ 는 중심극한 정리에 의해 근사적으로 $N\left(80,\ \dfrac{144}{64}\right)$ 인 정규 분포를 따른다. 따라서

$$\begin{aligned} P(78.8\frac{<}{l \in e}X < 81.2) &= P\left(\frac{78.8-80}{3/2} < \frac{\overline{X}-80}{3.2} < \frac{81.2-80}{3/2}\right) \\ &= P(-0.8 \le Z \le 0.8) = 0.7881 - 0.2119 \\ &= 0.5762 \end{aligned}$$

2. $n = 100$ 인 경우는 표본의 크기가 크기 때문에 표본 평균 $\overline{X}$ 는 중심극한 정리에 의해 근사적으로 $N\left(80,\ \dfrac{144}{100}\right)$ 인 정규 분포를 따른다. 따라서

$$\begin{aligned} P(78.8\frac{<}{l \in e}X < 81.2) &= P\left(\frac{78.8-80}{6/5} < \frac{\overline{X}-80}{6./5} < \frac{81.2-80}{6/5}\right) \\ &= P(-1 \le Z \le 1) = 0.8413 - 0.1587 \\ &= 0.6826 \end{aligned}$$

이다.

위의 예제에서 표본 평균이 모평균 μ 주변의 어떤 특정 구간 안에 있을 확률은 표본의 크기가 커짐에 따라 증가한다는 것을 알 수 있다. 즉, 표본의 크기가 커짐에 따라 표본 평균의 분산이 작아지게 돼서 포본 평균의 분포가 모집단의 기댓값 μ 를 중심으로 더욱 모이게 된다.

예제 7.6

어떤 공장에서 생산되는 전구의 평균 수명은 3600시간, 분산이 4900 시간이라고 한다. 이 공장의 전구에서 임의로 100개를 선택하였을 때 표본 평균이 3610 시간 미만일 확률을 구하여라.

풀이

모집단의 분포는 모평균이 $\mu = 3600$, 모분산이 $\sigma^2 = 4900$ 인 분포이고 표본의 크기는 $n = 100$ 이다. 모집단의 분포는 알지 못하지만 표본의 크기가 충분히 크므로 중심극한 정리에 따라 표본 평균은 근사적으로 $N\left(3600,\ \dfrac{4900}{100}\right)$ 에 따른다. 따라서

$$p(\overline{X} < 3610) = p\left(Z < \frac{3610 - 3600}{\dfrac{70}{\sqrt{100}}}\right)$$
$$= p\left(Z < \frac{10}{7}\right) = p(Z < 1.43) = 0.9236$$

이다.

7.1.3 표본 비율의 분포

성공할 확률이 p인 이항 분포를 따르는 모집단으로부터 독립적으로 크기가 n 인 표본을 추출하였다고 하자. 이와 같이 모집단의 어떤 특성을 갖는 개체 수에 대한 비율을 모비율(Population Proportion) 이라 하고, 크기가 n인 표본에서 그 비율을 표본비율(Sample Proportion)이라 한다. 예를 들어 전체 N명이 수강하는 통계학 수업에 결석한 학생의 수를 X 라 하고, 이 수업의 결석률을 p 라 한다면 모비율은

$$p = \frac{X}{N}$$

이고, n 명을 선택하여 조사한 출석률인 표본비율은

$$\hat{p} = \frac{X}{n}$$

으로 나타낸다. 이 절에서는 표본 비율인 $\hat{p}$ 의 분포에 대해 알아보자. 모집단이 이항분포를 따르므로 $X \sim B(n,\ p)$가 되고 이때 평균은 np 분산은 $np(1-p)$ 이므로 추출된 표본의 수가 충분히 크면 중심극한 정리에 의해 근사적 정규 분포를 따르게 된다. 즉,

$$X \sim N(np,\ np(1-p))$$

따라서

$$Z = \frac{X - np}{\sqrt{npq}}$$

이고, 이 식의 분모와 분자를 n으로 나누면

$$Z = \frac{X - np}{\sqrt{npq}} = \frac{\frac{X}{n} - p}{\sqrt{\frac{pq}{n}}} = \frac{\hat{p} - p}{\sqrt{\frac{pq}{n}}} \sim N(0,\ 1)$$

이 된다. 여기서 $q = 1 - p$ 이다.

예제 7.7

모비율이 0.7 인 모집단에서 크기가 36인 표본을 택했을 때 표본의 비율이 0.5와 0.8 사이에 있을 확률을 구하여라.

풀이

모비율은 $p = 0.7$ 이고 $n = 36$ 이라 두면

$$\begin{aligned} p(0.5 < \hat{p} < 0.8) &= p\left(\frac{0.5 - 0.7}{\sqrt{\frac{0.7 \times 0.3}{36}}} < Z < \frac{0.8 - 0.7}{\sqrt{\frac{0.7 \times 0.3}{36}}}\right) \\ &= p(-2.61 < Z < 1.31) = 0.9049 - 0.0049 = 0.9 \end{aligned}$$

이다.

예제 7.8

어느 지역에 거주하는 사람의 70% 가 매일 아침 운동을 하고 있다. 이 지역에서 200명을 임의로 선택하여 매일 아침에 운동하는 사람의 비율이 0.75이하가 될 확률을 구하여라.

풀이

모비율은 $p = 0.7$ 이고 $n = 200$ 이라 두면

$$\begin{aligned} p(\hat{p} \leq 0.75) &= p\left(Z \leq \frac{0.75 - 0.7}{\sqrt{\frac{0.7 \times 0.3}{200}}}\right) \\ &= p(Z \leq 1.54) = 0.9382 \end{aligned}$$

이다.

예제 7.9

세계 인구 관련 통계를 제공하는 기구인 '세계인구평가(World Population Review)'가 최근 공개한 남성 탈모의 비율이 높은 나라를 대상으로 조사한 결과 성인 남성 인구의 43% 가 탈모를 겪고 있는 것으로 집계되었다고 한다. 이 지역 남성 64명을 대상으로 조사한 결과 탈모일 비율이 0.4 이하가 될 확률을 구하여라.

풀이

모비율은 $p = 0.43$ 이고 $n = 64$ 이라 두면

$$p(\hat{p} \le 0.4) = p\left(Z \le \frac{0.4 - 0.43}{\sqrt{\dfrac{0.43 \times 0.57}{64}}}\right)$$
$$= p(Z \le -0.49) = 0.3121$$

이다.

7.2 다른 분포들

7.2.1 t −분포

t −분포는 고셋(W.S.Gosset)이 처음 도입하였다. 당시 주류회사연구원이었던 고셋은 규정상 논문 투고가 어려워 student라는 필명으로 발표하였으며 이때 그가 밝힌 이 분포를 스튜던트 t −분포[1]라고 부르게 되었다. 일반적으로 t −분포는 모분산 σ^2 이 알려져 있지 않을 때 표본 평균에 대한 분포로 사용되며 모평균의 추정에 많이 쓰이고 있는 확률분포이다. t −분포는 표준 정규분포와 마찬가지로 0 을 중심으로 좌우 대칭 이지만 표준 정규분포보다 꼬리 부분이 두터운 것이 특징이며 자유도 $n-1$ 이 커질수록 표준 정규 분포에 가까워지는 특징이 있다.

[1]현대에는 그냥 t −분포라고 부른다.

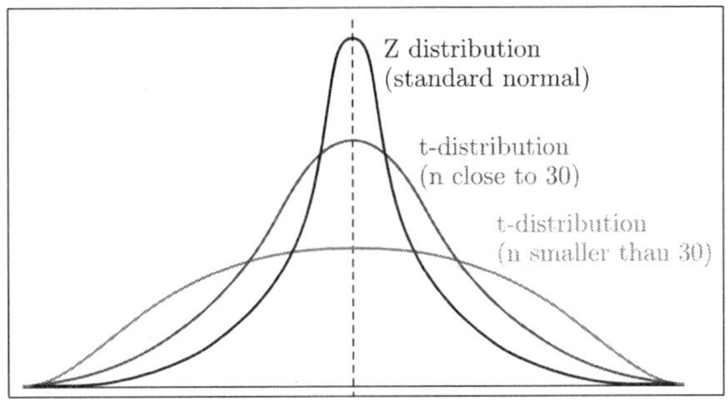

정규 모집단에서 크기가 n인 표본 $X_1, X_2, \cdots, X_n$ 을 추출했을 때, 이 확률표본의 표본 평균을 $\overline{X}$, 표본 분산을 S^2 이라하면 다음과 같이 정의 되는 확률 변수 T는 자유도 $n-1$ 인 t −분포에 따른다,

$$T = \frac{\overline{X} - \mu}{\sqrt{\frac{S}{n}}} \sim t(n-1)$$

자유도란 독립적인 변수의 개수를 자유롭게 츄ㅣ할 수 있는 변수의 총수를 나타낸다. 확률변수 T 가 자유도 $n-1$인 t −분포를 따를 때 실수 $\alpha(0 < \alpha < 1)$ 에 대하여

$$p(T \geq t_\alpha(n-1)) = \alpha$$

를 만족하는 상수 $t_\alpha(n-1)$를 잡을 수 있다. t −분포 곡선의 내부 음영부분의 넓이가 α 가 되도록 하는 값이 $t_\alpha(n-1)$ 이다. 이 값은 부록A-5 에서 찾을 수 있다. 아래 그림은 음영부분이 양쪽에 그려진 모습이다.

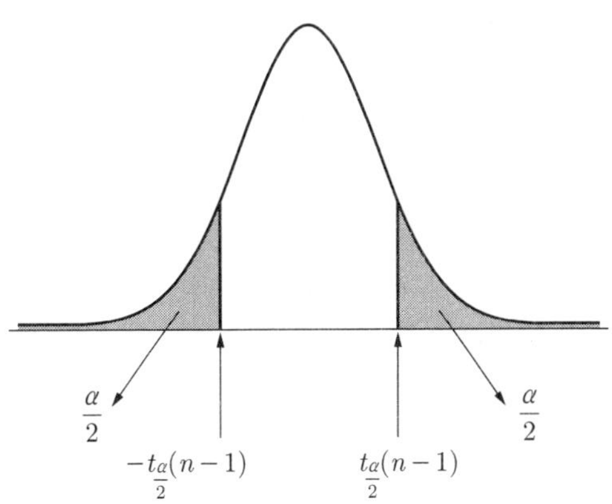

예제 7.10

어느 모임의 남자 회원들을 대상으로 조사한 결과 평균 발 크기는 $265cm$인 정규분포를 따른다고 한다. 16명의 남자 회원을 무작위로 선택했을 때 표준편차가 $V = 7.7cm$ 이었다고 한다. 이때 표본 평균 $\overline{X}$가 $260cm$ 이하일 확률을 구하여라.

풀이

모집단의 분포는 모평균 σ 가 알려지지 않은 정규 분포이므로 t –분포를 이용하면

$$(\overline{X} \leq 260) = P\left(\frac{\overline{X} - 265}{7.7/\sqrt{16}} \leq \frac{260 - 265}{7.7/\sqrt{16}}\right) = P(T \leq -2.59) \approx 0.01$$

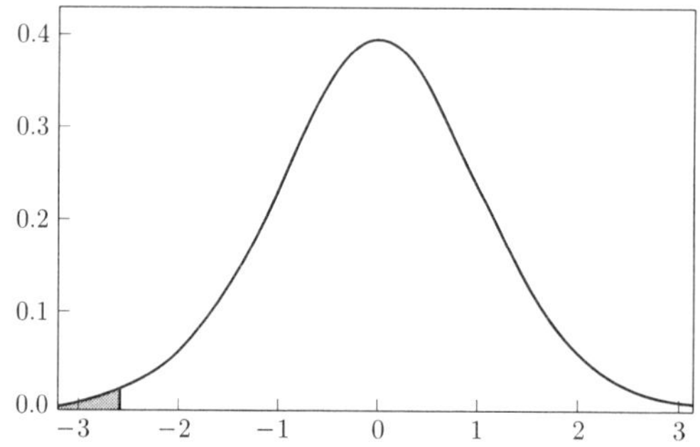

이다.

t –분포에서는 표본들이 정규분포에서 추출되는 것을 가정하고 있다. 중심극한 정리를 이용한다면 표본의 수 n 이 클 때 $(n > 30)$, $\overline{X}$의 분포는 근사적으로 정규분포가 된다. 만일 n 이 클 때 V 가 α의 좋은 근삿값이 되므로 $\dfrac{\overline{X} - \mu}{V/\sqrt{n}}$는 근사적으로 표준 정규 분포를 따른다.

예제 7.11

앞의 예제에서 남자 회원을 36명 선택하였을 때 표준편차가 $V = 23cm$ 이었다고 한다. 이때 표본 평균 $\overline{X}$가 $260cm$ 이하일 확률을 구하여라.

풀이

모집단의 분포는 모평균 σ 가 알려지지 않은 정규 분포이므로 t –분포를 이용해도 되지만 표본의 수가 충분히 크므로 표준 정규분포를 사용하여

$$\overline{X} \leq 260 = P\left(\frac{\overline{X} - 265}{23/\sqrt{36}} \leq \frac{260 - 265}{23/\sqrt{36}}\right) = P(Z \leq -1.30) \approx 0.096$$

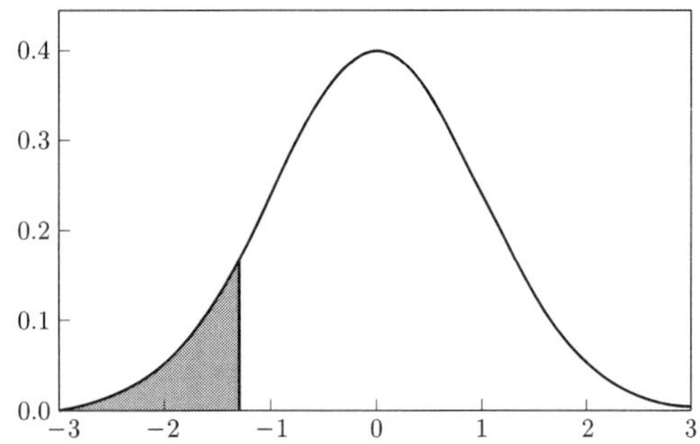

와 같이 근사될 수 있다.

7.2.2 χ^2 -분포

모평균 μ와 모비율 $\hat{p}$ 의 성질을 얻기 위해서 z -분포와 t -분포를 필요로 했다면, 모분산 σ^2 에 대한 성질을 밝히기 위해서는 카이제곱(χ^2) -분포(Chi-square distribution)라는 새로운 분포가 필요하다.

$$X_1,\ X_2,\ \cdots,\ X_n$$

을 모집단에서 추출한 n 개의 확률 표본이라 하자. 이때 표본 평균은

$$\overline{X} = \frac{1}{n}\sum_{i=1}^{n} X_i$$

로 정의하고 표본 분산은

$$S^2 = \frac{1}{n-1}\sum_{i=1}^{n}(X - \overline{X})^2$$

로 정의했다. 이제 모평균이 μ 이고 모분산이 σ^2 인 정규모집단 $N(\mu,\ \sigma^2)$ 으로부터 크기다 n 인 확률표본을 추출했을 때 표본 분산 S^2 의 분포는 모분산 σ^2 을 추정하는 데 이용한다, 이때 다음과 같이 정의된 확률변수 V 는 자유도 (Degree of freedom) 가 $n-1$ 인 χ^2 분포를 따른다.

$$V = \frac{(n-1)S^2}{\sigma^2}.$$

이 경우 $V \sim \chi^2(n-1)$ 로 나타내기로 한다. 카이제곱 분포는 다음과 같은 특징을 가지고 있다.

1. 오른 쪽으로 긴 꼬리를 가지고 있다.
2. 자유도에 따라 그 분포의 형태가 달라진다.
3. n 이 클수록 정규분포에 가까워진다.

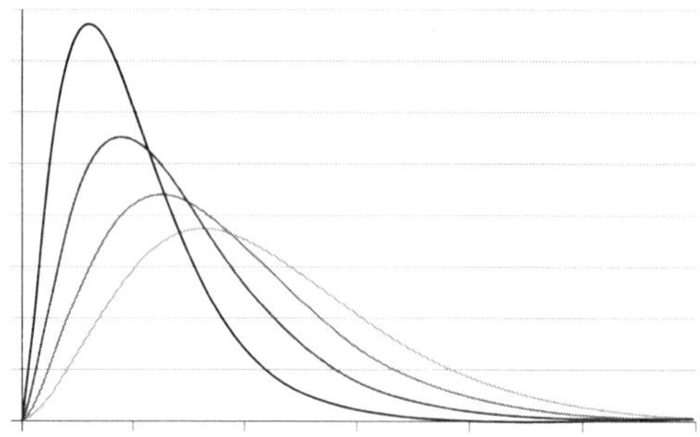

확률변수 V 가 자유도 $n-1$인 χ^2 분포에 따를 때, 실수 $\alpha(0<\alpha<1)$에 대하여

$$P(V \geq \chi^2(n-1)) = \alpha$$

를 만족하는 상수 χ^{2_α} 를 잡을 수 있다. 아래 그림에서 χ^2 분포곡선의 내부 음영부분의 넓이가 α 가 되도록 하는 값이 χ^{2_α} 이다. 이 값은 부록 A–5 에서 찾을 수 있다.

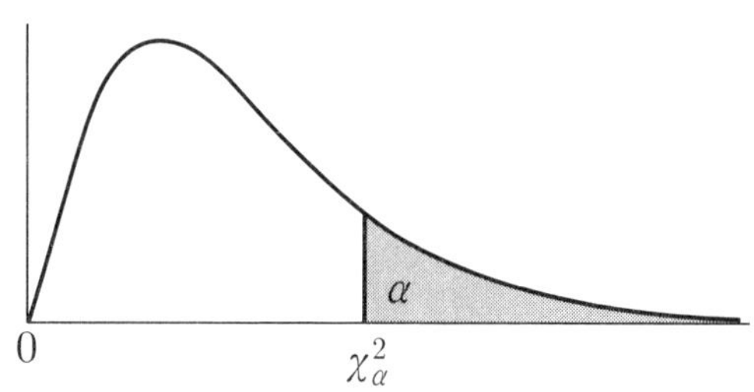

카이제곱 분포는 분산을 다루는데 중요하게 사용되는 분포이다.

예제 7.12

어떤 공장에서 생산되는 제품의 장력은 분산이 $\sigma^2 = 100$ 인 정규 분포를 따른다고 한다. 14개의 제품을 무작위로 추출하여 장력을 측정한 결과 표본 분산 S^2 이 200 보터 클 확률을 구하여라.

풀이

$\chi^2 = \dfrac{(14-1)S^2}{100}$ 이라고 두면 χ^2 은 자유도 13 인 카이제곱 분포를 따르므로

$$\begin{aligned} P(S^2 > 200) &= P\left(\frac{13S^2}{100} > \frac{13 \cdot 200}{100}\right) \\ &= P(\chi^2 > 24) = 1 - P(\chi^2 \leq 24) \\ &= 1 - 0.968 = 0.032 \end{aligned}$$

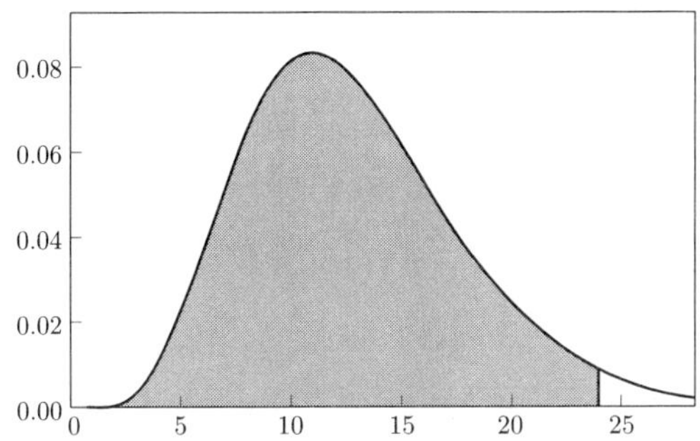

이다.

연습문제

1. 평균이 82 이고 분산이 144인 정규 모집단에 대하여 다음 확률을 구하여라.

   (a) 표본의 크기가 64 일 때 표본 평균이 (80.8, 83.2)에 있을 확률

   (b) 표본의 크기가 100 일 때 표본 평균이 (80.8, 83.2)에 있을 확률

   (c) 표본의 크기가 400 일 때 표본 평균이 (80.8, 83.2)에 있을 확률

2. 어느 지역의 가구당 연소득은 오른쪽꼬리가 긴 분포이다. 가구당 연소득의 평균은 3600만원, 표준편차가 2400만원 이라고 한다. 이 지역에서 임의로 100가구를 뽑아서 평균 연소득이 4200만원 이상이 될 확률을 구하여라.

3. 어떤 농장에서 생산되는 제품의 20%가 특상품으로 분리된다. 100개의 제품을 임의로 추출하였을 때 특상품의 비율이 19% 이상 22% 이하가 될 확률을 구하여라.

4. 어느 정밀 부품 공장에서 생산되는 제품 500개의 평균 무게가 $50g$ 이고 분산은 $2g$ 으로 알려져 있다. 30개의 제품을 표본으로 추출했을 때, 이 표본의 표본 평균과 표본 분산을 구하여라.

5. 어떤 자판기에서 판매되는 음료수의 용량은 모평균이 $200ml$, 모표준편차가 $5ml$ 인 정규분포를 따른다고 한다. 이 자판기에서 100개의 표본을 임의 추출하여 용량의 평균 $\overline{X}$ 를 구했을 때, $P(199\frac{\leq}{l \in e}X \leq 201)$를 구하여라.

6. t −분포에서 다음을 구하여라.

   (a) 자유도가 5일 때, 상위 5% 의 확률을 주는 값

   (b) 자유도가 9일 때, 상위 5% 의 확률을 주는 값

   (c) 자유도가 60 때, 상위 5% 의 확률을 주는 값

   (d) 자유도가 5일 때, 상위 2.5% 의 확률을 주는 값

   (e) 자유도가 9일 때, 상위 2.5% 의 확률을 주는 값

   (f) 자유도가 60일 때, 상위 2.5% 의 확률을 주는 값

7. χ^2 −분포에서 다음을 구하여라.

(a) 자유도가 5일 때, 상위 5% 의 확률을 주는 값

(b) 자유도가 5일 때, 하위 5% 의 확률을 주는 값

(c) 자유도가 9일 때, 상위 2.5% 의 확률을 주는 값

(d) 자유도가 9일 때, 하위 2.5% 의 확률을 주는 값

제 8 장
통계적 추정

8.1 통계적 추론

일상생활에서 주어진 정보를 토대로 하여 미지의 현상에 대한 추측을 하거나 어떤 현상에 대한 기존의 중장이 옳은가를 결정해야하는 경우가 있다. 이를 위해 추측의 대상인 모집단으로부터 표본을 추출하여 주어진 정보를 분석하고 과학적인 추론을 하는 것이 통계학의 목적이라고 할 수 있다. 이와 같이 모집단의 특성을 잘 나타내는 수치인 모수– 확률분포의 평균, 분산– 의 정확한 값을 모르는 경우 추출된 표본으로부터 모수에 관한 추론을 통해 모집단에 관한 정보를 얻으려는 것을 통계적 추론 (Statistical Iinference)이라고 한다. 통계적 추론에서 가장 중요한 부분은 추정(Estimation)과 가설검정(Test of Hypothesis)이라 할 수 있다.

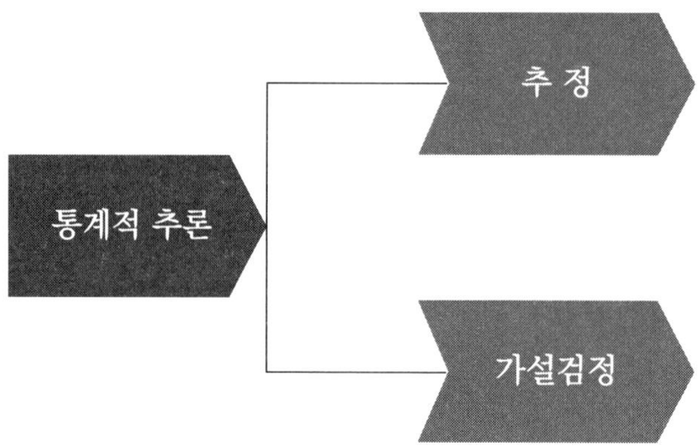

추정에는 점추정과 구간추정이 있다. 모집단으로부터 추출된 표본을 이용하여 하나의 모수를 추정하는 것을 점추정(Point Estimation) 이라 하고 모수가 속하는 구간을 추정하는 것을 구간추정(Interval Estimation)이라한다.

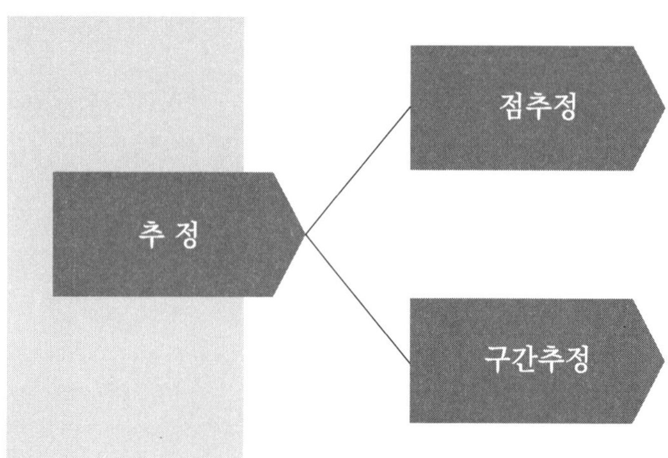

예를 들어 어느 대도시 가구의 월 평균 수입을 알아보고자 임의로 100가구를 선정하여 조사했더니 월수입이 평균 150만원이었다고 하자. 이때 그 도시 전체 가구의 평균 월수입은 다음과 같이 같은 추정이 가능하다. 즉, 전체 가구의 월 평균 수입은

1. 150만원 이다.

2. 110만원에서 170만원 사이에 있다.

3. 5만원에서 1000만원 사이에 있다.

위의 세 가지 추측은 모두 틀렸다고 할 수는 없으나 (1)의 경우와 같이 표본의 평균이 150만원이라 해서 전체의 평균이 150만원이라고 보장할 수는 없을 것이다. 또한 (2)의 추정은 전체의 평균이 포함될 가능성이 (1)의 경우보다 높고 (3)의 추정은 더욱 그 가능성이 높다고 할 수 있다. 추정한 구간이 클수록 평균이 포함될 가능성은 높지만 정보의 가치는 그만큼 감소하게 된다. 이와 같은 표본의 특성을 기초로 하여 모집단의 특성을 추정하는 데는 (1)의 경우처럼 모집단의 특성을 하나의 값으로 추정하는 것(점추정) 과 (2)나 (3)처럼 적당한 구간으로 추정하는 것(구간추정)이 있다. 실용적으로는 구간 추정이 더욱 많이 사용되고 있다.

8.1.1 추정량의 성질

앞에서 우리는 모수와 통계량의 관계에 대하여 살펴보았다. 그러나 실제로 모수의 정확한 값을 아는 것이 목적이므로 이러한 모수를 추정하기 위한 도구 – 추정량(Estimator) – 를 통계량에서 선택해야만 한다. 예를 들어 모평균을 추정하기 위해서는 표본 평균을 이용해야하고, 모분산을 추정하기 위해서는 표본 분산을 이용해야 한다. 이때 과연 모평균을 추정할 수 있는 수치가 표본평균 외에는 없을 것인가 하는 의문이 들게 된다. 일반적으로 어떤 추정량 $\hat{\theta}$ 가 좋은(good) 추정량일 필요가 있다. 모수 θ 에 대한 점추정을 할 때 점 추정량으로는 표본평균, 중앙값, 최빈값 등을 이용할 수 있는데, 이 추정량 중에서 좋은 추정량을 선택해야만 한다. 좋은 추정량이란 다음과 같은 네 가지 성질을 갖고 있는 추정량을 말한다.

1. 불편성(Unbiasedness) : 추정량 $\hat{\theta}$의 기댓값이 추정치 θ와 일치하는 경우를 말한다. 주어진 모집단에서 같은 크기로 확률표본을 반복적으로 추출하면, 이론적으로 추정량의 표본분포를 구할 수 있다. 이때, 모수 θ의 모든 값에 대하여

$$E(\hat{\theta}) = \theta$$

가 성립하면, $\hat{\theta}$을 모수 θ의 불편추정량(Unbiased Estimator)이라 하고 추정량 $\hat{\theta}$은 불편성을 갖는다고 한다. 만약, 추정량 $\hat{\theta}$이 불편성을 갖지 않는다면, $E(\hat{\theta}) \neq \theta$가 성립하므로, 이 경우,

추정량 $\hat{\theta}$을 모수 θ의 편의추정량(Biased Estimator)이라 한다. 이로부터 $\hat{\theta}$이 모수 θ의 편의추정량일 때, 다음 통계량

$$b(\hat{\theta}) = E(\hat{\theta}) - \theta$$

를 편의(Bias)라 한다.

예제 8.1

1. 표본평균 $\overline{X}$ 와 모평균 μ 에 대하여 $E(\overline{X}) = \mu$가 성립 하므로 표본 평균 $\overline{X}$ 는 모평균 μ 의 불편추정량이다.

2. X를 표본에서의 성공한 횟수라고 할 때

$$E(\hat{p}) = E\left(\frac{X}{n}\right) = \frac{1}{n}E(X) = \frac{1}{n}np = p$$

이므로 표본 비율 $\hat{p}$ 는 모비율 p의 불편 추정량이다.

3. $$\begin{aligned} E\left(\sum_{i=1}^{n}(X_i \frac{-}{l \in e} X)^2\right) &= E\left(\sum_{i=1}^{n} X_i^2 - n\frac{}{l \in e}X^2\right) = \sum_{i=1}^{n} E(X_i^2) - nE(\overline{X}^2) \\ &= nE(X_i^2) - nE(\overline{X}^2) \\ &= n(V(X_i) + E(X_i)^2) - n(V(\overline{X})) + (E(\overline{X}^2)) \\ &= n(\sigma^2 + \mu^2) - n\left(\frac{\sigma^2}{n} + \mu^2\right) \\ &= (n-1)\sigma^2 \end{aligned}$$

이므로 표본분산

$$S^2 = \frac{1}{n-1}\sum_{i=1}^{n}(X_i \frac{-}{l \in e} X)^2$$

은 모분산 μ^2의 불편추정량이다.

---

2. 유효성(Efficiency): 추정량 $\hat{\theta}$ 가 모수θ 에 얼마나 가까이 위치하고 있는가, 즉 θ 를 중심으로 $\hat{\theta}$의 분산이 작을수록 오차 없이 $\hat{\theta}$ 값으로 θ를 추정할 수 있는 경우를 말한다. 모수 θ의 불편추정량이 두 개가 존재한다면, 두 추정량 중에서 분산이 더 작은 추정량을 선택하는 것이 바람직하다. 이 경우, 두 불편추정량 중에서 더 작은 분산을 갖는 추정량을 유효추정량(Efficient Estimator)이라 한다. 즉, 모수 θ의 두 불편추정량을 $\hat{\theta}_1$과 $\hat{\theta}_2$이라 하고 분산을 각각 $V(\hat{\theta}_1)$과 $V(\hat{\theta}_2)$이라 할 때,

$$V(\hat{\theta}_1) \leq V(\hat{\theta}_2)$$

가 성립하면, 추정량 $\hat{\theta}_1$은 $\hat{\theta}_2$ 보다 더 유효한 추정량(More Efficient Estimator)이라 한다.

또한

$$eff(\hat{\theta}_1,\ \hat{\theta}_2) = \frac{V(\hat{\theta}_1)}{V(\hat{\theta}_2)}$$

를 $\hat{\theta}_1$에 대한 $\hat{\theta}_2$의 효율(Efficiency)이라 한다. 모수 θ의 불편추정량 $\hat{\theta}_1$과 $\hat{\theta}_2$의 표본분포가 각각 아래 그림과 같으면, $\hat{\theta}_1$의 분산이 $\hat{\theta}_2$의 분산보다 작으므로 $\hat{\theta}_1$이 모수 θ의 유효추정량이 된다.

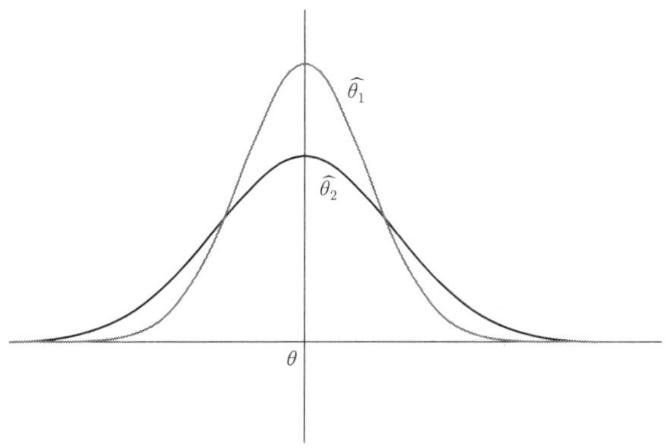

[추정량의 비교]

모수 θ의 불편추정량 중 가장 작은 분산을 가지는 추정량이 존재하면, 이 추정량을 최량추정량(Best Estimator) 또는 최소분산불편추정량(Minimum Variance Unbiased Estimator)이라 한다.

예제 8.2

미지의 평균 μ와 미지의 분산 σ^2을 갖는 분포에서 크기3인 확률표본 $X_1,\ X_2,\ X_3$을 측정하였다. 이때 μ를 추정하기 위해 추정량으로

$$\hat{\theta}_1 = \overline{X}_3 \text{ 와 } \hat{\theta}_2 = \frac{X_1 + 2X_2 + X_3}{4}$$

를 사용한다고 할 때, 더 유효한 추정량을 구하여라.

풀이

$$E(\hat{\theta}_1) = \frac{1}{3}E(X_1 + X_2 + X_3) = \frac{1}{3}(\mu + \mu + \mu) = \mu$$

이고

$$E(\hat{\theta}_2) = \frac{1}{4}E(X_1 + 2X_2 + X_3) = \frac{1}{4}(\mu + 2\mu + \mu) = \mu$$

이므로 두수 모두 불편 추정량이다. 그러나

$$V(\hat{\theta}_1) = \left(\frac{1}{3}\right)^2 \sigma^2 + \left(\frac{1}{3}\right)^2 \sigma^2 + \left(\frac{1}{3}\right)^2 \sigma^2 = \frac{\sigma^2}{3}$$

이고

$$V(\hat{\theta}_2) = \left(\frac{1}{4}\right)^2 \sigma^2 + \left(\frac{2}{4}\right)^2 \sigma^2 + \left(\frac{1}{4}\right)^2 \sigma^2 = \frac{3\sigma^2}{8}$$

이므로

$$V(\hat{\theta}_1) < V(\hat{\theta}_2)$$

가 되어 $\hat{\theta}_1$ 이 $\hat{\theta}_2$ 보다 더 유효한 추정량이다.

---

3. 일치성(Consistency): 표본의 크기를 무한히 증가시킬 때 추정량 $\hat{\theta}$ 의 극한값이 모수 θ 와 같게 되는 추정량을 말한다. 모집단으로부터 추출된 확률표본의 크기가 충분히 클 때, 추정량이 모수에 가까워지면 좋은 추정량이다. 이러한 성질을 갖는 추정량 $\hat{\theta}$을 모수 θ의 일치 추정량(Consistent Estimator)이라 한다. 즉, 모수 θ의 추정량을 $\hat{\theta}_n$ 이라 할 때, 임의의 $\epsilon > 0$에 대하여, $\hat{\theta}_n$ 이 θ로 확률수렴하면 즉,

$$\lim_{n\to\infty} P(\mid \hat{\theta}_1 - \theta \mid < \epsilon) = 1$$

또는

$$\lim_{n\to\infty} P(\mid \hat{\theta}_1 - \theta \mid \geq \epsilon) = 0$$

이 성립하면, $\hat{\theta}_n$ 을 θ의 일치추정량이라 한다.

4. 충분성(Sufficiency): 추정량 $\hat{\theta}$ 가 모수θ 에 대한 충분한 지식과 정보를 제공 할 수 있을 때를 말한다. 어떤 추정량이 모수 θ의 충분추정량이라는 의미는 이 추정량을 이용하면 표본으로 얻을 수 있는 모수 θ에 대한 모든 정보를 얻을 수 있다는 것이다. 즉, 모수 θ의 추정량으로서 충분추정량을 이용하게 되면, 다른 추정량은 모수 θ에 대한 정보를 더 이상 주지 못한다는 의미로써 이 추정량 하나로 충분하게 된다는 뜻이다. 이때 $\hat{\theta}$을 모수 θ의 충분통계량(Sufficient Statistic)이라 한다. 추정량의 충분성에 대한 엄밀한 정의는 이 책의 수준을 벗어나므로 생략한다.

8.1.2 구간추정

미지의 모수를 추정하는 방법으로는 점추정(Point Estimation), 구간추정(Interval Estimation), 적률법(Method of Moment), 최소제곱추정법(Method of Least-square Estimation) 등이 있다. 점추정은 모집단으로부터 추출한 표본을 근거로 하여 계산된 통계량으로 정확하게 하나의 모수를 추정하는 방법이며, 구간추정은 모집단으로부터 추출한 표본을 근거로 하여 계산된 통계량으로 모수가 특정구간에 속해 있을 것이라고 확률적으로 추정하는 방법이다. 이 교재에서는 구간추정에 대해서만 살펴본다. 점추정에서 추정량이 모수와 정확하게 일치한다는 것을 기대하기란 사실상 매우 어려우며, 또한 같은 모집단으로부터 두 종류의 확률표본을 추출했을 경우에도 이 확률표본으로부터 계산된 두 추정치가 정확히 같을 수는 없다. 따라서 점추정 방법은 추정량에 대한 다른 정보가 주어지지 않는 한 계산된 추정치가 얼마나 좋은가를 판단할 수 없다는 문제가 발행한다. 이러한 점추정의 약점을 좀 더 개선한 추정방법이 구간추정이다. 일반적으로 구간추정(Interval Estimation)은 모집단의 미지의 모수를 θ라 할 때, 미지의 모수 θ의 참값이 속할 것으로 기대되는 영역을 구간(Interval)으로 추정하는 방법이다. 이때 모수의 참값이 속할 것으로 기대되는 구간을 신뢰구간(Confidence Interval)이라 하며, 구간추정을 한다는 것은 신뢰구간을 구하다는 것과 같은 의미를 갖는다. 구간추정의 일반적인 원리는 다음과 같다.

모집단의 미지의 모수 θ의 구간추정을 위해 확률표본으로부터 계산된 두 통계량을 각각 $\hat{\theta}_L$과 $\hat{\theta}_U$이라 하면, 임의의 양수 $\alpha(0 < \alpha < 1)$에 대하여

$$P(\hat{\theta}_L < \theta < \hat{\theta}_U) = 1 - \alpha$$

를 만족할 때, 구간 $(\hat{\theta}_L, \hat{\theta}_U)$을 모수 θ의 $(1-\alpha)100\%$ 신뢰구간이라 하고 $1-\alpha$를 신뢰수준(Confidence Level) 또는 신뢰도(Degree of Confidence) 라고 한다. 이 경우, $\hat{\theta}_L$ 를 모수 θ의 신뢰하한(Lower Confidence Limit), $\hat{\theta}_U$을 모수 θ의 신뢰상한(Upper Confidence limit)이라 하며, α는 유의수준(Significance Level)이라 한다.

신뢰수준으로는 일반적으로 α 가 0.1, 0.05, 0.01 이 되는 90%, 95%, 99% 를 주로 사용한다. 이때 신뢰수준의 의미를 다시 한번 알아보자. 예를 들어 신뢰수준 90% 라는 말은 표본으로부터 얻은 신뢰구간이 정확한 모수의 참값을 포함할 확률이 90% 임을 나타내는 것이 아니고, 미지의 모수 θ를 갖는 모집단으로부터 확률표본 10개를 임의로 추출했을 때, 각각의 표본으로부터 얻는 신뢰구간 10개 중에서 9개의 구간이 모수의 참값을 포함하고, 나머지 1개의 구간은 모수의 참값을 포함하지 않음을 의미한다.

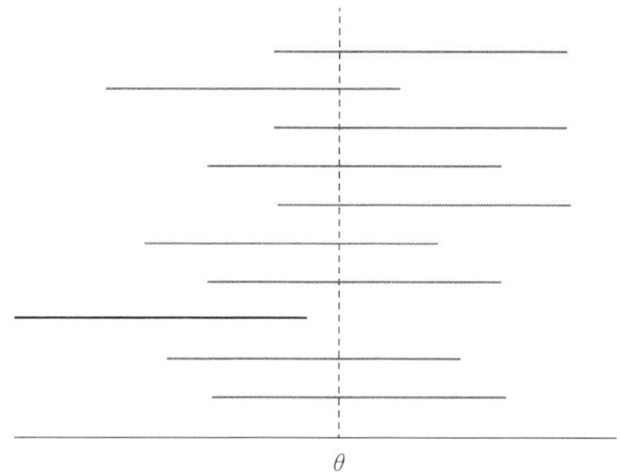

표본에 따라 표본평균 $\overline{X}$ 또는 표본평균 $\overline{X}$ 와 표본표준편차 S의 값에 따라 신뢰구간의 길이도 변하게 된다. 즉, 표본의 크기가 정해져있을 때 신뢰 수준을 높이면 구간의 폭은 넓어지고 신뢰수준을 낮추면 구간의 폭은 좁아진다. 마찬가지로 신뢰수준이 정해져있는 경우에는 표본의 크기가 작아지면 구간의 폭은 넓어지고 표본이 크기가 커지면 구간의 폭은 좁아진다.

8.2 모수에 대한 구간 추정

8.2.1 모평균 μ에 대한 구간추정

모집단이 하나인 경우, 모평균 μ에 대한 구간추정을 구하는 방법에 대하여 알아보자. 이 경우에는 모분산 σ^2을 이미 알고 있을 때와 모를 때, 두 가지로 나눌 수 있으며 이에 대한 구간 추정 방법은 다음과 같다.

1. 모분산 σ^2을 알고 있는 경우

모집단의 분포가 정규모집단 $N(\mu,\ \sigma^2)$에 따르고 이 정규모집단으로부터 크기 n인 확률표본을 추출하였을 때, 표본평균 $\overline{X} = \frac{1}{n}\sum_{i=1}^{n} X_i$는 정규분포 $N(\mu,\ \frac{\sigma^2}{n})$에 따르다. 따라서 표준화된 확률변수 Z는

$$Z = \overline{X} - \mu \frac{\sigma}{\sqrt{n}} \sim N(0,\ 1)$$

에 따르다. 이로부터 표준정규 확률변수 Z가

$$P(\ |\ Z\ |\ < z_{\alpha/2}) = 1 - \alpha$$

즉,

$$P(-z_{\alpha/2} < Z < z_{\alpha/2}) = 1 - \alpha,\ (0 < \alpha < 1)$$

가 성립한다. 여기서 $z_{\frac{\alpha}{2}}$ 는 표준정규분포 $N(0,\ 1)$에서 오른쪽 꼬리의 넓이가 $\frac{\alpha}{2}$인 점이다. 이 관계를 그림으로 나타내면 다음과 같다.

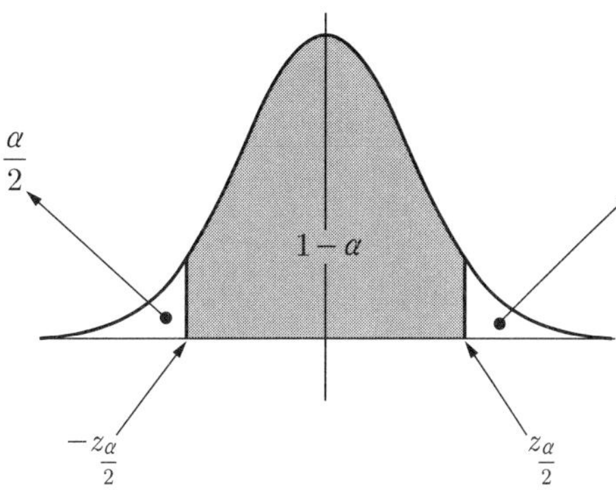

위의 식으로부터 모평균 μ가 포함될 확률구간을 구하면

$$
\begin{aligned}
P(-z_{\alpha/2} < Z < z_{\alpha/2}) &= P\left(-z_{\alpha/2} < \frac{\overline{X} - \mu}{\sigma/\sqrt{n}} < z_{\alpha/2}\right) \\
&= P\overline{X} - z_{\alpha/2}\frac{\sigma}{\sqrt{n}}\overline{X} + \mu < z_{\alpha/2}\frac{\sigma}{\sqrt{n}} \\
&= 1 - \alpha,\ (0 < \alpha < 1)
\end{aligned}
$$

이다. 따라서 정규모집단의 모분산 μ^2을 알고 있을 때, 모평균 μ의 $100 \times (1-\alpha)\%$ 신뢰구간은

$$
\left(\overline{X} - z_{\alpha/2} \cdot \frac{\sigma}{\sqrt{n}},\ \overline{X} + z_{\alpha/2} \cdot \frac{\sigma}{\sqrt{n}}\right)
$$

임을 알 수 있다. 이것은 모평균 μ 가 위의 구간에 포함될 것을 $(1-\alpha)100\%$ 신뢰할 수 있음을 의미한다. 또한 모집단의 분포가 정규분포가 아닌 임의의 모집단에서 모분산 σ^2 을 알고 있을 때 미지의 모평균 μ의 신뢰구간은 n이 대표본일 경우에 대하여만 중심극한 정리에 의해 위의 식을 사용할 수 있다.

예제 8.3

정규모집단의 모분산 σ^2을 알고 있을 때, 모평균 μ의 95% 신뢰구간을 구하여라.

풀이

95% 신뢰구간에서 $1 - \alpha = 0.95$ 이므로 $\alpha = 0.05$ 이다. 양쪽 꼬리의 합이 0.05이기 때문에 오른쪽 또는 왼쪽의 어느 한 쪽의 넓이는 0.025 이다. 이때 표준정규분포에서 $z_{\alpha/2} = 1.96$ 을 구할 수 있다.

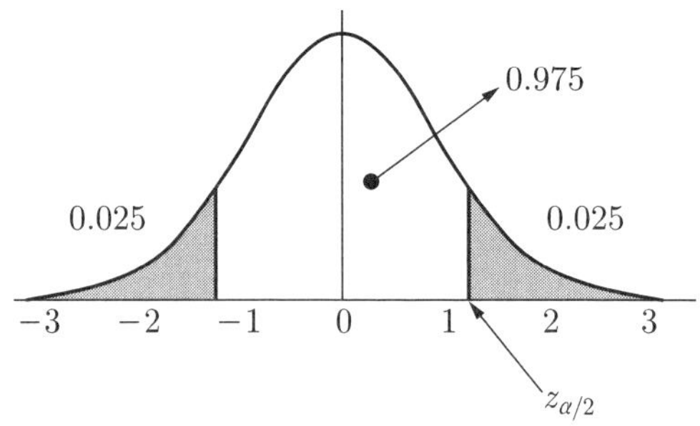

따라서 모평균 μ의 95% 신뢰구간은

$$\left(\overline{X} - 1.96\frac{\sigma}{\sqrt{n}},\ \overline{X} + 1.96\frac{\sigma}{\sqrt{n}}\right)$$

이다.

구간추정을 할 때 자주 이용하는 모평균 μ에 대한 신뢰도 90%, 95%, 99% 인 신뢰구간은 다음과 같다.

- 모평균 μ의 90% 신뢰구간 : $\left(\overline{x} - 1.64\frac{\sigma}{\sqrt{n}},\ \overline{x} + 1.64\frac{\sigma}{\sqrt{n}}\right)$
- 모평균 μ의 95% 신뢰구간 : $\left(\overline{x} - 1.96\frac{\sigma}{\sqrt{n}},\ \overline{x} + 1.96\frac{\sigma}{\sqrt{n}}\right)$
- 모평균 μ의 99% 신뢰구간 : $\left(\overline{x} - 2.58\frac{\sigma}{\sqrt{n}},\ \overline{x} + 2.58\frac{\sigma}{\sqrt{n}}\right)$

예제 8.4

어떤 공장에서 생산하는 64개 제품의 무게를 측정한 결과 평균 무게는 $30kg$ 이었다. 과거 조사에 의하면 똑같은 생산라인에서 생산한 100개 제품의 무게의 표준편차는 $1.8kg$으로 알려져 있다고 할 때, 모평균 μ의 95% 신뢰구간을 구하여라. (단, 64개 제품의 무게의 분포는 정규분포에 따른다고 한다.)

풀이

이 제품의 무게는 평균이 $\overline{x} = 30kg$, 표준편차가 $\sigma = 1.8kg$, 표본의 수가 $n = 64$ 이고 정규분포에 따른다. 따라서 95% 신뢰구간의 경우, 신뢰계수는 $1 - \alpha = 0.95$에서

$\alpha = 0.05$ 이므로 $z_{0.0025} = 1.96$ 이다. 이로부터 구하고자 하는 신뢰구간은

$$\left(\overline{x} - 1.96\frac{\sigma}{\sqrt{n}},\ \overline{x} + 1.96\frac{\sigma}{\sqrt{n}}\right)$$

이므로

$$\left(30 - 1.96\ \frac{1.8}{\sqrt{64}},\ 30 + 1.96\frac{1.8}{\sqrt{64}}\right) = (29.599,\ 30.441)$$

이다.

예제 8.5

어떤 회사에서 생산하는 공구세트의 무게는 표준편차가 $9kg$ 인 정규분포를 한다. 이 회사에서 생산하는 공구세트 중에서 표본으로 64개를 추출하여 평균무게를 측정한 결과 $35kg$ 이었다. 공구세트의 실제 평균무게에 대한 95% 신뢰구간을 구하여라.

풀이

표본평균은 $\overline{x} = 35kg$, 표준편차는 $\sigma = 9kg$, 표본의 수는 $n = 64$ 개이고 모집단 분포는 정규분포에 따른다. 따라서 95% 신뢰구간의 경우, 신뢰계수는 $1 - \alpha = 0.95$ 에서 $\alpha = 0.05$ 이므로 $z_{0.025} = 1.96$ 이다. 이로부터 구하고자 하는 신뢰구간은

$$35 - 1.96\frac{9}{\sqrt{64}} < \mu < 35 + 1.96\frac{9}{\sqrt{64}}$$

에서 (32.795, 37.205) 이다.

---

2. 모분산 σ^2 을 모르는 경우

모집단의 모분산 σ^2 을 모르는 경우에는 모분산을 이용할 수 없으므로 표본분산

$$S^2 = \frac{1}{n-1}\sum_{i=1}^{n}(X_i - \overline{X})^2$$

을 이용한다. 모집단의 분포가 정규분포를 따른다고 가정하고 n 이 충분히 크다면 근사적으로

$$\frac{X - \mu}{S/\sqrt{n}} \sim N(0,\ 1)$$

이 성립한다, 따라서 모평균 μ 의 $100(1-\alpha)\%$ 신뢰구간은

$$\left(\overline{x} - z_{\alpha/2}\cdot\frac{S}{\sqrt{n}},\ \overline{x} + z_{\alpha/2}\cdot\frac{S}{\sqrt{n}}\right)$$

임을 알 수 있다.

예제 8.6

어느 대학의 통계학 교과목 수강학생 36명의 시험결과 평균과 표준편차가 각각 70, 12 이었다. 이 대학의 통계학 수강 학생 전체의 시험 점수의 평균에 대한 95%, 99% 신뢰구간을 구하여라.

풀이

점수의 표본 평균은 $\overline{x} = 70$, 표본 편차는 $S = 12$, 표본의 수는 $n = 36$ 이다. 따라서 95% 신뢰구간은

$$\left(70 - 1.96\,\frac{12}{\sqrt{36}},\ 70 + 1.96\frac{12}{\sqrt{36}}\right) = (66.08,\ 73.92)$$

이고 99% 신뢰구간은

$$\left(70 - 2.58\,\frac{12}{\sqrt{36}},\ 70 + 2.58\frac{12}{\sqrt{36}}\right) = (64.8475.16)$$

이다.

표본의 크기가 크지 않으면서 모분산을 모르는 경우에는 다음 통계량 T는 자유도 $n-1$인 $t-$분포에 따른다. 즉,

$$T = \frac{\overline{X} - \mu}{S/\sqrt{n}} \sim t(n-1)$$

이 성립한다. 따라서 모평균 μ에 대한 구간추정은 다음과 같이 얻을 수 있다.

$$P(-t_{\alpha/2}(n-1) < T < -t_{\alpha/2}(n-1)) = 1 - \alpha$$

이므로

$$\begin{aligned} & P\left(-t_{\alpha/2}(n-1) < \overline{X} - \mu S/\sqrt{n} < -t_{\alpha/2}(n-1)\right) \\ =& P\overline{X} - t_{\alpha/2}(n-1)\frac{S}{\sqrt{n}} < \mu\overline{X} - t_{\alpha/2}(n-1)\frac{S}{\sqrt{n}} \\ =& 1 - \alpha \end{aligned}$$

이다.

지금까지 알아본 모평균 μ에 대한 $100 \times (1-\alpha)\%$ 신뢰구간은 다음과 같다.

모평균의 구간 추정 (대표본, 임의의 모집단)

- 정규모집단의 모분산 σ^2을 알고 있을 때, 모평균 μ의 $100 \times (1-\alpha)\%$ 신뢰구간

$$\left(\overline{x} - z_{\alpha/2} \cdot \frac{\sigma}{\sqrt{n}},\ \overline{x} + z_{\alpha/2} \cdot \frac{\sigma}{\sqrt{n}}\right)$$

- 정규모집단의 모분산 σ^2을 모르고 있을 때, 모평균 μ의 $100 \times (1-\alpha)\%$ 신뢰구간

$$\left(\overline{x} - z_{\alpha/2} \cdot \frac{S}{\sqrt{n}},\ \overline{x} + z_{\alpha/2} \cdot \frac{S}{\sqrt{n}}\right)$$

모평균의 구간 추정 (소표본, 정규 모집단)

- 정규모집단의 모분산 σ^2을 모를 때, 모평균 μ의 $100 \times (1-\alpha)\%$ 신뢰구간

$$\left(\overline{x} - t_{\frac{\alpha}{2}}(n-1)\frac{S}{\sqrt{n}},\ \overline{x} + t_{\frac{\alpha}{2}}(n-1)\frac{S}{\sqrt{n}}\right)$$

여기서

$$S = \sqrt{\frac{1}{n-1}\sum_{i=1}^{n}(x_i - \overline{x})^2}$$

이다.

예제 8.7

어느 커피제조회사에서 생산한 $20g$짜리 스틱커피의 카페인 함양을 알아보기 위하여 25개의 스틱커피를 표본으로 추출하여 이들의 카페인 함량을 측정한 결과, 평균이 $14.5mg$이고 표준 편차가 $2.8mg$ 인 것으로 나타났다. 이 커피제조회사에서 생산된 $20g$짜리 스틱커피의 전체의 평균 카페인 함량 μ에 대한 95% 신뢰구간을 구하여라. (단, 스틱커피의 함량은 정규분포에 따른다고 가정한다.)

풀이

$\overline{X} = 14.5,\ S = 2.8,\ \alpha = 0.05$이다. 이때 모집단의 분산을 모르고 표본의 수도 작으므로 t-분포를 이용한다. 자유도 $n - 1 = 25 - 1 = 24$ 일 때 $\frac{\alpha}{2}$인 점은

$$t_{0.005}(24) = 2.797$$

이다. 따라서 모평균 μ에 대한 95% 신뢰구간은

$$14.5 - 2.797\frac{2.8}{\sqrt{25}} < \mu < 14.5 + 2.797\frac{2.8}{\sqrt{25}}$$

에서

$$(12.93368,\ 16.0663)$$

이다.

8.2.2 모분산 σ^2에 대한 구간 추정

모집단 분포가 정규분포 $N(\mu,\ \sigma^2)$에 따른다고 가정하고 모분산 σ^2의 신뢰구간을 구해 보자. 정규모집단으로부터 추출한 크기 n인 확률표본의 표본평균을 $\overline{X}$, 표본분산을 S^2이라 하면 다음 통계량은 자유도 $n-1$인 χ^2-분포 즉,

$$V = \frac{(n-1)S^2}{\sigma^2} \sim \chi^2(n-1)$$

이다. 따라서 확률 $1-\alpha$가 되는 χ^2-분포의 구간은

$$P\left(a < \frac{(n-1)S^2}{\sigma^2} < b\right) = 1-\alpha,\ (0 < \alpha < 1)$$

이다. 여기서 상수 a와 b는 χ^2-분포표에서 자유도 $(n-1)$에 대하여 찾으면 $a = \chi^{2_{1-\frac{\alpha}{2}}}(n-1)$이고 $b = \chi^2_{\frac{\alpha}{2}}(n-1)$이다. 이 값은 카이제곱 분포 곡선의 양쪽 꼬리부분의 확률이 같도록 상수 a와 b를 선택한 것이다. 이로부터 확률이 $1-\alpha$가 되는 신뢰구간은 다음과 같다.

$$\begin{aligned}
&P\left(\chi^{2_{1-\frac{\alpha}{2}}}(n-1) < \frac{(n-1)S^2}{\sigma^2} < \chi^{2_{\frac{\alpha}{2}}}(n-1)\right)\\
=&P\left(\frac{\chi^{2_{1-\alpha/2}}(n-1)}{(n-1)S^2} < \frac{1}{\sigma^2} < \frac{\chi^{2_{\alpha/2}}(n-1)}{(n-1)S^2}\right)\\
=&P\left(\frac{(n-1)S^2}{\chi^{2_{1-\alpha/2}}(n-1)} < \frac{1}{\sigma^2} < \frac{(n-1)S^2}{\chi^{2_{\alpha/2}}(n-1)}\right)\\
=&1-\alpha,\ (0 < \alpha < 1)
\end{aligned}$$

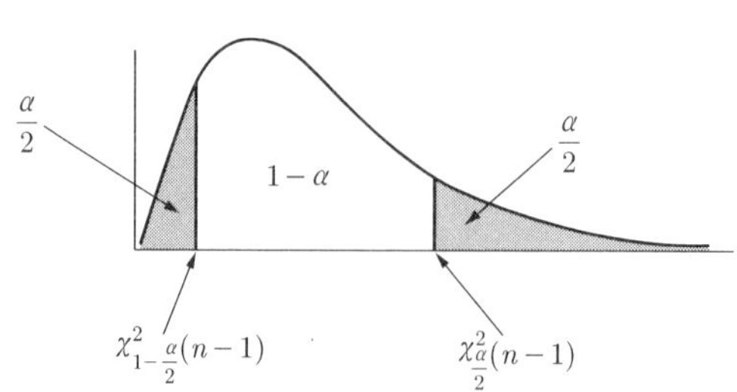

따라서 모분산 σ^2에 대한 $100 \times (1-\alpha)\%$ 신뢰구간은 다음과 같다.

모분산 σ^2에 대한 $100 \times (1-\alpha)\%$ 신뢰구간

$$\frac{(n-1)S^2}{\chi^2_{\frac{\alpha}{2}}(n-1)} < \sigma^2 < \frac{(n-1)S^2}{\chi^2_{1-\frac{\alpha}{2}}(n-1)}$$

또는

$$\left(\frac{(n-1)S^2}{\chi^2_{\frac{\alpha}{2}}(n-1)},\ \frac{(n-1)S^2}{\chi^2_{1-\frac{\alpha}{2}}(n-1)}\right)$$

단, S는 관찰값의 표본표준편차 $S = \sqrt{\frac{1}{n-1}\sum_{i=1}^{n}(x_i - \overline{x})^2}$이다. 또한, 이 식으로부터 모표준편차 σ에 대한 $100 \times (1-\alpha)\%$ 신뢰구간은 다음과 같다.

모표준편차 σ에 대한 $100 \times (1-\alpha)\%$ 신뢰구간

$$\sqrt{\frac{(n-1)s^2}{\chi^2_{\frac{\alpha}{2}}(n-1)}} < \sigma < \sqrt{\frac{(n-1)s^2}{\chi^2_{1-\frac{\alpha}{2}}(n-1)}}$$

또는

$$(\sqrt{\frac{(n-1)s^2}{\chi^2_{\frac{\alpha}{2}}(n-1)}},\ \sqrt{\frac{(n-1)s^2}{\chi^2_{1-\frac{\alpha}{2}}(n-1)}})$$

참고로 카이제곱 분포를 이용하여 95% 신뢰구간을 구하려 할 때, 아래 그림과 같이 왼쪽 영역과 오른쪽 영역을 구별한다.

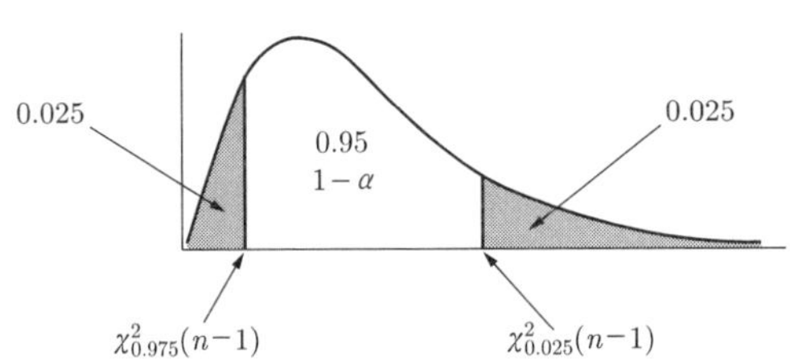

예제 8.8

어떤 묘목을 심은 후에 기준 길이까지 자라는데 소요되는 날짜수의 분포는 정규분포에 따른다고 한다. 이제 이 묘목 중에서 $n = 20$개의 표본을 추출하여 기준 길이까지 자라는데 소요되는 평균 날짜수를 측정하였더니 17.21일 이었고 표본분산 $s^2 = 12.1$일 이었다고 한다. 모평균 μ에 대한 90% 신뢰구간을 구하여라.

풀이

χ^2 분포표로부터 $\chi^2_{0.05}(19) = 30.04$이고 $\chi^2_{0.95}(19) = 10.12$이므로 모분산 σ^2에 대한 90% 신뢰구간은

$$\frac{(n-1)s^2}{\chi^2_{\frac{\alpha}{2}}(n-1)} < \sigma^2 < \frac{(n-1)s^2}{\chi^2_{1-\frac{\alpha}{2}}(n-1)}, \quad \frac{19 \times 12.1}{30.14} < \sigma^2 < \frac{19 \times 12.1}{10.12}$$

이므로

$$7.653 < \sigma^2 < 22.72 \text{ 또는 } (7.653,\ 22.72)$$

이다.

예제 8.9

어떤 제품의 정확한 무게를 알아보기 위해 6개의 제품을 임의로 선택하여 무게를 측정한 결과 다음의 측정치를 얻었다.

$$47,\ 45,\ 46,\ 46,\ 44,\ 48$$

이 측정치가 정규분포를 따른다고 가정할 때 모분산의 95% 신뢰구간을 구하여라.

풀이

6개의 측정치로부터 $\overline{X} = 46,\ S^2 = 2$ 를 구할 수 있다. 이제 카이제곱 분포에서

$$\chi^{2_{0.975}}(5) = 0.831,\ \chi^{2_{0.025}}(5) = 12.83$$

이므로 구하는 신뢰구간은

$$\left(\frac{5 \times 2}{12.83},\ \frac{5 \times 2}{0.831}\right) = (0.78,\ 12.05)$$

이다.

8.2.3 모비율 p 에 대한 구간 추정

모집단분포에서 어떤 특정한 속성에 대한 비율을 $p(0 < p < 1)$라고 하자. 이 경우, 모비율 p는 0 또는 1에 가까운 값이 아니다. 이제 모집단에서 추출한 표본의 크기 n도 충분히 크다고 가정하면, 표본비율 $\frac{X}{n}$는 근사적으로 평균이 p이고, 분산이 $\frac{pq}{n}$인 정규분포 즉,

$$\frac{X}{n} \sim N(p,\ \frac{pq}{n}),\ (q = 1-p)$$

에 따른다. 따라서 위의 식을 표준정규화 하여 모비율 p의 신뢰구간을 구하면 다음과 같다. 모비율 p의 신뢰구간을 구할 때, p는 미지(unknown)의 값이므로 실제로는 모비율 p 대신에 표본비율(sample Proportion) $\hat{p} = \frac{z}{n}$의 값을 이용한다. 따라서 모비율 p에 대한 $100 \times (1-\alpha)\%$ 신뢰구간은 다음과 같다.

$$\hat{p} - z_{\frac{\alpha}{2}} \sqrt{\frac{\hat{p}\hat{q}}{n}} < p < \hat{p} + z_{\frac{\alpha}{2}} \sqrt{\frac{\hat{p}\hat{q}}{n}}$$

또는

$$\left(\hat{p} - z_{\frac{\alpha}{2}} \sqrt{\frac{\hat{p}\hat{q}}{n}},\ \hat{p} + z_{\frac{\alpha}{2}} \sqrt{\frac{\hat{p}\hat{q}}{n}} \right)$$

단, $\hat{p} = \frac{z}{n}$, $\hat{q} = 1 - \hat{p}$ 이다.

예제 8.10

어느 회사에 다니는 300명의 회사원들에게 외식으로 피자의 선호도를 조사한 결과, 130명이 피자를 좋아한다고 응답하였다. 이때 피자를 좋아하는 회사원들의 비율을 95% 신뢰도로 추정하여라.

풀이

300명 중 130명이 점심식사로 피자를 선호한다고 했으므로 피자를 선호하는 사원들이 비율은 $\hat{p} = \frac{130}{300}$이다. $\alpha = 0.05$이므로 $z_{\frac{\alpha}{2}} = z_{0.025} = 1.96$이므로 모비율 p에 대한 95% 신뢰구간은

$$\hat{p} - z_{\frac{\alpha}{2}} \sqrt{\frac{\hat{p}\hat{q}}{n}} < p < \hat{p} + z_{\frac{\alpha}{2}} \sqrt{\frac{\hat{p}\hat{q}}{n}}$$

로부터

$$0.43 - 1.96\sqrt{\frac{0.43 \times 0.57}{300}} < p < 0.43 + 1.96\sqrt{\frac{0.43 \times 0.57}{300}}$$

이 되어

$$(0.37,\ 0.49)$$

이다. 따라서 피자를 좋아하는 회사원은 적게는 37%에서 많게는 49% 이다.

8.3 신뢰구간의 길이와 표본의 크기

구간추정에 있어서 신뢰구간의 길이는 신뢰계수의 값에 비례한다. 즉, $1 - \alpha$의 값이 커지면 신뢰구간의 길이는 길어지며, 반대로 작아지면 신뢰구간의 길이는 짧아진다. 신뢰구간의 길이는

또한 표본의 크기 n에 반비례한다. 즉, 표본의 크기 n이 커질수록 신뢰구간의 길이는 작아지는 경향이 있기 때문에 신뢰구간의 길이는 추정량의 정확도와 밀접한 관계가 있다. 추정량의 정확도를 높이기 위해서는 표본의 크기 n을 크게 하면 되지만, 표본의 수가 증가하게 되면 비용이 많이 들며, 반대로 추정오차를 줄이기 위해 신뢰계수를 크게 하면 추정량의 정확도가 떨어지게 된다. 이러한 문제로 인해 적절한 표본수와 적절한 신뢰계수를 갖는 구간추정이 이루어져야 하며, 이를 위해 정규모집단의 가정 하에서 $100 \times (1-\alpha)\%$ 신뢰도로서 추정치와 모수간의 차이를 작게 하기 위해 표본의 크기를 어떻게 취해야 할지 결정하는 문제를 생각할 수 있다.

추정치를 $\overline{x}$라 하고 모수를 μ라 할 때, $\overline{x}-\mu$를 추정오차라 하고 d를 최대허용오차라 하면, 다음 식이 성립한다.

$$d = z_{\frac{\alpha}{2}} \frac{\sigma}{\sqrt{n}}$$

여기서 σ는 표준편차, n은 표본의 개수이다. 이 식을 n에 대하여 정리하면

$$n = \left(\frac{z_{\frac{\alpha}{2}}\sigma}{d}\right)^2$$

이다. 따라서 정규모집단이라는 가정 아래에서 주어진 허용오차의 범위 안에서 신뢰도 $100 \times (1-\alpha)\%$를 유지하려면 표본의 크기 n을 얼마만큼 취해야 하는지를 알 수 있다. 이때, 모분산 σ^2은 모르지만, 관찰값이나 예비조사 등을 통해 얻은 추정치를 이용할 수 있다.

예제 8.11

어떤 자동차 부품회사에서 생산한 신형 발전기의 평균무게를 측정하려고 한다. 신형 발전기의 무게에 대한 표준편차는 $\sigma = 9\text{kg}$으로 알려져 있고 분포는 정규분포에 따른다고 한다. 이때, 95%의 신뢰도로 허용오차를 2kg으로 할 때, 무게를 측정해야 할 발전기는 몇 개인가를 결정하라.

풀이

$z_{\frac{\alpha}{2}} = 1.96$, $d = 2$, $\alpha = 9$이므로 구하고자 하는 발전기의 개수는

$$n = (\frac{z_{\frac{\alpha}{2}}\sigma}{d})^2 = (\frac{1.96 \times 9}{2})^2 = 77.79 \approx 78$$

이므로 77개의 신형 발전기가 필요하다.

이제 표본의 개수를 결정하는 문제를 이항모집단의 경우로 생각해 보자. 모비율 p의 추정치로 $\hat{p}$을 이용한다. 신뢰도 $100 \times (1-\alpha)\%$로 오차의 한계를 허용오차 d보다 작게하려고 할 때,

필요한 표본의 개수 n은 다음과 같다.

$$n = \left(\frac{z_{\frac{\alpha}{2}} \sqrt{\hat{p}\hat{q}}}{d} \right)^2, \ (\hat{q} = 1 - \hat{p})$$

만약, 표본비율 $\hat{p}$이 주어지지 않을 경우에는 $\hat{p} = \frac{1}{2}$로 하여 다음과 같이 표본의 개수를 결정할 수 있다.

$$n = \left(\frac{z_{\frac{\alpha}{2}}}{2d} \right)^2$$

예제 8.12

흡연율을 조사하기 위하여 어느 대학교 학생 150명을 랜덤하게 뽑아 조사하였더니 35명이 흡연자였다.

1. 모비율 p를 추정하기 위해 오차의 한계를 3%로 하려면, 표본으로 몇 명을 뽑아야 하는가?
2. 모비율 $\hat{p}$을 모를 때, 오차의 한계를 3%로 하려면, 표본으로 몇 명을 뽑아야 하는가?

풀이

1. $\hat{p} = 0.23$, $z_{\frac{\alpha}{2}} = 1.96$, $z = 0.03$이므로 구하고자 하는 표본의 크기 n은

$$n = \left(\frac{z_{\frac{\alpha}{2}} \sqrt{\hat{p}\hat{q}}}{d} \right)^2 = \left(\frac{1.96 \times 0.23 \times 0.77}{0.03} \right)^2 = 133.88$$

   이므로 134명이 필요하다.

2. 모비율 $\hat{p}$을 알지 못하므로 $\hat{p} = \frac{1}{2}$로 두고 표본의 크기를 구하면

$$n = \left(\frac{z_{\frac{\alpha}{2}}}{2d} \right)^2 = \left(\frac{1.96}{4 \times 0.03} \right)^2 = 266.78$$

   이므로 267명이 필요하다.

연습문제

1. 표준편차가 8 인 어느 모집단에서 100개를 인의로 추출하여 평균을 구했더니 402.8 이렀다. 이 모집단의 평균에 대한 95% 신뢰구간을 구하여라.

2. 어느 제철공장에서 생산되는 강선의 평균 인장강도를 추정하기 위하여 임으로 30개의 표본을 추출하여 인장강도를 측정한 결과 표본평균이 $\overline{x} = 62.50kg/cm^2$, 표본표준편차가 $S = 3.75kg/cm^2$ 이었다. 강선의 평균 인장강도에 대한 95% 신뢰구간을 구하여라.

3. 저녁 시간대의 TV 광고의 평균 광고시간을 알아보기 위하여 9편의 대한 광고시간을 측정한 결과, 표본평균이 $\overline{x} = 29.5$초, 표본분산이 $S^2 = 6.39$초 이었다. 평균 광고시간에 대한 90% 신뢰구간을 구하여라. 단, TV 광고시간은 정규분포에 따른다고 한다.

4. 대기 중의 수은의 농도를 측정하기 위하여 9개의 지역을 표본으로 하여 측정한 결과, 표본평균이 $\overline{x} = 0.72\mu g/cm^2$, 표본표준편차가 $S = 0.052\mu g/cm^2$ 이었다. 평균 수은의 농도에 대한 95% 신뢰구간을 구하여라. 단, 대기 중의 수은의 농도는 정규분포에 따른다고 한다.

5. 어느 비누공장에서 생산하는 비누의 평균무게를 알아보기 위하여 10개의 표본을 추출하여 무게를 측정한 결과 다음과 같았다. (단위: g)

   94 96 97 75 76 79 93 79 92 77

   실제 평균 비누무게 μ에 대한 95% 신뢰구간을 구하여라. 단, 비누무게는 정규분포에 따른다고 한다.

6. 스마트폰의 교체율을 조사하기 위하여 스마트폰 사용자 중에서 랜덤하게 600명을 조사한 결과 2년마다 스마트폰을 교체하는 사람들이 420명이었다. 2년마다 스마트폰을 교체하는 사람들의 비율에 대한 99% 신뢰구간을 구하여라.

7. 어떤 정당에서 출마한 후보자 A에 대한 지지율을 알아보기 위하여 1000명을 대상으로 여론조사를 실시한 결과, 후보자 A는 620명의 지지를 받고 있었다. 후보자 A에 대한 지지율의 95% 신뢰구간을 구하여라.

8. 야구공을 생산하는 어느 공장에서 제품의 품질이 얼마나 균일하게 유지되고 있는지 알아보기 위해 10개의 야구공을 추출하여 지름을 측정하여 그 표준 편차를 구했더니 0.4 라고 한다. 이 공장에서 생산되는 야구공의 지름이 정규 분포를 따른다고 할 때 모 표준 편차의 90% 신뢰구간을 구하여라.

9. 어떤 공장에서 생산된 정밀부품의 한 개의 무게의 모표준편차는 5g이다. 모평균 μ를 신뢰도 95%로 추정할 때, 정밀부품의 추정값 $\overline{x}$와 모평균 μ와의 차가 0.3g보다 작게하기 위한 표본의 크기를 구하여라.

10. 어느 대학에서는 작년도 신입생의 40%가 흡연 경험이 있다고 한다. 올해 신입생의 흡연 경험 비율을 추정할 때, 90% 오차한계가 2% 이내가 되기 위한 표본의 크기를 구하여라.

제 9 장
가설검정

9.1 가설검정

9.2 모수의 검정

일상생활에서 어떤 모집단의 특징에 대한 추측이나 주장을 할 때가 있다. 어떤 모수에 대한 주장은 참일 수도 있지만 거짓일 수 도 있다. 이러한 주장의 진위를 가리기 위해 모집단으로부터 추출된 표본의 통계량을 조사함으로서 그 주장의 타당성 여부를 확인하는 과정을 가설검정이라고 한다. 이 방에서는 가설검정의 원리와 모수(모평균, 모분산, 모비율)에 대한 검정절차 및 방법에 대해 학습한다.

9.1 가설검정

모집단의 미지의 모수에 대한 통계적 추론에 관한 중요한 이론은 추정론과 가설검정이다. 가설(Hypothesis)은 모집단에 대한 어떤 가정이며, 이러한 가설의 참과 거짓을 판정하는 방법을 통계적 가설검정(Test of Statistical Hypothesis)이라 한다. 또한 모집단의 가설을 설정하고, 모집단으로부터 추출한 표본을 이용하여 모집단에 관한 의사결정을 내리는 것을 통계적 결정(Statistical decision)이라 한다. 그러나 이렇게 설정된 가설은 참(Truth) 또는 거짓(Falsity)일 수 있으며, 설정된 가설을 받아들이지 않는 것을 기각(Reject)한다고 말하며, 설정된 가설을 받아들이는 것을 채택(Accept)한다고 말한다. 일반적으로 가설은 반증적인 방법으로 증명하기 위하여 기각될 것을 바라면서 가설을 설정하게 되는데, 이러한 가설을 귀무가설(Null Hypothesis)이라 하며, H_0로 나타낸다. 귀무가설과 대립되거나 이를 부정하는 가설을 대립가설(Alternative Hypothesis)이라 하며, H_1으로 나타낸다.

예제 9.1

어느 회사에서는 생산된 제품의 평균 수명이 1000 시간 이상이라고 주장한다. 이 주장을 검정하기 위해서 두 가지 가설을 설정하여라.

풀이

- 귀무가설 H_0: 이 제품의 평균 수명은 1000 시간이다. ($\mu = 1000$)
- 대립가설 H_1: 이 제품의 평균 수명은 1000 시간 이상이다. ($\mu \geq 1000$)

이와 같이 가설검정의 절차에서는 자신이 입증하고자 하는 가설을 대립가설로 설정하고 기각되기를 바라는 가설을 귀무가설로 설정한다. 하나의 대립가설과 귀무가설을 설정하여 놓고 참 또는 거짓을 판단하려고 할 때, 그 판단의 기준으로 임의의 표본으로부터 추출한 표본통계량을 이용한다. 이때 주의해야 할 것은 귀무가설을 기각했을 때, 설정된 귀무가설이 거짓이라는 것을 의미하는 게 아니라, 단지 모집단으로부터 추출된 표본이 귀무가설을 받아들일 만한 충분한 증거를 가지고 있지 못함으로 인해 귀무가설을 채택하지 못한다는 뜻이다.

가설의 채택여부를 판정하는 기준이 되는 통계량을 검정통계량(Test Statistic)이라 하며, 이 검정통계량은 귀무가설이 옳다는 가정 아래에서 계산되고, 만일 검정통계량의 값이 특정한 기준값의 범위에 들지 않으면, 귀무가설을 받아들이지 못하게 된다. 즉, 기각하게 된다. 이때 특정한 기준값을 기각치(Critical Value) 또는 임계치라고 하고, c로 나타낸다. 또한 검정통계량의 값에 따라 귀무가설 또는 대립가설의 채택여부가 결정되며, 귀무가설 H_0가 기각되는 검정통계량의 값의 영역을 기각역(Rejection Region) 또는 임계영역(Critical Region)이라 하며, 반대로 채택하게 되는 검정통계량 값의 영역을 채택역(Acceptance Region)이라 한다. 이러한 가설의 기각역 또는 채택역은 유의수준을 어떻게 정하느냐에 따라 다르게 나타난다.

9.1.1 제 1종 오류와 제 2종 오류

가설검정에서는 귀무가설을 채택하면 대립가설을 기각하고, 반대로 귀무가설을 기각하면 대립가설을 채택한다. 이때, 귀무가설이 참임에도 불구하고 귀무가설을 기각하여 대립가설을 채택하는 오류를 범할 가능성이 있으며, 반대로 대립가설이 참임에도 불구하고 대립가설을 기각하여 귀무가설을 채택하는 오류를 범할 가능성이 있다. 이와 같이 가설검정에서 발생 가능한 오류를 각각 가설설검정의 제 1종 오류(Type I Error)와 제 2종 오류(Type II Error)라 하며, 각각 α와 β로 나타내고, 특히 제 1종 오류를 유의수준[1](Significance Level)이라 한다.

	H_0를 채택	H_0를 기각
H_0가 참일 때	올바른 결정$(1-\alpha)$	제 1종 오류(α)
H_0가 거짓일 때	제 2종 오류(β)	올바른 결정$(1-\beta)$

[표] 제 1종의 오류와 제 2종의 오류

가설검정에서 나타나는 두 가지 오류에 대하여 바람직한 검정방법은 제 1종 오류와 제 2종 오류를 모두 작게 하는 것이다. 그러나 고정된 표본의 크기에 대하여 제 1종 오류를 작게 하면, 제 2종 오류가 커지는 경향이 있다. 그러므로 두 가지 오류를 모두 줄이기 위해서는 표본의 크기를 크게 하면 되지만, 이는 조사비용의 증가를 초래하게 된다. 우리는 두 개의 오류 가운데 어느 것에 더 배려를 해야 하는 가애 관한 기준이 필요하다. 통상적으로 가설검정을 할 때에는 표본의 크기를 고정하여 제 1종 오류를 정해놓고, 제 2종 오류를 줄이는 방법을 사용한다. 이 방법은 귀무 가설이 실제로는 참임에도 불구하고 이를 기각하게 될 위험 수준을 중요하게 생각하여 제 1정오류 수준을 먼저 설정하고 제2종 오류를 고려한다는 뜻이다. 이러한 가설검정 방법론은 귀무가설이 기각되기를 바라는 의지를 대변하도록 하여 대립가설이 채택되기를 기대한데서 기안한다.
주로 α로 나타낸다. 제 1종 오류의 수준을 나타내는 α 값은 연구자가 사실인 귀무가설을 부당하게 기각하는 가능성을 대변한 것이다. 이 가능성을 매우 중요한 의미일 수 있다. 예를 들어 "새로 개발된 감기약이 유해하다."는 귀무가설을 선정하였고, 또 그것이 사실임에도 불구하고 귀무가설이 기각되기를 바라는 욕심에 기각역을 넓게 설정하여 이를 기각했다면 이 신약은 실제로 유해한 것임에도 불구하고 무해하다고 할 수 있다. 또 감기에 효과가 있다 대립가설을

[1]주로 α로 나타낸다.

채택하였다는 의미가 된다. 감기보다 유해함이 인류에 미칠 영향을 고려한다면 α 의 중요성은 이해 될 수 있을 것이다. 따라서 일반적으로 α 의 수준은 5% 이하의 작은 값으로 설정한다. 대립가설 H_1 이 참일 때, 귀무가설 H_0 를 채택할 확률인 제 2종 오류 β 를 구하는 대신에 귀무가설 H_0 를 기각하는 확률 K 를 계산할 수 있다. 이 경우, β 와 $K = 1 - \beta$ 는 모두 같은 정보를 제공해 준다. 이때, K 를 검정력 함수(Power Function)라 하며, 특정한 값에 대해 검정력 함수의 값을 그 점에서의 검정력(Power)이라 하고, 다음과 같이 정의 한다.

$$K(\theta) = P(\hat{\theta} \geq c) \ (c \text{ 는 임계값})$$

따라서 바람직한 검정력 함수는 귀무가설이 틀린 경우에 이를 기각하는 확률이 된다.

예제 9.2

모집단의 표준편차가 80일 때, 다음의 가설을 검정하려고 한다.

$$H_0 : \mu = 500, \ H_1 : \mu = 550$$

1. $n = 16$ 이고 유의수준 $\alpha = 0.05$ 로 검정할 때, 제 2종의 오류 β 를 구하여라.
2. $n = 36$ 일 때, 제 1종의 오류 α 를 구하여라.

풀이

1. 제 1종의 오류 α 는 귀무가설 H_0 가 참일 때, H_0 를 기각할 확률이므로, 귀무가설 아래에서

$$\begin{aligned} P(\overline{X} \geq c) &= P\left(\frac{\overline{X} - 500}{\frac{80}{\sqrt{16}}} \geq \frac{c - 500}{\frac{80}{\sqrt{16}}}\right) \\ &= P\left(Z \geq \frac{c - 500}{20}\right) \\ &= 0.05 \end{aligned}$$

이다. 이로부터 기준값인 임계값은 $\frac{c - 500}{20} = 1.64$ 로 부터 $c = 532.8$ 이다. 따라서, 표본으로부터 구한 표본평균

$$\overline{x} \geq 532.8$$

이면, 귀무가설 H_0를 기각하고,

$$\overline{x} < 532.8$$

이면 귀무가설 H_0를 채택한다. 다음에 귀무가설 H_0가 거짓일 때, H_0를 채택할 확률인 제 2종의 오류 β를 구하면

$$\begin{aligned}
\beta = P(\overline{X} < 532.8) &= P\left(\frac{\overline{X}-550}{\frac{80}{\sqrt{16}}} < \frac{532.8-550}{\frac{80}{\sqrt{16}}}\right) \\
&= P\left(Z < \frac{532.8-550}{20}\right) \\
&= P(Z < -0.86) \\
&= 0.195
\end{aligned}$$

이다.

2. (a)에서 $n = 16$ 대신 $n = 36$를 대입하여 제 1종의 오류 α와 제 2종의 오류 β를 구하며 각각 다음과 같다. 제 1종의 오류 α는 귀무가설 H_0가 참일 때, H_0를 기각할 확률이므로, 귀무가설 아래에서

$$\begin{aligned}
P(\overline{X} \geq c) &= P\left(\frac{\overline{X}-500}{\frac{80}{\sqrt{36}}} \geq \frac{532.8-500}{\frac{80}{\sqrt{36}}}\right) \\
&= P\left(Z \geq \frac{532.8-500}{13.33}\right) \\
&= P(Z \geq 2.46) \\
&= 0.0070
\end{aligned}$$

이다.

$$\beta = P(\overline{X} < 532.8) = P\left(\frac{\overline{X}-550}{\frac{80}{\sqrt{36}}} < \frac{532.8-550}{\frac{80}{\sqrt{36}}}\right)$$

$$= P\left(Z < \frac{532.8-550}{13.33}\right)$$

$$= P(Z < -1.29)$$

$$= 0.086$$

이다. 이로부터 표본의 수가 증가하면, 제 1종의 오류 α와 제 2종의 오류 β가 동시에 감소한다는 것을 알 수 있다.

예제 9.3

모집단의 표준편차가 15, 유의수준 $\alpha = 0.05$, 표본의 수가 $n = 36$일 때, 다음 가설을 검정하려고 한다.

$$H_0 : \mu = 70,\ H_1 : \mu < 70$$

1. $n = 36$이고 유의수준 $\alpha = 0.05$로 검정할 때, 검정력함수 K를 구하여라.
2. (a)에서 $\mu = 75$일 때, 검정력함수 $K(75)$를 구하여라.

풀이

1. 기각치 c를 먼저 구하면

$$P(\overline{X} \geq c) = P\left(\frac{\overline{X}-70}{\frac{15}{\sqrt{36}}} \geq \frac{c-70}{\frac{15}{\sqrt{36}}}\right)$$

$$= P\left(Z \geq \frac{c-70}{2.5}\right)$$

$$= 0.05$$

이다. 이로부터 기준값인 임계값은 $\frac{c-70}{2.5} = 1.64$로 부터 $c = 74.1$이다. 따라서 표본으로부터 구한 표본평균 $\overline{x} \geq 74.1$이면, 귀무가설 H_0를 기각하고, $\overline{x} < 74.1$이면 귀무가설 H_0를 채택한다. 이로부터 검정력함수 $K(\mu)$는

$$\begin{aligned} K(\mu) &= P\left(\frac{\overline{X}-\mu}{2.5} \geq \frac{74.1-\mu}{2.5}\right) \\ &= P\left(Z \geq \frac{74.1-\mu}{2.5}\right) \\ &= 1-\Phi\left(\frac{74.1-\mu}{2.5}\right), \text{ (단, } \Phi \text{ 는 표준정규분포함수)} \end{aligned}$$

이다.

2. (a)에서 $\mu = 75$일 때, 검정력함수 $K(75)$는

$$\begin{aligned} K(75) &= 1-\Phi\left(\frac{74.1-75}{2.5}\right) \\ &= 1-\Phi(-0.36) \\ &= 0.641 \end{aligned}$$

이다.

9.1.2 단측 검정과 유측검정

미지의 모수 θ에 대한 가설은 다음과 같이 설정할 수 있다.

(a) $H_0 : \theta = \theta_0,\ \ H_1 : \theta > \theta_0$

(b) $H_0 : \theta = \theta_0,\ \ H_1 : \theta < \theta_0$

(c) $H_0 : \theta = \theta_0,\ \ H_1 : \theta \neq \theta_0$

(a) 와 (b) 처럼 대립가설이 $H_1 : \theta > \theta_0$ 또는 $H_1 : \theta < \theta_0$ 일 때 단측검정(One-Tailed Test)이라 하고, 특히, 대립가설이 $H_1 : \theta > \theta_0$인 경우에는 우측검정(Right-Tailed Test)을, $H_1 : \theta < \theta_0$ 일 때에는 좌측검정(Left-Tailed Test)이라 한다. 또한 (c)와 같이 대립가설이 $H_1 : \theta \neq \theta_0$인 경우 양측검정(Two-Tailed Test)이라 한다.

대립가설의 형태에 따라 기각역도 비슷한 형태를 취하게 되는데 우측검정일 경우에는 검정통계량의 우측에, 좌측검정일 경우에는 좌측에, 양측검정일 경우에는 좌우측에 기각역이 설정된다. 유의수준을 α라 하고 $\hat{\theta}$을 가설의 검정통계량이라고 하면 각 기각역은 다음과 같다.

○ 우측검정일 때의 기각역 : $\hat{\theta} \geq c$

○ 좌측검정일 때의 기각역 : $\hat{\theta} \leq c$

○ 양측검정일 때의 기각역 : $\hat{\theta} \geq c$ 또는 $\hat{\theta} \leq c$

여기서 주의해야 할 점은 우측검정 또는 좌측검정에서의 기각값 c는 검정통계량 $\hat{\theta}$가 귀무가설 아래에서 우측확률과 좌측확률이 각각 α인 기각값이다. 반면, 양측검정에서의 기각값 c는 검정통계량 $\hat{\theta}$ 가 귀무가설 아래에서 우측확률과 좌측확률이 모두 $\frac{\alpha}{2}$인 기각값이다. 지금까지 설명한 가설에 대한 검정을 그림으로 요약하면 다음과 같다.

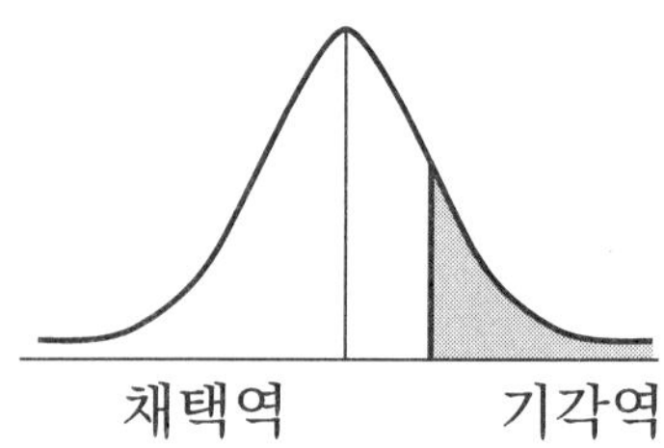

[그림 우측검정]

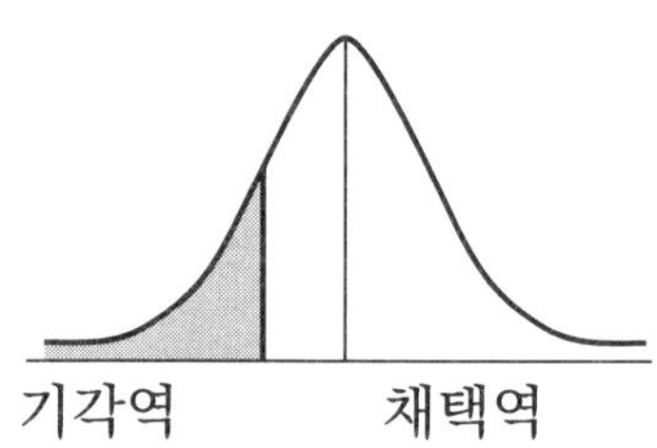

[그림 좌측검정]

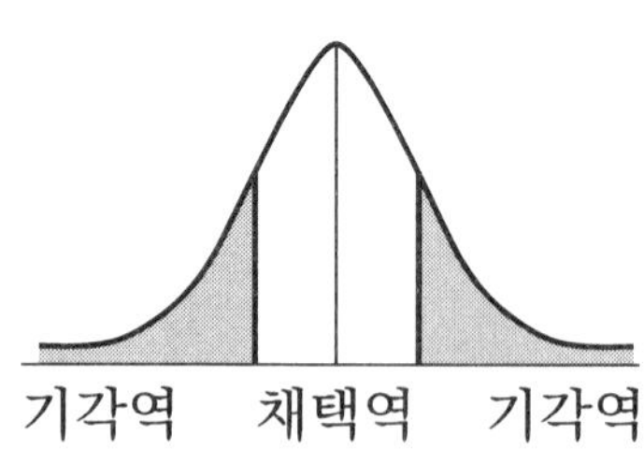

[그림 양측검정]

	양측검정	우측검정	좌측검정
H_0	$\theta = \theta_0$	$\theta = \theta_0$	$\theta = \theta_0$
H_1	$\theta \neq \theta_0$	$\theta > \theta_0$	$\theta < \theta_0$
기각역	양쪽꼬리	오른쪽 꼬리	왼쪽꼬리

[표, 검정 방법에 따른 두 가설의 형태]

예제 9.4

어느 회사에서 생산되는 제품의 평균 수명이 1000 시간이고 표준편차가 35.5 인 정규분포를 따르고 있다. 주변 환경에 따라 이 제품의 평균 수명이 달라지는지 알아보고자 9 개의 제품을 대상으로 유의수준 5% 로 지금까지의 평균과 같은 지를 확인할 때 기각역을 구하여라.

풀이

이 회사의 검정 내용에 대한 가설은 다음과 같다.

$$\text{귀무가설 } H_0 : \mu = 1000, \text{ 대립가설 } H_1 \text{: } \mu not = 1000$$

이때 유의수준은 5% 이므로 $z_{\alpha/2} = z_{0.025} = 1.96$ 이다.

가설검정의 방법

지금까지 설명한 가설검정을 진행하기 위한 절차는 다음과 같다.

1. 검정하고자 하는 귀무가설 H_0와 대립가설 H_1을 설정한다.
2. 유의수준 α를 정한다.
3. 귀무가설이 참이라는 가정 하에서 검정통계량 $\hat{\theta}$의 값을 구한다.
4. 유의수준 아래에서의 임계값과 검정통계량의 값을 서로 비교하여 귀무가설의 기각여부를 판정한다.

9.1.3 유의 확률

유의 수준 α 를 적당히 조정하면 검정 통계량 Z_0를 기각역에서 채택역으로 , 채택역에서 기각역으로 바꿀 수 있다. 예를 들어 채택역에 들어 있는 검정 통계량 Z_0를 기각역에 넣고 싶다면 주어진 α를 더 크게 하면 된다.

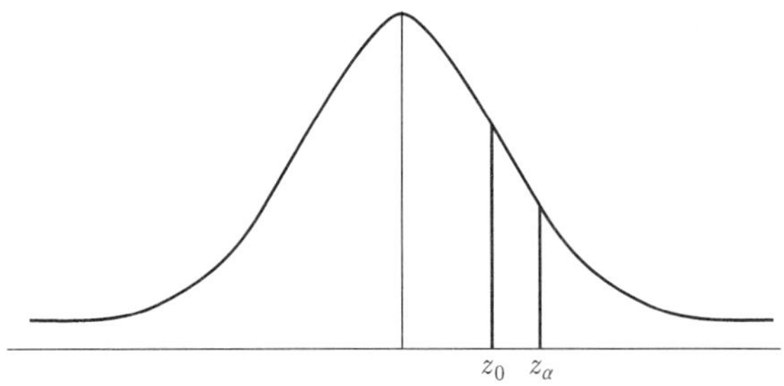

이와 같은 α 중에서 가장 작은 값을 p-값 또는 유의 확률 이라고 한다. 이 값이 작을수록 H_0에 대한 신빈성은 떨어지게 된다. 그러나 p-값이 유의수준보다 크면 H_0 에 대한 신빈성이 높아지고 귀무가설이 채택된다. 일반적으로 p-값이 유의수준보다 작으면 H_0에 대한 신빈성은 떨어지게 되고 H_1 에 대한 신빈성이 높아져서 대립가설을 채택하게 된다. 반면에 p-값이 유의수준 보다 크면 H_0에 대한 신빈성이 높아져서 대립가설을 기각하게 된다.

$p-$값	$\alpha = 0.1$	$\alpha = 0.05$	$\alpha = 0.01$
$p \geq 0.1$	H_0 채택	H_0 채택	H_0 채택
$0.05 \leq p < 0.1$	H_0 기각	H_0 채택	H_0 채택
$0.01 \leq p < 0.05$	H_0 기각	H_0 기각	H_0 채택
$p < 0.01$	H_0 기각	H_0 기각	H_0 기각

[표]

예제 9.5

유의 수준이 $\alpha = 0.01$ 로 주어진 경우에 검정 통계량이 2.1 이었다. 채택역에 들어있는 검정통계량을 기각역에 넣고 싶다면 다음 그림과 주어진 표를 이용하여 유의 확률을 구하여라.

	0.00	0.01	
2.0	0.9772	0.9778	
2.1	**0.9821**	0.9826	

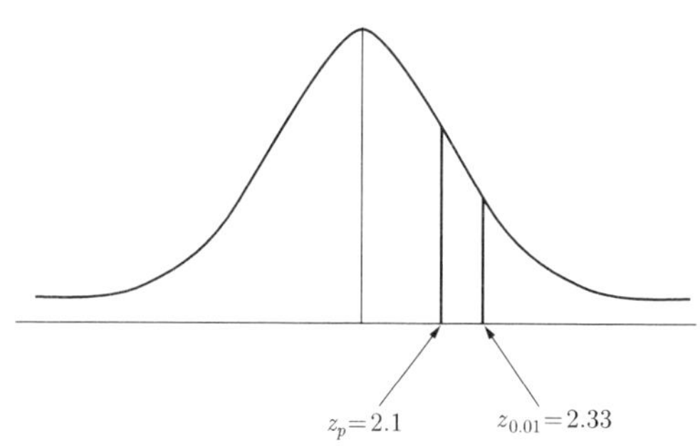

풀이

표에서 $Z_{2.1} = 0.9821$ 이다. 검정 통계량이 이 값보다 우측에 있어야 H_0를 기각할 수 있다. 따라서 구하는 유의 확률은 $p = 0.0179$ 이다.

9.2 모수의 검정

이 절에서는 3개의 모수 (모평균, 모분산, 모비율)에 대한 가설 검정법을 학습한다.

9.2.1 모평균 μ에 대한 가설 검정

모집단이 정규분포 $N(\mu,\ \sigma^2)$에 따른다는 가정 아래에서 모평균 μ에 대한 가설검정에 대하여 알아보자. 이때에는 모분산 σ^2을 아는 경우와 모분산 σ^2을 모르는 경우, 두 가지 유형이 있다.

1. 모분산 σ^2을 알고 있는 경우 정규모집단 $N(\mu,\ \sigma^2)$으로부터 추출한 크기 n인 확률표본을 $X_1,\ X_2,\ ...,\ X_n$이라할 때, 유의수준 α에서 검정할 가설이

$$H_0 : \mu = \mu_0$$

라고 하자. 이 경우, 검정통계량으로는 모평균 μ의 추정량인 표본평균 $\overline{X}$의 분포를 이용하며, 표본평균의 분포는

$$\overline{X} \sim N\left(\mu,\ \frac{\sigma^2}{n}\right)$$

이므로 귀무가설 H_0가 참이라는 가정 아래에서 다음과 같은 검정통계량을 이용한다.

$$Z_0 = \frac{\overline{X} - \mu}{\frac{\sigma}{\sqrt{(n)}}}$$

따라서 귀무가설 $H_0 : \mu = \mu_0$에 대한 검정기준은 대립가설에 대하여 다음과 같이 요약할 수 있다.

대립가설	기각역
좌측검정 $H_1 : \mu < \mu_0$	$Z_0 < -z_\alpha$ 이면 H_0를 기각
우측검정 $H_1 : \mu > \mu_0$	$Z_0 > z_\alpha$ 이면 H_0를 기각
양측검정 $H_1 : \mu \neq \mu_0$	$Z_0 > z_{\frac{\alpha}{2}}$ 또는 $Z_0 < -z_{\frac{\alpha}{2}}$ H_0를 기각

[표]

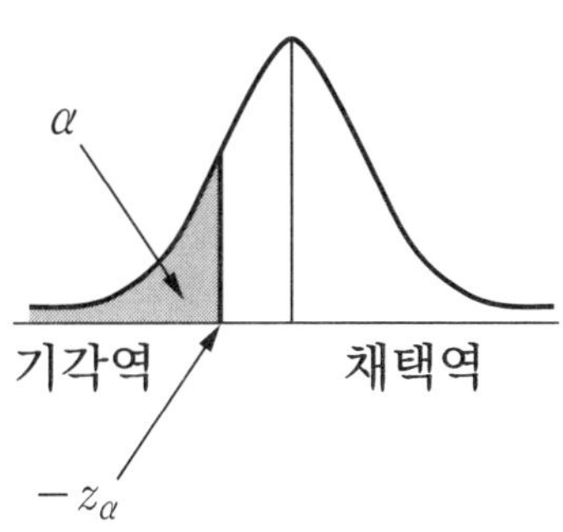

[그림 $H_1 : \mu < \mu_0$에 대한 기각역]

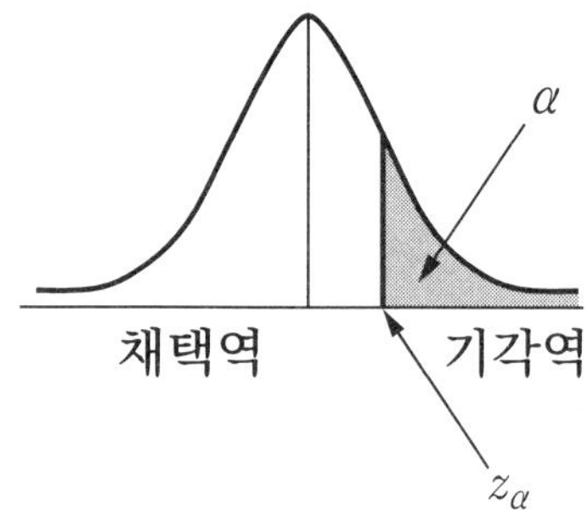

[그림 $H_1 : \mu > \mu_0$에 대한 기각역]

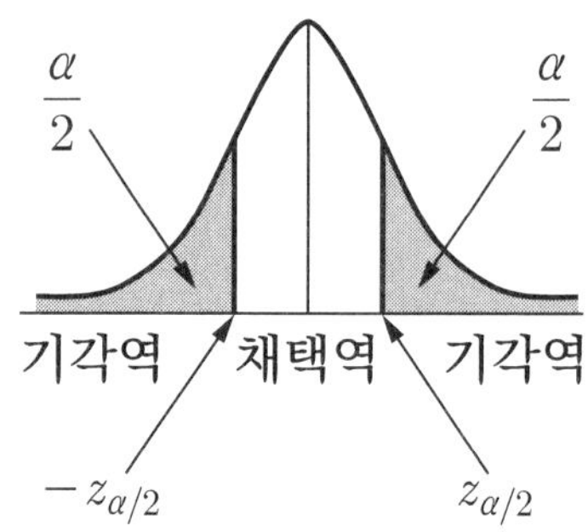

[그림 9.7 $H_1 : \mu \neq \mu_0$에 대한 기각역]

예제 9.6

어떤 자동차 회사의 영업사원들의 세일즈 교육 후, 임의로 선택한 16일 동안의 평균 매출액이 1500만원이었다. 이 영업사원들의 평균 매출액이 1300만원을 초과하면, 세일 교육의 효과가 있는 것으로 간주할 때, 세일즈 교육의 효과가 있었는지를 유의수준 $\alpha = 0.05$로 검정하여라. 단, 이 영업사원들의 전체 매출액에 대한 표준편차가 $\sigma = 200$만원으로 알려져 있다고 가정한다.

풀이

가설검정의 절차에 따라 검정하고자 하는 가설은

$$H_0 : \mu = 1300,\ H_1 : \mu > 1300$$

이고 유의수준은 $\alpha = 0.05$ 우단측검정의 경우이므로 $z_\alpha = z_{0.05} = 1.64$이고 검정통계량의 값 $Z_0 = 3$이 기각치인 $z_{0.05} = 1.64$보다 크므로, 기각역 안에 있다. 따라서 귀무가설을 기각한다. 즉, 가설검정의 결과 영업사원은 세일즈 교육 후에 매출액이 증가했다고 볼 수 있으며, 세일즈 교육의 효과가 있다고 할 수 있다.

예제 9.7

어느 제과회사에서 새로 개발한 비스킷을 생산하여 판매하는데, 비스킷 한 상자의 중량은 $120g$이며, 비스킷 상자의 중량은 정규분포에 따른다고 한다. 그런데 판매 후, 소비자들로부터 비스킷 한 상자의 중량이 $120g$이 안된다는 항의가 들어오고 있었다. 회사에서는 이를 확인하기 위해 생산된 비스킷 상자 중에서 64개를 무작위로 추출하여 평균 무게를 조사한 결과 $121.5g$이었다. 생산된 전체 비스킷 상자 중량의 표준편차가 $12g$이라고 알려져 있다면, 유의수준 $\alpha = 0.05$로 비스킷 상자의 중량이 $120g$ 이라고 할 수 있는지를 검정하여라.

풀이

가설검정의 절차에 따라 검정하여 보자. 먼저 검정하고자 하는 가설은

$$H_0 : \mu = 125,\ H_1 : \mu \neq 125$$

이고 유의수준은 $\alpha = 0.05$이다. 이때 검정통계량은

$$Z_0 = \frac{\overline{X} - \mu}{\frac{\sigma}{\sqrt{n}}} = \frac{121.5 - 125}{\frac{12}{\sqrt{(64)}}} = -2.33$$

이다. 유의수준은 $\alpha = 0.05$ 아래에서 양측검정의 경우이므로

$$z_{\frac{\alpha}{2}} = z_{0.025} = 1.96 \text{ 이고 } -z_{\frac{\alpha}{2}} = -z_{0.025} = -1.96$$

이다. 따라서 검정통계량의 값이 $z_{0.025} = 1.96$보다 크거나 $-z_{0.025} = -1.96$ 보다 작으면 귀무가설을 기각한다. 검정통계량의 값 $Z_0 = -2.33$가 기각치인 $z_{0.025} = -1.96$보다 작으므로 귀무가설을 기각한다. 이로부터 비스킷 한 상자의 평균 무게가 $125g$ 이라고 할 수 없다.

예제 9.8

모분산이 $\sigma^2 = 4$인 정규 모집단에서 크기가 9인 표본을 통해 $\overline{X} = 16.4$ 를 얻었다. 이 경우 모평균이 15 보다 크다는 주장을 유의 수준 $\alpha = 0.,05$와 $\alpha = 0.01$ 일 때 검정하여라.

풀이

$H_0 : \mu = 15$, $H_1 = \mu > 15$ 로 두고 검정 통계량을 구하면

$$Z_0 = \frac{16.4 - 15}{\sqrt{4}/\sqrt{9}} = \frac{3}{2} \times (1.4) = 2.1$$

이다.

1. $\alpha = 0.05$ 일 때 $z_{0.05} = 1.645$ 이고 검정 통계량이 이 값보다 크므로 H_0 를 기각한다. 따라서 이 주장은 옳다.

2. $\alpha = 0.01$ 일 때 $z_{0.01} = 2.33$ 이고 검정 통계량이 이 값보다 작으므로 H_0 를 기각할 수 없다. 따라서 이 주장은 옳지 않다.

모평균 검정의 절차(대표본)

1. 가설을 세운다.
   (a) $H_0 : \mu = \mu_0 \quad \text{vs} \quad H_1 : \mu > \mu_0$
   (b) $H_0 : \mu = \mu_0 \quad \text{vs} \quad H_1 : \mu < \mu_0$
   (c) $H_0 : \mu = \mu_0 \quad \text{vs} \quad H_1 : \mu \neq \mu_0$
2. 검정 통계량의 관측값 $Z_0 = \dfrac{\overline{X} - \mu_0}{\frac{\sigma}{\sqrt{n}}}$ 를 계산한다.
3. 유의수준 α 에 대하여 기각역을 결정한다.
4. 기각과 책택을 결정한다.
   (a) 가설 (1)에서 $z_0 \geq z_\alpha$ 이면 귀무가설 기각,
   (b) 가설 (2)에서 $z_0 \leq -z_\alpha$ 이면 귀무가설 기각
   (c) 가설 (3)에서 $|z_0| \geq z_{\alpha/2}$ 이면 귀무가설 기각

2. 모분산 σ^2 을 모를 경우

정규모집단 $N(\mu,\ \sigma^2)$ 으로부터 추출한 크기 n 인 확률표본을 $X_1,\ X_2,\ ...,\ X_n$ 이라할 때, 유의수준 α 에서 검정할 가설이

$$H_0 : \mu = \mu_0$$

라고 하자. 이 경우, 검정통계량으로는 모평균 μ의 추정량인 표본평균 $\overline{X}$의 분포를 이용하며, 표본평균의 분포는

$$\overline{X} \sim N\left(\mu,\ \frac{\sigma^2}{n}\right)$$

이다. 귀무가설 H_0가 참이라는 가정 아래에서 모분산 σ^2의 분포를 모르기 때문에 t-분포를 이용하여 다음과 같은 검정통계량을 이용한다.

$$t_0 = \frac{\overline{X} - \mu}{\frac{S}{\sqrt{n}}},\ (\text{단, } S \text{ 는 표본표준편차})$$

이므로 귀무가설 $H_0 : \mu = \mu_0$에 대한 검정기준은 대립가설에 대하여 다음과 같이 요약할 수 있다.

대립가설	기각역
좌측검정 $H_1 : \mu < \mu_0$	$t_0 < -t_\alpha(n-1)$이면 H_0를 기각
우측검정 $H_1 : \mu > \mu_0$	$t_0 > t_\alpha(n-1)$이면 H_0를 기각
양측검정 $H_1 : \mu \neq \mu_0$	$t_0 > t_{\frac{\alpha}{2}}(n-1)$ 또는 $t_0 < -t_{\frac{\alpha}{2}}(n-1)$이면 H_0를 기각

[표]

예제 9.9

어느 공장에서 생산되는 부품의 수명은 평균 24,000시간이 넘는다고 한다. 이 회사의 부품을 납품 받는 대기업에서는 회사의 주장이 맞는지 확인하려고 한다. 이를 위해 100개의 부품을 임의로 뽑아서 실험한 결과 평균 수명은 24,500 시간이고 표준편차는 320 시간이었다. 이 결과에 의하면 과연 공장의 주장은 타당한가?

풀이

이 공장에서 생산되는 부품의 평균 수명을 μ 라 하자. 이때 대립가설은 $H_1 : \mu > 24,000$이고 귀무가설은 $H_0 : \mu = 24,000$ 으로 한다. 이를 확인하는 기준이 되는 통계량으로 표본으로부터 계산한 표본 평균 $\overline{X}$ 를 생각하기로 한다. 검정 통계량 $\overline{X}$ 의 값이 굉장히 크게 나왔다면 귀무가설을 기각하여 공장에서의 주장을 받아들이는 것이 옳다. 즉, 귀무가설을 기각하는 기각역은 $\overline{X} \geq c$ 형태임을 알 수 있다. 이제 c를 결정해 보도록 하자. 부품 수명의 모평균을 μ, 모 표준편차를 σ, 표본의 크기를 n 이라 하고 기각역의

양변에서 각각 $\overline{X}$의 평균 $\mu_{\overline{X}}$ 를 빼주고 표준 편차 $\dfrac{\sigma}{\sqrt{n}}$로 나누어 보자. 이때 기각역은

$$\frac{\overline{x-\mu}}{\dfrac{\sigma}{\sqrt{n}}} \geq \frac{c-\mu}{\dfrac{\sigma}{\sqrt{n}}}$$

표본의 크기가 충분히 크면 중심극한 정리에 따라서 근사적으로 표준 정규 분포를 따르게 된다, 따라서 귀무가설이 참인 경우 근사적으로

$$Z_0 = \frac{\overline{x-\mu}}{\dfrac{\sigma}{\sqrt{n}}} \sim N\,(0,\ 1)$$

이다. 귀무가설이 참인데 귀무가설을 기각하는 오류를 범할 확률을 유의 확률(p값) 이라 하고 이 유의확률의 최대허용치를 유의수준 α 라 한다. 따라서 기각역은

$$\frac{\overline{X-24,000}}{\dfrac{\sigma}{\sqrt{n}}} \geq z_\alpha$$

이라 할 수 있고

$$\overline{X} \geq 24,000 + z_\alpha \frac{\sigma}{\sqrt{n}}$$

이다.

예제 9.10

양문형 냉장고의 최초 출시 때 소비 전력량이 동급 최저라고 주장한다. 기존의 냉장고의 평균 월 전력 소비량이 $36.4KW$ 라고 주장 할 때, 10개의 표본에 대한 전력 소비량을 이용하여 이 회사의 주장을 유의 수준 $\alpha = 0.05$ 로 검정하여라.

34.5, 35.6, 36.2, 34.7, 35.9, 36.5, 35.8, 36.7, 37.2, 36.2

풀이

$H_0 : \mu = 36.4,\ \ H_1 : \mu < 36.4$ 로 두고 검정 통계량을 계산 한다.

$$t_0 = \frac{\overline{X} - \mu_0}{\dfrac{S}{\sqrt{n}}} = \frac{35.96 - 36.4}{\sqrt{0.734}/\sqrt{10}} = -1.624$$

이고 좌측 검정을 이용하기 위해 t 분포를 사용하면

$$-t_{0.05}(10-1) = -1.833$$

이 임계점이 되어 검정 통계량이 이 값보다 크므로 H_0 를 기각할 수 없다. 즉 새 제품의 월 전력 소비량인 기존 제품 보다 더 낮다고 할 수 없다.

9.2.2 모비율 p에 대한 가설 검정

어떤 모집단에서 특정한 속성을 갖는 것의 비율, 즉 모비율을 p라고 하자, 이 모집단에서 크기 n 인 표본을 추출했을 때 표본에 속하는 속성을 갖는 것의 비율 즉, 표본 비율을 $\hat{p}$ 라 하고 대표본인 경우에 대한 가설 검정법에 대해 알아보도록 한다.

가설을 세울 때 관심의 대상 모수는 모비율이 되며, 확률변수 X를 특별한 속성을 가진 것들의 개수라고 하면 X는 이항분포 $B(n,\ p)$ 를 따른다. 이 경우 모비율 p의 합당한 추정량은 표본비율 $\hat{p} = \dfrac{X}{n}$ 가 되며 다음이 성립한다.

$$E(\hat{p}) = p,\ V(\hat{p}) = \frac{p(1-p)}{n}$$

만일 p_0가 p의 가설화된 값이라면 귀무가설 $H_0 : p = p_0$에 대하여 대립가설을 설정할 수 있다.

<u>모비율 검정의 절차</u>

1. 가설 세우기

   (a) $H_0 : p = p_0 \quad \text{vs} \quad H_1 : p > p_0$

   (b) $H_0 : p = p_0 \quad \text{vs} \quad H_1 : p < p_0$

   (c) $H_0 : p = p_0 \quad \text{vs} \quad H_1 : p \neq p_0$

2. 검정 통계량의 관측값

$$Z_0 = \frac{\hat{p} - p_0}{\sqrt{\dfrac{p_0(1-p_0)}{n}}}$$

   를 계산한다.

3. 유의수준 α 에 대하여 기각역을 결정한다.

4. 기각과 채택을 결정한다.

(a) 가설 (a)에서 $Z_0 \geq z_\alpha$ 이면 귀무가설을 기각한다.

(b) 가설 (b)에서 $Z_0 \leq -z_\alpha$ 이면 귀무가설을 기각한다.

(c) 가설 (c)에서 $|\ Z_0\ | \geq z_{\alpha/2}$ 이면 귀무가설을 기각한다.

예제 9.11

어느 방송국의 예능 프로의 시청률이 35% 로 조사 되어다. 이 시청률이 이번 달에도 변함이 없는가를 알아보기 위해서 100 명에게 무작위로 전화하여 조사한 결과 그 중에서 34명이 이 프로를 시청하고 있는 것으로 나타났다. 유의수준 5%로 시청률이 변화 되었는가에 대해 검정하여라.

풀이

이 예능 프로의 시청률을 p라고 한다면 $\hat{p} = \dfrac{34}{100} = 0.34$ 이다. 가설을 세우면

$$H_0 : p = 0.35 \quad \text{vs} \quad H_1 : p \neq 0.35$$

이고 $n = 100,\ p_0 = 0.35$ 이므로

$$Z_0 = \frac{0.35 - 0.34}{\sqrt{0.35(1 - 0.35)/100}} = 0.209$$

이다. 유의수준 5%에서 $0.209 \leq 1.96$ 이으로 귀무가설을 기각할 수 없다. 따라서 시청률이 변화 되었다고 말할 수 없다.

9.2.3 모분산 σ^2에 대한 가설 검정

귀무가설 $H_0 : \sigma^2 = \sigma_0^2$ 을 검정할 때 이 검정을 모분산의 검정이라고 한다. 모분산 σ^2의 검정에서는 추정량으로 χ^2 통계량을 사용한다. 모평균 μ 를 알고 있을 때와 모를 때로 나누어서 검정한다.

모평균 μ 를 알고 있을 때 정규모집단 $N(\mu,\ \sigma^2)$에서 모평균 μ 를 알고 있을 때, χ^2 통계량

$$\chi^2 = \frac{\sum_{i=1}^{n}(X_i - \mu)^2}{\sigma^2}$$

은 자유도가 $n - 1$ 인 카이제곱 분포를 따른다.

<u>모분산 검정의 절차</u>

1. 가설 세우기

(a) $H_0 : \sigma^2 = \sigma_0^2$ vs $H_1 : \sigma^2 > \sigma_0^2$

(b) $H_0 : \sigma^2 = \sigma_0^2$ vs $H_1 : \sigma^2 < \sigma_0^2$

(c) $H_0 : \sigma^2 = \sigma_0^2$ vs $H_1 : \sigma^2 \neq \sigma_0^2$

2. 검정 통계량의 관측값 $\chi_0^2 = \dfrac{\sum_{i=1}^{n}(X_i - \mu)^2}{\sigma_0^2}$ 를 계산한다.

3. 유의수준 α 에 대하여 기각역을 결정한다.

4. 기각과 채택을 결정한다.

(a) 가설 (a)에서 $\chi_0^2 > \chi_\alpha(n-1)$ 이면 귀무가설을 기각한다.

(b) 가설 (b)에서 $\chi_0^2 < \chi_{1-\alpha}(n-1)$ 이면 귀무가설을 기각한다.

(c) 가설 (c)에서 $|\ \chi_0^2\ | \geq \chi_{\alpha/2}^2(n-1)$ 이면 귀무가설을 기각한다.

예제 9.12

야구공을 생산하는 어느 공장에서 제품의 품질이 얼마나 균일하게 유지되고 있는지 알아보기 위해 10개의 야구공을 추출하여 지름을 측정하여 그 표준 편차를 구했더니 0.4 라고 한다. 이 공장에서는 생산되는 야구공의 지름에 대한 표준편차가 0.2 보다 크다고 주장한다, 유의수준 5% 에서 이 공장의 주장을 검정하여라.

풀이

이 검정에 대한 가설을 세우면

$$H_0 : \sigma = 0.2 \quad \text{vs} \quad H_1 : \sigma > 0.2$$

이고 $n = 10,\ \sigma_0 = 0.4$ 이므로 검정 통계량은

$$\chi^2 = \frac{9 \times (0.4)^2}{0.2^2} = 36$$

이다. 유의수준 5%에서 기각역은

$$\chi^2 \geq \chi^{2_{0.05}}(9) = 16.92$$

이므로 귀무가설을 기각한다. 따라서 야구공의 지름에 대한 모표준편차는 0.2 보다 크다고 할 수 있다.

연습문제

1. 어느 공장에서 생산하는 물건의 내용물의 무게가 $490g$이 넘도록 공정을 관리하고 있다. 이를 확인하기 위해 생산된 물건 중 30개를 추출하여 조사한 결과 $\overline{x} = 480g,\ s = 10g$을 얻었다. 이 공정에 이상이 있는지 알아보기 위한 귀무가설과 대립가설을 설정하고 유의수준 0.05에서 검정하여라.

2. 어느 회사에서 생산되는 물건의 평균 수명이 10,000 시간을 넘는다고 한다, 이에 대하여 가설 검정을 하려고 할 때 귀무가설과 대립가설을 설정하여라.

3. 감기의 치료를 위한 치료기간은 7일로 알려져 있다. 한 연구팀은 이번 연구에 의해 제시된 새로운 치료법은 치료 기간을 줄일 수 있다고 주장하고 있다. 이를 확인하기 위해 감기 환자 16명을 선정하여 새로운 치료법으로 치료한 결과 $\overline{x} = 6.4,\ s = 0.8$ 로 나타났다. 새로운 치료법이 치료기간을 단축시킨다는 연구팀의 주장을 검정하기 위한 귀무가설과 대립가설을 설정하고 유의수준 0.05에서 검정하여라.

4. 빈대 살충제의 광고에서 한 번 살포에 90%의 살충 효과가 있다고 한다. 이를 확인하기 위해 300마리의 빈대에 이 약을 살포하였더니 273마리가 죽었다. 이 살충제 광고는 과장 광고가 아닌가에 대한 귀무가설과 대립가설을 설정하고 유의수준 0.05에서 검정하여라.

5. USB를 생산하는 어느 회사에 따르면 생산되는 USB의 불량률은 5% 미만이라고 한다. 이 주장이 맞는지 확인하기 위해 이 회사에서 생산되는 USB 400 개를 조사한 결과 21개가 불량 이었다, 이 회사의 주장이 맞는지에 대한 귀무가설과 대립가설을 설정하고 유의수준 0.05에서 검정하여라.

제 10 장
두 모수의 비교

10.1 결합 확률 분포

10.2 두 확률변수의 기댓값과 공분산

10.3 두 모수에 대한 추정

10.4 두 모수에 대한 가설 검정

지금까지는 한 개의 확률변수가 취하는 여러 가지 값들에 대해 알아보았다. 이데 두 개 이상의 확률 변수가 동시에 취하는 여러 가지 값들에 확률을 대응 시켜주는 관계에 대해 알아보고자 한다. 예를 들어 자동차의 연비와 자동차의 무게, 주사위와 동전을 동시에 던진 결과등을 들 수 있다. 여기에서는 두 확률 변수가 이산 인 경우에 대해서만 다루기로 한다.

10.1 결합 확률 분포

하나의 확률변수가 아니라 두 개 이상의 확률변수들이 어떤 확률적 관계를 가지고 관측되는 경우가 흔히 있다. 이와 같은 경우에 두 확률변수의 결합에 대해 각각 취하는 값과 대응하는 확률을 나타낸 것을 결합 확률 분포(Joint Probability Distribution) 또는 간단히 결합 분포(Joint Distribution) 라 한다. 두 확률 변수 X, Y 가 취하는 값을

$$(x_1, y_1),\ (x_2, y_2),\ \cdots,\ (x_m, y_n)$$

이라 할 때, X, Y 의 결합 확률 분포는 모든 (x_i, y_j)에 대하여

$$f(x_i, y_j) = P(X = x_i, Y = y_j)$$

로 정의된 결합 확률 질량 함수(Joint Probability Mass Function, J.P.M.F)를 구함으로써 결정된다. 이때 결합 확률 함수 $f(x_i, y_j)$는 다음의 성질을 만족한다.

1. 모든 (x_i, y_j)에 대하여 $0 \leq f(x_i, y_j) \leq 1$
2. $\displaystyle\sum_{i=1}^{\infty}\sum_{j=1}^{\infty} f(x_i, y_j) = 1$
3. $\displaystyle P(a \leq X \leq b,\ c \leq Y \leq d) = \sum_{a \leq x \leq b}\sum_{c \leq y \leq d} f(x_i, y_j)$

$Y \backslash X$	x_1	x_2	$\cdots$	x_m	합계
y_1	$f(x_1, y_1)$	$f(x_2, y_1)$	$\cdots$	$f(x_m, y_1)$	$f_Y(y_1)$
y_2	$f(x_1, y_2)$	$f(x_2, y_2)$	$\cdots$	$f(x_m, y_2)$	$f_Y(y_2)$
$\vdots$	$\vdots$	$\vdots$	$\vdots$	$\vdots$	$\vdots$
y_n	$f(x_1, y_n)$	$f(x_2, y_n)$	$\cdots$	$f(x_m, y_n)$	$f_Y(y_n)$
합계	$f_X(x_1)$	$f_X(x_2)$	$\cdots$	$f_X(x_m)$	1

결합분포에서 열의 합, 행의 합인 함수 f_X 와 f_Y 는 각각 X와 Y의 확률분포와 일치한다. 이것을 주변 확률 분포(Marginal Probability Distribution)라 하고, 주변 확률 함수는 다음과 같이 결정된다.

1. X의 주변 확률 함수 : $\displaystyle f_X(x_i) = P(X = x_i) = \sum_{j=1}^{n} f(x_i y_j)$

2. Y 의 주변 확률 함수 : $f_Y(y_j) = P(Y = y_j) = \sum_{i=1}^{n} f(x_i y_j)$

X 의 주변 확률 분포

X	x_1	x_2	$\cdots$	x_m	계
$f_X(x_i)$	$f_X(x_1)$	$f_X(x_2)$	$\cdots$	$f_X(x_m)$	1

Y 의 주변 확률 분포

Y	y_1	y_2	$\cdots$	y_n	계
$f_Y(y_j)$	$f_Y(y_1)$	$f_Y(y_2)$	$\cdots$	$f_Y(y_n)$	1

예제 10.1

1. 하나의 동전을 세 번 던질 때 앞면의 수 X 의 확률분포를 구하여라.
2. 1부터 4까지 적힌 정사면체 주사위를 던지는 실험을 할 때 처음 나오는 눈을 확률변수 X 라하고 두 번의 실험 중에 3인 나오는 횟수를 확률변수 Y 라 하자. 이때 두 확률변수 X, Y 의 결합 확률분포를 구하여라.
3. 두 확률변수 X, Y 의 주변 확률 분포를 구하여라.

풀이

1.

X	0	1	2	3	계
$P(X = x)$	1/8	3/8	3/8	1/8	1

2.

Y \ X	1	2	3	4	계
0	3/16	3/16	0	3/16	9/16
1	1/16	1/16	3/16	1/16	6/16
2	0	0	1/16	0	1/16
계	4/16	4/16	4/16	4/16	1

이다.

3. X 의 주변 확률분포는

X	1	2	3	4	계
$f_X(x)$	4/16	4/16	4/16	4/16	1

이고, Y 의 주변 확률분포는

X	1	2	3	계
$f_Y(x)$	9/16	6/16	1/16	1

이다.

본 교재는 이산형 확률 변수 위주로 설명 되어있고, 많은 예제도 이상형 분포를 기준으로 구성하였으나 연속형 분포에 대한 분포도 간단히 알아보면 아래와 같이 말할 수 있다.

두 변수 연속 확률 분포

두 개 이상의 연속형 확률변수에 대한 결합 확률 분포와 주변 결합 분포도 이산형 확률 변수와 마찬가지로 결정한다. 즉 결합 확률 밀도 함수(Joint Probability Density Function, J.P.D.F) $f(x_i,\ y_j)$는 다음의 두 성질을 만족한다.

1. 모든 $(x_i,\ y_j)$에 대하여 $0 \le f(x_i,\ y_j) \le 1$
2. $\int_{-\infty}^{\infty}\int_{-\infty}^{\infty} f(x,\ y)dxdy = 1$

예제 10.2

X와 Y 의 결합 확률 밀도함수가 다음과 같다고 하자.

$$f(x,\ y) = \begin{cases} cxy^2, & y^2 \le x \le 1 \\ 0, & \text{기타} \end{cases}$$

이때 상수 c 와 확률 $P(X \le Y)$ 를 구하여라.

풀이

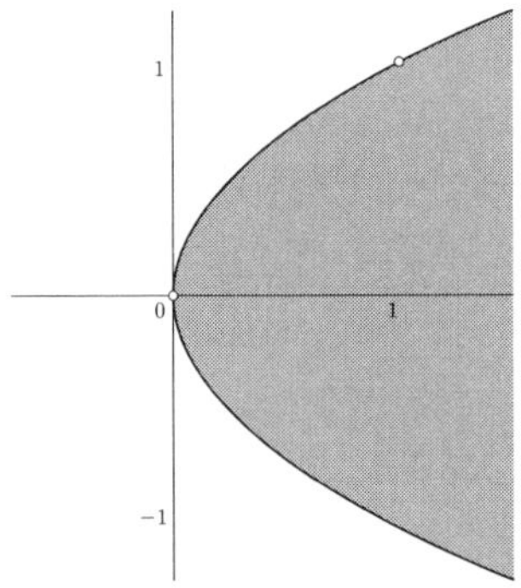

$$\int_{-1}^{1}\int_{\sqrt{y}}^{1} cxy^2 dxdy = \int_{-1}^{1}\left(\left[\frac{c}{2}x^2y^2\right]_{\sqrt{y}}^{1}\right)dy = \int_{-1}^{1}\left(\frac{c}{2}y^2 - \frac{c}{2}y^3\right)dy$$

$$= \frac{c}{2}\left[\frac{1}{3}y^3 - \frac{1}{4}y^4\right]_{-1}^{1} = \frac{c}{3}$$

이 값이 1이므로 $c = 3$ 이다. 또

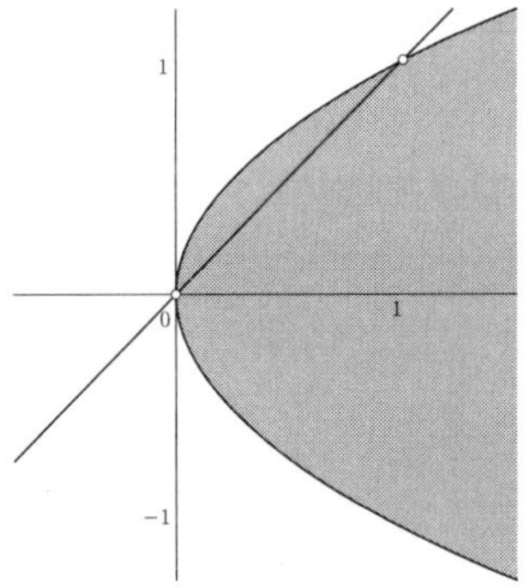

에서

$$P(X \le Y) = \int_0^1 \int_x^{\sqrt{x}} 3xy^2 dydx = \frac{3}{35}$$

이다.

10.2 두 확률변수의 기댓값과 공분산

10.2.1 두 확률변수의 독립성

두 확률변수의 독립에 대하여 다음과 같이 정의한다. 두 확률변수 X, Y 의 결합 확률 질량함수를 $f(x,\ y)$ 라 할 때 모든 x와 y에 대하여 $f(x,\ y) = f_X(x) \times f_Y(y)$ 이 성립하면 두 확률변수 X, Y 는 서로 독립(Mutually Independent) 이라고 하며 독립이 아닌 경우에는 서로 종속 (Mutually Dependent)이라 한다.

예제 10.3

예제 10.1에서 $\frac{3}{16} = f(1,\ 0) \neq f_X(x) \times f_Y(y) = \frac{4}{16} \times \frac{9}{16}$ 이므로 두 확률변수 X, Y는 서로 종속이다.

예제 10.4

X의 확률분포가 아래와 같다고 하자.

X	-1	0	1	2
$f(x)$	1/4	1/4	1/4	1/4

$Y = X^2$ 이라할 때. X와 Y 가 서로 독립인가 확인하여라.

풀이

X와 Y 의 결합 분포는 아래와 같다.

Y \ X	-1	0	1	2	계
0	0	1/4	0	0	1/4
1	1/4	0	1/4	0	1/2
4	0	0	0	1/4	1/4
계	1/4	1/4	1/4	1/4	1

위 표에서 $f(1,\ 1) = \frac{1}{4}$ 인데 $f_X(1) = \frac{1}{4}$ 이고 $f_Y(1) = \frac{1}{4}$ 이다. 따라서

$$f(1,\ 1) \neq f_X(1) \times f_Y(1)$$

가 되어 X와 Y는 독립이 아니다.

10.2.2 두 확률 변수의 기댓값과 공분산

두 확률변수 X, Y 가 각각의 기댓값이 존재할 때, 상수 a, b에 대해 다음이 성립한다.

1. $E(X+Y) = E(X) + E(Y)$
2. $E(aX+bY) = aE(X) + bE(Y)$
3. $E(XY) = \sum_x \sum_y xyf(x,\ y)$
4. $E(XY) = E(X)E(Y)$ (단, X, Y 가 서로 독립인 경우)

두 확률변수 X, Y 의 공분산(Covariance)은 두 확률변수 X, Y 의 기댓값을 각각 μ_X, μ_Y 라 할 때 X 가 μ_X 보다 커질 때 Y가 μ_Y 보다 커지는 경향이 있는지 여부를 측정하는 측도로서 다음과 같이 정의한다.
X, Y 가 서로 독립이면 $E(XY) = E(X)E(Y)$ 가 성립하므로 $Cov(X,\ Y) = 0$ 이다. 그러나 이 역은 성립하지 않는다. 두 확률변수 X, Y 가 각각의 기댓값이 존재할 때, 상수 a, b에 대해 다음이 성립한다.

1. $V(X+Y) = V(X) + V(Y) + 2Cov(X,\ Y)$
2. $V(aX+bY) = a^2V(X) + b^2V(Y) \pm 2abCov(X,\ Y)$
3. $V(X+Y) = V(X) + V(Y)$: X, Y 가 서로 독립인 경우

예제 10.5

두 확률변수 X, Y 의 결합 분포가 다음과 같을 때 물음에 답하여라.

Y \ X	-2	0	2
0	1/3	0	2
1	0	1/3	0

1. $E(XY)$ 를 구하여라.
2. X와 Y 의 주변 확률분포를 구하고 $E(X)$와 $E(Y)$를 구하여라.
3. X와 Y 의 공분산을 구하여라.
4. X와 Y 는 서로 독립인가 확인하여라.

풀이

1. $E(XY) = (-2 \times 0 \times \frac{1}{3}) + (0 \times 1 \times \frac{1}{3}) + (2 \times 0 \times \frac{1}{3}) = 0$

2. 두 주변 분포는

X	-2	0	2
$f_X(x)$	$1/3$	$1/3$	$1/3$

Y	0	1
$f_Y(y)$	$2/3$	$1/3$

   이고 여기로 부터

$$E(X) = -2 \times \frac{1}{3} + 0 \times \frac{1}{3} + 2 \times \frac{1}{3} = 0$$

   와

$$E(Y) = 0 \times \frac{2}{3} + 1 \times \frac{1}{3} = \frac{1}{3}$$

   이다.

3. 공분산은 $Cov(X,\ Y) = E(XY) - E(X)E(Y) = 0 - 0 \times \frac{1}{3} = 0$

4. 두 확률 변수가 독립이려면 모든 x와 y 에 대하여

$$f(x,\ y) = f_X(x) \times f_Y(y)$$

   가 성립해야 한다. 그러나

$$\frac{1}{3} = f(0,\ 1) \neq f_X(0) \times f_Y(1) = \frac{1}{3} \times \frac{1}{3} = \frac{1}{9}$$

   가 되어 독립이 아니다.

[참고]
위 예제에서 "두 확률변수가 서로 독립이면 공분산은 0 이지만 그 역은 성립하지 않는다." 는 것을 알 수 있다. 앞에서 두 확률 변수 X와 Y의 합에 대한 기댓값은 두 확률 변수 각각의 기댓값으로 나타남을 설명했다. 이제 두 확률 변수 X와 Y의 합에 대한 분산을 더하는 방법을 소개해 본다.

$$Var(X+Y) = E((X+Y) - E(X+Y))^2$$

공분산이 적당히 크거나 작다는 것의 기준을 정하기 위해 공분산을 이용하여 상관계수(Correlation Coefficient)라는 것을 정의하여 사용한다. 두 확률 변수들 사이의 함수 관계를 알아보기 위해서 두 변수의 관측 값을 평면 좌표축에 그림으로 나타낸 산점도(Scatter Plot)를 이용하는 것이 유리하다. 두 확률 변수 간의 관계가 선형관계인가? 곡선 관계인가? 아니면 또 다른 관계에 있는가 하는 것은 이 산점도를 통해서 대략적으로 판단할 수 있다. 두 확률 변수 사이의 함수 관계에서 선형적인 관련성을 설명할 수 있는 측도로 상관계수가 있다. 상관계수 ρ는 공분산을 이용하여 다음과 같이 정의 한다.

$$\rho = Corr(X,\ Y) = \frac{Cov(X,\ Y)}{\sigma_X \sigma_Y} = \frac{Cov(X,\ Y)}{\sqrt{Var(X)}\sqrt{Var(Y)}}$$

상관 계수의 중요한 성질은 다음과 같다.

1. 상관 계수 ρ 는 $-1 < \rho < 1$ 에서 값을 가진다.
2. 상관 계수 ρ 가 1 에 가까운 값을 가지면 양의 상관 관계가 강하다고 한다.
3. 상관 계수 ρ 가 -1 에 가까운 값을 가지면 음의 상관 관계가 강하다고 한다.
4. 상관 계수 ρ 가 0 에 가까운 값을 가지면 두 변수 사이의 상관 관계가 존재하지 않는다고 한다. 다시 말해서 두 변수 간에 관계가 없다는 의미가 아니라 단지 선형 관계가 성립하지 않는다는 것을 의미한다.

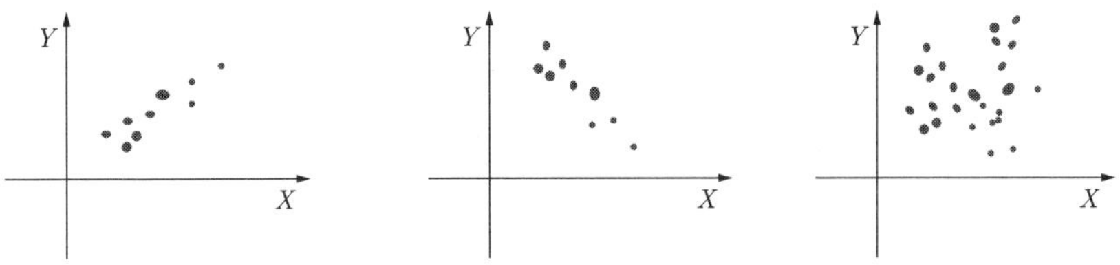

양의 상관 관계 　　 음의 상관 관계 　　 아무 관계가 없다.

예제 10.6

어느 대학의 대학생을 대상으로 키(X) 와 몸무게(Y) 의 상관 관계를 알아보기 위해 조사한 결과 $E(X) = 170.4cm$, $E(Y) = 64.5kg$ 이었으며 $Var(X) = 56.84$, $Var(Y) = 164.05$ 를 얻었다. 기와 몸무게 사이에는 어떤 관계가 있는 지 설명하여라.

풀이

두 변수 사이의 관계를 알아보기 위해 상관계수를 계산하면

$$Corr(X,\ Y) = \frac{84.6}{\sqrt{56.84}\sqrt{164.05}} = \frac{84.6}{7.54 \times 12.82} = 0.88$$

이므로 키와 몸무게 사이에는 양의 상관 관계가 있음을 알 수 있다.

두 확률 변수에 대한 관측 자료가 $(x_{1,}\ y_1),\ (x_{2,}\ y_2),\ \cdots,\ (x_n y_n)$ 과 같이 n 개의 쌍으로 주어졌을 때 상관 계수의 추정은

$$R = \frac{\sum_{i=1}^{n}(x_i - \overline{x})(y_i - \overline{y})}{\sqrt{\sum_{i=1}^{n}(x_i - \overline{x})^2}\sqrt{\sum_{i=1}^{n}(y_i - \overline{y})^2}} = \frac{S_{xy}}{\sqrt{S_{xx}}\sqrt{S_{yy}}}$$

로 하며 R을 표본 상관 계수(Sample Correlation Coefficient) 라 한다.

10.3 두 모수에 대한 추정

이 절에서는 두 집단의 모평균의 차, 모비율의 차, 모분산의 비에 대한 추정을 다루고자 한다.

10.3.1 모평균의 차 $\mu_1 - \mu_2$에 대한 구간추정

표본의 수에 따라 대표본과 소표본으로 나누어 Z 분포와 t분포로 구간 추정을 진행한다.

1. 대표본인 경우 : 두 모집단의 분산 $\sigma^{2_1},\ \sigma^{2_2}$ 을 아는 경우

   두 정규모집단 $N(\mu_1,\ \sigma_1^2)$과 $N(\mu_2,\ \sigma_2^2)$이 서로 독립이고, 이 두 정규모집단으로부터 각각 크기 n_1과 n_2인 확률표본을 추출하여 만든 표본평균을 각각

   $$\overline{X_1} \text{ 와 } \overline{X_2}$$

   라 하자. 이때

   $$E(\overline{X_1} - \overline{X_2}) = E(\overline{X}_1) - E(\overline{X}_2) = \mu_1 - \mu_2$$

   $$Var(\overline{X_1} - \overline{X_2}) = Var(\overline{X}_1) + Var(\overline{X}_2) = \frac{\sigma_1}{n_1} + \frac{\sigma_2}{n_2}$$

이므로 두 정규모집단의 표본평균의 차 $\overline{X_1} - \overline{X_2}$에 대한 분포는

$$\overline{X_1} - \overline{X_2} \sim N(\mu_1 - \mu_2,\ \frac{\sigma_1^2}{n_1} + \frac{\sigma_1^2}{n_1})$$

이고 이를 표준정규화 하면,

$$Z = \frac{(\overline{X}_1 - \overline{X}_2) - (\mu_1 - \mu_2)}{\sqrt{\frac{\sigma_1^2}{n_1} + \frac{\sigma_2^2}{n_2}}} \sim N(0,\ 1)$$

이다. 이로부터 두 모평균 차 $\mu_1 - \mu_2$에 대한 확률 $1 - \alpha$가 되는 구간은 다음과 같다.

$$\begin{aligned}
P =& (-z_{\frac{\alpha}{2}} < Z < z_{\frac{\alpha}{2}}) \\
=& P\left(-z_{\frac{\alpha}{2}} < \frac{(\overline{X}_1 - \overline{X}_2) - (\mu_1 - \mu_2)}{\sqrt{\frac{\sigma_1^2}{n_1} + \frac{\sigma_2^2}{n_2}}} < z_{\frac{\alpha}{2}}\right) \\
=& P\left((\overline{X}_1 - \overline{X}_2) - z_{\alpha/2}\sqrt{\frac{\sigma_1^2}{n_1} + \frac{\sigma_2^2}{n_2}} < \mu_1 - \mu_2 < (\overline{X}_1 - \overline{X}_2) + z_{\alpha/2}\sqrt{\frac{\sigma_1^2}{n_1} + \frac{\sigma_2^2}{n_2}}\right) \\
=& 1 - \alpha,\ (0 < \alpha < 1)
\end{aligned}$$

따라서 두 모집단의 모평균의 차 $\mu_1 - \mu_2$에 대한 $100 \times (1 - \alpha)\%$ 신뢰구간은 다음과 같다.

(a) 두 모집단의 분산이 각각 σ^{2_1} 과 σ^{2_2} 인 경우:

$$(\overline{X}_1 - \overline{X}_2) - z_{\alpha/2}\sqrt{\frac{\sigma_1^2}{n_1} + \frac{\sigma_2^2}{n_2}} < \mu_1 - \mu_2 < (\overline{X}_1 \overline{X}_2) + z_{\alpha/2}\sqrt{\frac{\sigma_1^2}{n_1} + \frac{\sigma_2^2}{n_2}}$$

또는

$$\left((\overline{X}_1 - \overline{X}_2) - z_{\alpha/2}\sqrt{\frac{\sigma_1^2}{n_1} + \frac{\sigma_2^2}{n_2}},\ (\overline{X}_1 - \overline{X}_2) + z_{\alpha/2}\sqrt{\frac{\sigma_1^2}{n_1} + \frac{\sigma_2^2}{n_2}}\right)$$

(b) 두 모집단의 분산이 $\sigma^2 = \sigma^{2_1} = \sigma^{2_2}$ 인 경우:

$$(\overline{X}_1 - \overline{X}_2) - z_{\alpha/2} \cdot \sigma\sqrt{\frac{1}{n_1} + \frac{1}{n_2}} < \mu_1 - \mu_2 < (\overline{X}_1 - \overline{X}_2) + z_{\alpha/2} \cdot \sigma\sqrt{\frac{1}{n_1} + \frac{1}{n_2}}$$

또는

$$\left((\overline{X}_1 - \overline{X}_2) - z_{\alpha/2} \cdot \sigma\sqrt{\frac{1}{n_1} + \frac{1}{n_2}},\ (\overline{X}_1 - \overline{X}_2) + z_{\alpha/2} \cdot \sigma\sqrt{\frac{1}{n_1} + \frac{1}{n_2}}\right)$$

2. 소표본인 경우 : 두 모집단의 분산 σ^{2_1}, σ^{2_2}는 모르지만 $\sigma^2 = \sigma^{2_1} = \sigma^{2_2}$인 경우

표본의 크기가 작은 경우에 두 모평균의 차이에 대한 신뢰구간을 구하기 위해서는 모집단이 정규 분포를 따른다는 가정이 필요하다. 두 모분산을 아는 경우에는 대표본에서와 같이 정규분포를 이용하여 신뢰구간을 구하는 것이 가능하지만 두 모집단의 분산을 모르는 경우에는 분산이 같다는 가정이 필요하다, 즉, 두 정규모집단 $N(\mu_1,\ \sigma_1^2)$과 $N(\mu_2,\ \sigma_2^2)$이 서로 독립이고, 두 모집단의 분산 σ^{2_1}과 σ^{2_2}을 모르고 $\sigma^2 = \sigma^{2_1} = \sigma^{2_2}$인 경우를 가정한다. 가정에 의하면 두 모집단 분산이 모두 σ^2으로 같다고 하였기 때문에 공통인 모분산 σ^2을 추정하기 위해서는 두 표본을 합하여 아래와 같이 정의된 합동분산추정량(Pooled variance estimator)인

$$S^{2_p} = \frac{(n_1 - 1)S^{2_1} + (n_2 - 1)S^{2_2}}{n_1 + n_2 - 2}$$

으로 추정한다. 여기서 두 표본의 표본분산 S^{2_1}과 S^{2_2}은 각각 다음과 같다.

$$S^{2_1} = \frac{1}{n_1 - 1}\sum_{i=1}^{n_1}(X_i - (\overline{X_1})^2,\ S^{2_2} = \frac{1}{n_2 - 1}\sum_{i=1}^{n_2}(X_i - (\overline{X_2})^2$$

이를 이용하여 통계량

$$T = \frac{(\overline{X}_1 - \overline{X}_2) - (\mu_1 - \mu_2)}{S_p\sqrt{\frac{1}{n_1} + \frac{1}{n_2}}}$$

는 자유도가 $n_1 + n_2 - 2$인 t-분포에 따름을 보일 수이지만 그 증명과정은 생략하고 결과만 이용하기로 한다, 즉

$$T \sim t(n_1 + n_2 - 2)$$

를 따른다고 한다. 따라서 두 모집단의 분산

$$\sigma^{2_1},\ \sigma^{2_2}$$

은 모르지만

$$\sigma^2 = \sigma^{2_1} = \sigma^{2_2}$$

일 때, 두 모평균 차 $\mu_1 - \mu_2$에 대한 확률 $1-\alpha$가 되는 구간은 다음과 같다.

$$
\begin{aligned}
P &= (-t_{\frac{\alpha}{2}}(n_1+n_1-2) < T < t_{\frac{\alpha}{2}}(n_1+n_2-2)) \\
&= P(-t_{\alpha/2}(n_1+n_2-2) < \frac{(\overline{X}_1-\overline{X}_2)-(\mu_1-\mu_2)}{S_p\sqrt{\frac{1}{n_1}+\frac{1}{n_2}}} < t_{\alpha/2}(n_1+n_2-2) \\
&= P(\overline{X}_1-\overline{X}_2) - t_{\alpha/2}S_p\sqrt{\frac{1}{n_1}+\frac{1}{n_2}} < \mu_1-\mu_2 < (\overline{X}_1-\overline{X}_2) + t_{\alpha/2}S_p\sqrt{\frac{1}{n_1}+\frac{1}{n_2}} \\
&= 1-\alpha,\ (0<\alpha<1)
\end{aligned}
$$

(a) 소표본이며 두 모집단의 분산 σ^{2_1}, σ^{2_2}을 모르는 경우: 두 모평균 차 $\mu_1 - \mu_2$에 대한 $100 \times (1-\alpha)\%$ 신뢰구간은

$$(\overline{X}_1-\overline{X}_2) - t_{\alpha/2}S_p\sqrt{\frac{1}{n_1}+\frac{1}{n_2}} < \mu_1-\mu_2 < (\overline{X}_1-\overline{X}_2) + t_{\alpha/2}S_p\sqrt{\frac{1}{n_1}+\frac{1}{n_2}}$$

또는

$$\left((\overline{X}_1-\overline{X}_2) - t_{\alpha/2}(n_1+n_2-2)S_p\sqrt{\frac{1}{n_1}+\frac{1}{n_2}},\ (\overline{X}_1-\overline{X}_2) + t_{\alpha/2}(n_1+n_2-2)S_p\sqrt{\frac{1}{n_1}+\frac{1}{n_2}}\right)$$

여기서 S_p는 합동 분산추정량이다.

10.3.2 모비율 차 $p_1 - p_2$에 대한 구간 추정

두 모집단의 모비율이 각각 p_1과 p_2일 때, 모비율의 차 $p_1 - p_2$에 대한 신뢰구간을 구하여 보자. 모집단 I 로 부터 크기 n_1인 확률표본을 추출하였을 때 나타난 성공 횟수를 X_1, 모집단 II 로 부터 크기 n_2인 확률표본을 추출하였을 때 나타난 성공 횟수를 X_2라 하고 두 모집단 I과 II는 독립이라고 하자. 이때 두 모집단의 모비율의 차 $p_1 - p_2$에 대한 추론에는 표본비율의 차 $\hat{p}_1 - \hat{p}_2$를 이용할 수 있다. 또한 각각의 모집단으로부터 추출한 확률표본의 크기 n_1과 n_2가 충분히 크면, $\hat{p}_1$과 $\hat{p}_2$의 표본분포는 각각

$$\hat{p}_1 \sim N(p_1, \frac{p_1q_1}{n_1}),\ (q_1 = 1-p_1)$$

$$\hat{p}_2 \sim N(p_2, \frac{p_2q_2}{n_2}),\ (q_2 = 1-p_2)$$

에 따른다. 이로부터 표본비율의 차 $\hat{p}_1 - \hat{p}_2$의 기댓값과 분산을 구하면

$$E(\hat{p}_1 - \hat{p}_2) = p_1 - p_2$$

$$Var(\hat{p}_1 - \hat{p}_2) = \frac{p_1 q_1}{n_1} + \frac{p_2 q_2}{n_2}$$

이다. 따라서 $\hat{p}_1 - \hat{p}_2$의 확률분포는 근사적으로

$$\hat{p}_1 - \hat{p}_2 \sim N\left(p_1 - p_2,\ \frac{p_1 q_1}{n_1} + \frac{p_2 q_2}{n_2}\right)$$

에 따른다. 이로부터 표준화된 확률변수 Z는 다음과 같이 표준정규분포

$$Z = \frac{(\hat{p}_1 - \hat{p}_2) - (p_1 - p_2)}{\sqrt{\frac{p_1 q_1}{n_1} + \frac{p_2 q_2}{n_2}}} \sim N(0,\ 1)$$

데 따른다. 이상을 정리하면, 모비율의 차 $p_1 - p_2$에 대한 확률구간은 다음과 같다.

$$P(-z_{\frac{\alpha}{2}} < Z < z_{\frac{\alpha}{2}})$$

$$= P((\hat{p}_1 - \hat{p}_2) - z_{\frac{\alpha}{2}}\sqrt{\frac{\hat{p}_1 \hat{q}_1}{n_1} + \frac{\hat{p}_2 \hat{q}_2}{n_2}} < p_1 - p_2 < (\hat{p}_1 - \hat{p}_2) + z_{\frac{\alpha}{2}}\sqrt{\frac{\hat{p}_1 \hat{q}_1}{n_1} + \frac{\hat{p}_2 \hat{q}_2}{n_2}})$$
$$= 1 - \alpha$$

그런데 위의 식에는 미지(unknown)의 값인 p_1과 p_2가 포함되어 있으므로 이 값 대신에 표본비율

$$\hat{p}_1 = \frac{x_1}{n_1} \text{ 과 } \hat{p}_2 = \frac{x_2}{n_2}$$

를 각각 이용한다. 따라서, 모비율의 차 $p_1 - p_2$의 $100 \times (1 - \alpha)\%$ 신뢰구간은 다음과 같다.

$$(\hat{p}_1 - \hat{p}_2) - z_{\frac{\alpha}{2}}\sqrt{\frac{\hat{p}_1 \hat{q}_1}{n_1} + \frac{\hat{p}_2 \hat{q}_2}{n_2}} < p_1 - p_2 < (\hat{p}_1 - \hat{p}_2) + z_{\frac{\alpha}{2}}\sqrt{\frac{\hat{p}_1 \hat{q}_1}{n_1} + \frac{\hat{p}_2 \hat{q}_2}{n_2}}$$

또는

$$(\hat{p}_1 - \hat{p}_2) - z_{\frac{\alpha}{2}}\sqrt{\frac{\hat{p}_1 \hat{q}_1}{n_1} + \frac{\hat{p}_2 \hat{q}_2}{n_2}},\ (\hat{p}_1 - \hat{p}_2) + z_{\frac{\alpha}{2}}\sqrt{\frac{\hat{p}_1 \hat{q}_1}{n_1} + \frac{\hat{p}_2 \hat{q}_2}{n_2}}$$

여기서

$$\hat{p} = \frac{z}{n},\ \hat{q} = 1 - \hat{p}$$

이다.

예제 10.7

어떤 회사에서 똑같은 제품을 생산하는 구형기계와 신형기계 두 대가 있다. 구형기계는 개의 제품 중 개의 불량품을 생산하고, 신형기계는 3000개의 제품 중 120개를 불량품으로 생산한다. 구형기계와 신형기계 사이에 불량품의 차에 대한 90% 신뢰구간을 구하여라.

풀이

구형기계와 신형기계의 표본비율은 각각

$$\hat{p}_1 = \frac{100}{2000} = 0.05 \text{ 와 } \hat{p}_2 = \frac{120}{3000} = 0.04$$

이고, 유의수준 $\alpha = 0.1$이므로 $z_{\frac{\alpha}{2}} = z_{0.05} = 1.645$이다. 이로부터 모비율의 차 $p_1 - p_2$의 90% 신뢰구간은

$$(0.05 - 0.04) - 1.645\sqrt{\frac{0.05 \times 0.95}{2000} + \frac{0.04 \times 0.96}{3000}} < p_1 - p_2$$
$$< (0.05 - 0.04) + 1.645\sqrt{\frac{0.05 \times 0.95}{2000} + \frac{0.04 \times 0.96}{3000}}$$

이므로

$$-0.002 < p_1 - p_2 < 0.022$$

또는

$$(-0.002,\ 0.022)$$

이다.

10.3.3 모분산 비 $\frac{\sigma_1^2}{\sigma_2^2}$에 대한 구간 추정

두 정규모집단 $N(\mu_1,\ \sigma_1^2)$과 $N(\mu_2,\ \sigma_2^2)$이 서로 독립이고, 이 두 정규모집단으로부터 각각 m과 n인 확률표본을 추출하여 만든 표본분산을 각각 다음과 같다고 하자.

$$S_1^2 = \frac{1}{m-1}\sum_{i=1}^{m}(X_i - \overline{X_1})^2,\ S_2^2 = \frac{1}{n-1}\sum_{i=1}^{n}(X_i - \overline{X_2})^2$$

이때 다음 통계량 F는 자유도가 $m-1$과 $n-1$을 가지는 F-분포에 따른다.

$$F = \frac{S_1^2/\sigma_1^2}{S_2^2/\sigma_2^2} \sim F(m-1,\ n-1)$$

두 모집단의 모분산의 비 $\frac{\sigma_1^2}{\sigma_2^2}$에 대한 $1-\alpha$가 되는 확률구간을 F 분포곡선으로 나타내면 다음과 같다.

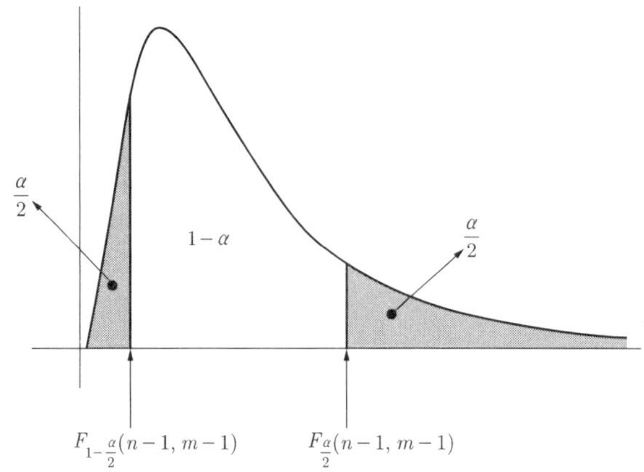

그림 9.1 자유도 $m-1$과 $n-1$을 가지는 F 분포에서의 $\frac{\alpha}{2}$ 점

F 통계량을 이용하여 두 모집단의 모분산의 비인 $\dfrac{\sigma_1^2}{\sigma_2^2}$에 대한 $1-\alpha$에 대한 확률구간은 다음과 같이 구한다.

$$
\begin{aligned}
& P\left(F_{1-\frac{\alpha}{2}}(m-1,\ n-1) < \frac{S_1^2/\sigma_1^2}{S_2^2/\sigma_2^2} < F_{\frac{\alpha}{2}}(m-1,\ n-1)\right) \\
=& P\left(\frac{S_2^2}{S_1^2}F_{1-\frac{\alpha}{2}}(m-1,\ n-1) < \frac{\sigma_2^2}{\sigma_1^2} < \frac{S_2^2}{S_1^2}F_{\frac{\alpha}{2}}(m-1,\ n-1)\right) \\
=& P\left(\frac{S_1^2}{S_2^2}\frac{1}{F_{1-\frac{\alpha}{2}}(n-1,\ m-1)} > \frac{\sigma_1^2}{\sigma_2^2} > \frac{S_1^2}{S_2^2}\ \frac{1}{F_{\frac{\alpha}{2}}(n-1,\ m-1)}\right) \\
=& P\left(\frac{S_1^2}{S_2^2}\frac{1}{F_{\frac{\alpha}{2}}(n-1,\ m-1)} < \frac{\sigma_1^2}{\sigma_2^2} < \frac{S_1^2}{S_2^2}\ \frac{1}{F_{\frac{1-\alpha}{2}}(n-1,\ m-1)}\right) \\
=& P\left(\frac{S_1^2}{S_2^2}F_{1-\frac{\alpha}{2}}(m-1,\ n-1) < \frac{\sigma_2^2}{\sigma_1^2} < \frac{S_1^2}{S_2^2}F_{\frac{\alpha}{2}}(m-1,\ n-1)\right) \\
=& 1-\alpha
\end{aligned}
$$

위의 식에서 자유도 $m-1$과 $n-1$을 가지는 F 분포의 $\frac{\alpha}{2}$과 $1-\frac{\alpha}{2}$점 사이

$$
F_{1-\frac{\alpha}{2}}(m-1,\ n-1) = \frac{1}{F_{\frac{\alpha}{2}}(n-1,\ m-1)}
$$

가 성립한다. 이로부터, 두 모집단의 분산 비

$$
\frac{\sigma_1^2}{\sigma_2^2}
$$

에 대한 $100 \times (1-\alpha)\%$ 신뢰구간은

$$\frac{S_1^2}{S_2^2}F_{1-\frac{\alpha}{2}}(m-1,\ n-1) < \frac{\sigma_2^2}{\sigma_1^2} < \frac{S_1^2}{S_2^2}F_{\frac{\alpha}{2}}(m-1,\ n-1)$$

또는

$$\left(\frac{S_1^2}{S_2^2}F_{1-\frac{\alpha}{2}}(m-1,\ n-1),\ \frac{S_1^2}{S_2^2}F_{\frac{\alpha}{2}}(m-1,\ n-1)\right)$$

이다. 여기서 S_1^2과 S_2^2은 표본 분산이다.

예제 10.8

$F_{0.99}(21,\ 9)$의 값 찾아보기 위해서는 아래의 F 분포표를 이용한다.

F - Distribution (α = 0.01 in the Right Tail)

Denominator Degrees of Freedom df_2 \ Numerator Degrees of Freedom df_1	1	2	3	4	5	6	7	8	9
1	4052.2	4999.5	5403.4	5624.6	5763.6	5859.0	5928.4	5981.1	6022.5
2	98.503	99.000	99.166	99.249	99.299	99.333	99.356	99.374	99.388
3	34.116	30.817	29.457	28.710	28.237	27.911	27.672	27.489	27.345
4	21.198	18.000	16.694	15.977	15.522	15.207	14.976	14.799	14.659
5	16.258	13.274	12.060	11.392	10.967	10.672	10.456	10.289	10.158
6	13.745	10.925	9.7795	9.1483	8.7459	8.4661	8.2600	8.1017	7.9761
7	12.246	9.5466	8.4513	7.8466	7.4604	7.1914	6.9928	6.8400	6.7188
8	11.259	8.6491	7.5910	7.0061	6.6318	6.3707	6.1776	6.0289	5.9106
9	10.561	8.0215	6.9919	6.4221	6.0569	5.8018	5.6129	5.4671	5.3511
10	10.044	7.5594	6.5523	5.9943	5.6363	5.3858	5.2001	5.0567	4.9424
11	9.6460	7.2057	6.2167	5.6683	5.3160	5.0692	4.8861	4.7445	4.6315
12	9.3302	6.9266	5.9525	5.4120	5.0643	4.8206	4.6395	4.4994	4.3875
13	9.0738	6.7010	5.7394	5.2053	4.8616	4.6204	4.4410	4.3021	4.1911
14	8.8616	6.5149	5.5639	5.0354	4.6950	4.4558	4.2779	4.1399	4.0297
15	8.6831	6.3589	5.4170	4.8932	4.5556	4.3183	4.1415	4.0045	3.8948
16	8.5310	6.2262	5.2922	4.7726	4.4374	4.2016	4.0259	3.8896	3.7804
17	8.3997	6.1121	5.1850	4.6690	4.3359	4.1015	3.9267	3.7910	3.6822
18	8.2854	6.0129	5.0919	4.5790	4.2479	4.0146	3.8406	3.7054	3.5971
19	8.1849	5.9259	5.0103	4.5003	4.1708	3.9386	3.7653	3.6305	3.5225
20	8.0960	5.8489	4.9382	4.4307	4.1027	3.8714	3.6987	3.5644	3.4567
21	8.0166	5.7804	4.8740	4.3688	4.0421	3.8117	3.6396	3.5056	3.3981
22	7.9454	5.7190	4.8166	4.3134	3.9880	3.7583	3.5867	3.4530	3.3458
23	7.8811	5.6637	4.7649	4.2636	3.9392	3.7102	3.5390	3.4057	3.2986
24	7.8229	5.6136	4.7181	4.2184	3.8951	3.6667	3.4959	3.3629	3.2560
25	7.7698	5.5680	4.6755	4.1774	3.8550	3.6272	3.4568	3.3239	3.2172
26	7.7213	5.5263	4.6366	4.1400	3.8183	3.5911	3.4210	3.2884	3.1818
27	7.6767	5.4881	4.6009	4.1056	3.7848	3.5580	3.3882	3.2558	3.1494
28	7.6356	5.4529	4.5681	4.0740	3.7539	3.5276	3.3581	3.2259	3.1195
29	7.5977	5.4204	4.5378	4.0449	3.7254	3.4995	3.3303	3.1982	3.0920
30	7.5625	5.3903	4.5097	4.0179	3.6990	3.4735	3.3045	3.1726	3.0665

풀이

위 표에서

$$\overline{F}_{0.99}(21,\ 9) = \frac{1}{F_{0.01}(9,\ 21)} = \frac{1}{3.39} = 0.295$$

임을 알 수 있다.

예제 10.9

두 가지 담배 X와 Y의 니코틴 함량을 비교하기 위해서 X담배 10개, Y 담배 8개를 조사한 결과 각각의 니코틴 함량의 표본 평균과 표준 편차는 $\overline{X} = 4.5.\overline{Y} = 3.8$ 그리고 $S_X^2 = 0.65,\ S_Y^2 = 0.36$ 이었다. 니코틴 함량에 대한 모분산의 비에 대한 95% 신뢰구간을

구하여라.

풀이

$\dfrac{S_1^2}{S_2^2} = \dfrac{0.64}{0.36} = 1.78$ 임을 알고 있다. 따라서

$$\left(\frac{S_1^2}{S_2^2}F_{1-\frac{\alpha}{2}}(m-1,\ n-1),\ \frac{S_1^2}{S_2^2}F_{\frac{\alpha}{2}}(m-1,\ n-1)\right)$$
$$= (1.78 \times F_{0.975}(7,\ 9),\ 1.78 \times F_{0.025}(7,\ 9))$$

이다. 여기서 $1/F_{0.025}(9,\ 7) = 1/4.82 = 0.207$ 이고 $F_{0.025}(7,\ 9) = 4.20$ 이므로 구하는 신뢰구간은

$$(1.78 \times 0.207,\ 1.78 \times 4.20) = (0.368,\ 7.47)$$

이다.

10.4 두 모수에 대한 가설 검정

독립인 두 정규 모집단 X 와 Y 에서 각각 표본 n개와 m개를 추출하였을 때 표본 평균은

$$X \sim N(\mu_1,\ \sigma_1^2)$$

에서 n 개의 표본을 추출했을 때 표본 평균은

$$\overline{X} \sim N\left(\mu_1,\ \frac{\sigma_1^2}{n}\right)$$

이고 $Y \sim N(\mu_2,\ \sigma_2^2)$ 에서 m 개의 표본을 추출했을 때 표본 평균은

$$\overline{Y} \sim N\left(\mu_2,\ \frac{\sigma_2^2}{m}\right)$$

이다. 이때 표본평균의 차 $\overline{X_1} - \overline{X_2}$에 대한 분포는

$$\overline{X_1} - \overline{X_2} \sim N\left(\mu_1 - \mu_2,\ \frac{\sigma_1^2}{n_1} + \frac{\sigma_1^2}{n_1}\right)$$

임을 알고 있다.

10.4.1 두 모집단의 평균의 차에 대한 가설검정

검정의 절차는 하나의 변수일 때와 동일한 절차에 따른다. 우선 귀무가설과 대립가설을 다음과 같이 세운다.

$$H_0 : \mu_1 - \mu_2 = 0 \quad \text{vs} \quad H_1 : \mu_1 - \mu_2 > 0$$

$$H_0 : \mu_1 - \mu_2 = 0 \quad \text{vs} \quad H_1 : \mu_1 - \mu_2 < 0$$

$$H_0 : \mu_1 - \mu_2 = 0 \quad \text{vs} \quad H_1 : \mu_1 - \mu_2 \neq 0$$

1. 대표본인 경우 모분산 σ_1^2과 σ_2^2 을 알고 있는 경우라면 검정 통계량으로

$$Z_0 = \frac{\overline{X} - \overline{Y}}{\sqrt{\dfrac{\sigma_1^2}{n} + \dfrac{\sigma_2^2}{m}}}$$

   을 사용하고, 모분산을 모르는 경우라면 표본 분산 S_1^2과 S_2^2 으로

$$Z_0 = \frac{\overline{X} - \overline{Y}}{\sqrt{\dfrac{S_1^2}{n} + \dfrac{S_2^2}{m}}}$$

   을 사용한다. 이때 표준정규분포에서 기각역과 채택역은 유의 수준을 고려하여 설정한다.

2. 소표본인 경우 합동 분산 추정량 S_p^2 을 써서 검정 통계량으로

$$t_0 = \frac{\overline{X} - \overline{Y}}{S_p\sqrt{\dfrac{1}{n} + \dfrac{1}{m}}}$$

   을 사용하고 t 분포에서 기각역과 채택역은 유의 수준을 고려하여 설정한다.

예제 10.10

두 회사 X, Y 에서 생산하는 AAA형 건전지의 수명을 비교하고자 한다. 각각 50개의 건전지 표본을 조사한 결과 X 회사의 건전지의 평균 수명과 표준편차는 1,990 시간과 500 시간 이었고, Y 회사의 건전지의 평균 수명과 표준편차는 2,000 시간과 480시간이었다, 이 경우 두 회사에서 생산한 건전지의 수명은 서로 다르다고 할 수 있는지 유의 수준 5%로 검정하여라.

풀이

X 회사에서 생산된 건전지의 평균 수명을 μ_1, Y 회사에서 생산된 건전지의 평균 수명을 μ_2 라 하면 검정의 가설은

$$H_0 : \mu_1 - \mu_2 = 0 \quad \text{vs} \quad H_1 : \mu_1 - \mu_2 \neq 0$$

이다. 표본의 크기는 $n = m = 50$ 으로 충분히 크므로 두 표본의 검정 통계량은

$$Z_0 = \frac{\overline{X} - \overline{Y}}{\sqrt{\dfrac{S_1^2}{n} + \dfrac{S_2^2}{m}}}$$

을 이용한다. 이때 기각역은

$$|\, Z \,| \geq z_{0.025} = 1.96$$

이다. 한편 주어진 자료를 정리하면

$$X : n = 50,\ \overline{X} = 1,990,\ S_1 = 500$$

$$Y : m = 50,\ \overline{Y} = 2,000,\ S_2 = 480$$

이다. 따라서 검정 통계량은

$$Z_0 = \frac{1,990 - 2,000}{\sqrt{\dfrac{500^2}{50} + \dfrac{480^2}{50}}} = -0.102$$

이고 이 값은 채택역에 속해 있으므로 유의 수준 5%에서 H_0 를 채택한다. 즉, 주어진 자료로부터 두 회사에서 생산되는 건전지의 평균 수명은 다르다고 할 수 없다.

예제 10.11

A, B 두 학과의 통계학 시험 성적을 비교하기 위해 각 학과에서 표본을 추출하여 조사한 자료가 다음과 같다.

A 학과	89	78	91	88	80
B 학과	82	86	74	90	78

A 학과 학생의 통계학의 평균이 B 학과 학생의 평균보다 크다는 주장에 대해 유의수준 5% 로 검정하여라. (단, 두 학과의 통계학 성적은 서로 독립인 정규 분포를 따르고 두 모집단의 모표준 편차는 같다고 가정한다.)

풀이

A 학과의 통계학 평균 점수를 μ_1, B 학과의 통계학 평균 점수를 μ_2 라 하면 검정의 가설은

$$H_0 : \mu_1 - \mu_2 = 0 \quad \text{vs} \quad H_1 : \mu_1 - \mu_2 > 0$$

이다. 두 학과의 통계학 성적은 서로 독립인 정규 분포를 따르고 두 모집단의 모 표준편차가 같으므로 검정 통계량은

$$t_0 = \frac{\overline{X} - \overline{Y}}{S_p\sqrt{\dfrac{1}{n} + \dfrac{1}{m}}}$$

을 이용한다. 이 검정 통계량은 자유도가 8인 t-분포를 따른다. 따라서 기각역은 $t \geq t_{0.05}(8) = 1.86$ 이다. 두 학과의 자료를 정리하면 다음과 같다.

$$A : n = 5,\ \overline{X} = 85.2,\ S_1 = 5.80$$

$$B : m = 5,\ \overline{Y} = 82,\ S_2 = 6.32$$

이고 합동 분산 추정량은

$$S_p^2 = \frac{(5-1) \times 5.82^2 + (5-1) \times 6.32^2}{5+5-2} = 36.9$$

이다. 이때 검정 통계량은

$$t_0 = \frac{85.2 - 82}{\sqrt{36.9\left(\dfrac{1}{5} + \dfrac{1}{5}\right)}} = 0.833$$

이고 이 값은 채택역에 속해 있으므로 귀무가설을 기각할 수 없다. 즉, 주어진 자료로부터 A 학과 학생의 통계학의 평균이 B 학과 학생의 평균보다 크다고 할 수 없다.

10.4.2 모집단의 비율의 차에 대한 가설검정

우선 귀무가설과 대립가설을 다음과 같이 세운다.

$$H_0 : p_1 - p_2 = 0 \quad \text{vs} \quad H_1 : p_1 - p_2 > 0$$

$$H_0 : p_1 - p_2 = 0 \quad \text{vs} \quad H_1 : p_1 - p_2 < 0$$

$$H_0 : p_1 - p_2 = 0 \quad \text{vs} \quad H_1 : p_1 - p_2 \neq 0$$

검정 통계량으로

$$Z_0 = \frac{\hat{p_1} - \hat{p_2}}{\sqrt{\hat{p}\hat{q}\left(\frac{1}{n} + \frac{1}{m}\right)}}$$

을 사용한다. 여기에서

$$\hat{p} = \frac{X+Y}{n+m}$$

는 합동 표본 비율이고 $q = 1 - p$ 이다

예제 10.12

금연광고가 금연에 긍정적 효과가 있다는 보건부 주장의 근거는 다음과 같다. 2021년 500명을 대상으로 한 설문결과 132명이 흡연을 하고 있었으며, 2022년에는 500명의 설문조사결과 110명이 흡연을 하고 있다고 한다. 보건부의 주장은 옳다고 할 수 있는지 유의 수준 $\alpha = 0.05$ 로 검정하여라.

풀이

2021년 흡연자를 X 라 하고 2022년 흡연자를 Y 라 하자. 각각의 흡연율은

$$\hat{p_1} = \frac{132}{500} = 0.264$$

이고

$$\hat{p_2} = \frac{110}{500} = 0.22$$

이다. 귀무가설과 대립가설을 다음과 같이 세운다.

$$H_0 : p_1 - p_2 = 0 \ : \ H_1 : p_1 - p_2 > 0$$

로 두고 합동 표본 비율

$$\hat{p} = \frac{132+110}{1,000} = 0.242$$

을 사용하면 검정 통계량은

$$Z_0 = \frac{0.264 - 0222}{\sqrt{0.242 \times 0.758 \times (\frac{1}{500} + \frac{1}{500})}} = 1.62$$

이고 $z_{0.05} = 1.645$ 보다 왼쪽 즉, 채택역에 들어 있게 되어 H_0 를 기각할 수 없다. 따라서 금연과고가 흡연율을 낮추었다고 볼 수 없다.

10.4.3 두 모집단의 분산의 비에 대한 검정

두 정규 모집단에 대하여 분산의 비 σ_1^2/σ_2^2 의 검정을 위해서는 F 분포를 이용할 것이다. 귀무가설과 대리가설을 다음과 같이 세운다.

$$H_0 : \frac{\sigma_1^2}{\sigma_2^2} = 1 \quad \text{vs} \quad H_1 : \frac{\sigma_1^2}{\sigma_2^2} > 1$$

$$H_0 : \frac{\sigma_1^2}{\sigma_2^2} = 1 \quad \text{vs} \quad H_1 : \frac{\sigma_1^2}{\sigma_2^2} < 1$$

$$H_0 : \frac{\sigma_1^2}{\sigma_2^2} = 1 \quad \text{vs} \quad H_1 : \frac{\sigma_1^2}{\sigma_2^2} \neq 1$$

이때 검정 통계량은

$$F_0 = \frac{S_1^2}{S_2^2}$$

을 사용한다.

예제 10.13

A 농장에서 키운 양파 10개와, B 농장에서 키운 양파 16개의 무게를 측정한 결과 표본분산이 각각 $S_1^2 = 0.894$, $S_2^2 = 0.483$ 이었다. 두 농장의 양파의 무게의 분산이 같다는 주장을 유의 수준 $\alpha = 0.05$ 로 검정하여라.

풀이

귀무가설과 대립가설을 다음과 같이 세운다.

$$H_0 : \frac{\sigma_1^2}{\sigma_2^2} = 1 \quad \text{vs} \quad H_1 : \frac{\sigma_1^2}{\sigma_2^2} \neq 1$$

검정 통계량은

$$F_0 = \frac{S_1^2}{S_2^2} = \frac{0.894}{0.483} = 1.85$$

이고 이 값은 F 분포에서 채택역에 들어 있게 된다. 따라서 무게의 분산이 다르다고 할 수 없다.

연습문제

1. 앞면이 나올 확률이 0.4인 편향된 동전을 던지는 실험에서 X를 첫 번째 던질 때 나오는 앞면의 수라 하고, Y를 두 번째 던 질 때 나오는 앞면의 총 수라고 하자. 이 동전을 두 번 던질 때의 결합 확률 분포와 주변 확률 분포를 구하여라.

2. 두 집단에서 뽑은 크기 $n_1 = 30,\ n_2 = 35$인 표본에서 계산된 값이

$$\overline{X} = 45,500,\ s_X = 3,600 \text{ 과 } \overline{Y} = 51,000,\ s_Y = 4,900$$

일 때 두 집단의 평균의 차가 있는지 유의수준 0.05 로 검정 하여라.

3. A 병원과 B병원에서는 같은 병을 치료 받고 있는 환자에 대해 다른 약을 복용시키고 있다. A 병원의 환자 10명을 대상으로 조사한 결과 완치되는데 평균 $\overline{X} = 7$일, 표준 편차는 $s_X = 0.5$일이었고, B병원의 환자 15명을 대상으로 조사한 결과 완치되는데 평균 $\overline{Y} = 9$일, 표준 편차는 $s_Y = 1.5$일이었다. 두 병원의 치료에 의해 완치 되는데 걸리는 시간의 차이는 없다는 주장에 대해 유의수준 0.05 로 검정 하여라.

4. 어느 대학교의 M교수와 C교수의 A^+학점의 배정 비율을 비교해보기 위해 표본 조사한 결과 M 교수 수강생 240명 중 72명이 A^+ 학점이었고, C교수 수강생 200명 중 58명이 A^+ 학점이었다. M 교수의 배정 비율이 C교수의 배정 비율보다 더 높다는 주장에 대해 유의수준 0.05 로 검정 하여라.

5. A 지역과 B 지역에서 각각 100가구와 80 가구를 표본 조사하여 자동차 보유에 대해 조사 하였다. 그 결과 A 지역에서는 70가구, B 지역에서는 65 가구가 자동차를 보유하고 있었다. A 지역의 자동차 보유율이 B 지역의 자동차 보유율보다 낮다는 주장에 대해 유의수준 0.05 로 검정 하여라.

6. A 공장에서 생산하는 골프공 10개와, B 공장에서 생산하는 골프공 16개의 무게를 측정한 결과 표본분산이 각각 $S_A^2 = 0.914,\ S_B^2 = 0.653$ 이었다. 두 공장에서 생산하는 골프공의 무게의 분산이 같다는 주장에 대해 유의 수준 $\alpha = 0.05$ 로 검정하여라.

제 11 장
자료의 분석

11.1 범주형 자료의 분석

11.2 분산분석

11.3 상관분석

이번 장에서는 모집단이 세 개 이상인 경우에 비율에 대해 검정하는 방법, 평균을 비교하는 방법, 두 변량사이의 상관관계에 대해 학습할 것이다. 지금까지 대부분의 자료가 양적 자료인 것에 반해서 여기에서는 조사되거나 측정된 자료를 어떤 속성에 따라 분류시켜 도수로 제시되는 범주형 자료를 대상으로 한다. 또, 주요 변수들 사이의 상호 관련성을 찾아 어느 한 변수의 값이 주어질 때 다른 변수의 값을 예측하는 방법도 고려해 보고자 한다. 이러한 통계적 기법인 회귀분석의 가장 기본 적인 형태인 상관분석과 분산 분석에 대해 학습할 것이다.

11.1 범주형 자료의 분석

모집단 두 개 이상인 경우에 모비율이 동일한 지 여부를 검정하는 방법으로 주로 질적 자료 또는 어떤 속성에 따라 몇 개의 범주로 분류시켜 도수로 주어지는 자료인 범주형 자료(categorical data) 에 대한 통계적 추론 방법을 범주형 자료의 분석(Categorical Data Analysis) 이라고 한다. 예를 들어

1. 어느 공장에서 생산된 물건을 합격품, 약간 합격품, 불합격품으로 분류한다.
2. 연봉에 따라 고소득층, 중간층, 저소득층으로 분류
3. 3가지 종류의 제품에 대한 시장 점유율
4. 어느 생물학자가 완두콩을 실험한 결과가 멘델의 유전법칙에 부합하는가??
5. 주사위의 공정성에 대한 검정
6. 쇼핑몰의 위치와 고객 만족도의 관계
7. 교육 수준과 고용 상태의 관계
8. 흡연 여부와 폐암 발생 사이의 관계

11.1.1 적합도 검정

실험 또는 관측의 겨로가와 이론적인 기댓값의 일치 정도를 적합도(Goodness of fit) 라고 하며, 범주형으로 조사된 자료의 분석 결과가 기존에 알려진 이론 또는 결과와 부합하는지 여부를 확인하는 것을 적합도 검정 (Goodness of fit Test) 이라 한다. 이때 우리의 관심은 귀무가설에서 제시한 각 범주의 비율이 실제 자료에 적합한지를 알아보는 것이다. 앞의 예제에서 (1), (2), (3), (4), (5) 를 적합도 검정에 해당한다.

적합도 검정은 각 모집단이 두 가지 이상의 서로 다른 속성을 갖는 개체들로 나누어진 경우에 여러 모집단을 비교하는 방법으로, 여러 모집단이 동일하다는 귀무가설과 서로 다르다는 대립가설을 검정한다. 각 속성의 실제 관측값을 관측도수 O (Observed frequency) 라 하고, 귀무가설이 참인 경우에 기대하는 값을 기대도수 E (Expected frequency) 로 나타낸다.

크기가 n인 표본을 k 개의 범주로 분류할 때 각 범주의 관측도수를 $n_1,\ n_2,\ \cdots,\ n_k$ 라 하자. 또 각 범주에 대응 되는 모집단의 비율을 $p_1,\ p_2,\ \cdots,\ p_k$ 라 하면 귀무가설은 각 p_i 가 어떤

정해진 값 p_{i0} 와 같다는 형태를 지닌다. 즉, 귀무가설은

$$H_0 : p_1 = p_{10},\ p_2 = p_{20},\ \cdots,\ p_k = p_{k0}$$

로 나타낼 수 있다. 여기에서

$$\sum_{i=1}^{k} p_{i0} = 1$$

이다. 귀무가설 H_0 아래서 범주 i 의 기대도수는 표본의 크기 n 과 귀무가설에서 제시한 범주 i 의 비율인 p_{i0} 를 곱해서 np_{i0} 가 되고, 실제 관측도수 n_i 가 기대도수와 얼마나 차이가 나느냐에 따라 검정 결과가 달라진다. 귀무가설이 맞는 다면 각 범주별로 관측도수와 기대도수의 차이가 작을 것이다. 그러므로 두 도수의 차이가 클 때 귀무가설을 기각하게 된다. 이와 같이 관측도수와 기대도수의 차이를 검정하는 도구로서 피어슨[1]이 제안한 다음의 검정 통계량 (χ_0^2 검정통계량)

$$\chi_0^2 = \sum_{i=1}^{k} \frac{(O-E)^2}{E} = \sum_{i=1}^{k} \frac{(n_i - np_{io})^2}{np_{io}}$$

이 사용되며, 이 통계량은 표본의 크기가 클 때 자유도가 $k-1$ 인 χ^2 분포를 따른다고 알려져 있다.

피어슨의 χ^2 적합도 검정의 절차

- 가설: $H_0 : p_1 = p_{10},\ p_2 = p_{20},\ \cdots,\ p_k = p_{k0}$
- 검정통계량: $\chi^2 = \sum_{i=1}^{k} \frac{(O-E)^2}{E} = \sum_{i=1}^{k} \frac{(n_i - np_{io})^2}{np_{io}}$
- 기각역: $R : \chi^2 \geq \chi^2(k-1)$ 을 만족하면 H_0 를 기각한다.

예제 11.1

지구상의 생물은 세 가지 세균영역 A, 고세균영역 B, 진핵생물영역 C 로 분류된다고 한다. 이 세 영역은 생물학적 이론에 따라 1 : 2 : 3의 비율로 나타난다고 가정 하자. 220 개의 생물을 대상으로 관측한 결과 다음을 얻었다.

영역	A	B	C	합계
도수	50	70	100	220

각 영역에 대응되는 모집단의 비율을 차례로 $p_A,\ p_B,\ p_C$ 라 할 때 위의 자료로부터 생물학적 이론이 제시하는 가설이 틀리는가를 판단하고자 한다. 유의수준 0.05로 적합도

[1]Karl Pearson, 1857 1936, 영국의 통계학자

검정을 실시하여라.

풀이

범주의 개수는 $k = 3$ 이고 검정통계량 χ^2 은 자유도 2인 χ^2 분포를 따른다. 이때

$$H_0 : p_A = 0.20,\ p_B = 0.30,\ p_C = 0.5$$

이고 기각역은

$$R : \chi^2 \geq \chi^{2_{0.05}}(2) = 5.99$$

가 된다. 검정 통계량을 계산하면

범주	A	B	C	합계
관측도수 O	50	70	100	220
기대도수 E	37	73	110	220
$(O-E)^2/E$	4.57	0.12	0.91	

검정 통계량의 관측값이

$$\chi^2 = \sum_{i=1}^{k} \frac{(O-E)^2}{E} = \sum_{i=1}^{k} \frac{(n_i - np_{io})^2}{np_{io}} = 5.6$$

이고

$$\chi^2_{0.05}(2) = 5.99$$

이므로 귀무가설을 채택한다. 따라서 주어진 자료로부터 생물학적 이론이 제안된 모집단의 비율이 틀렸다고 할 수 없다.

예제 11.2

주사위를 150번 던졌을 때 각 눈이 나온 횟수가 아래와 같다.

나온 눈	1	2	3	4	5	6	합계
관측도수 O	24	28	30	26	22	22	150

이 결과에 의하면 과연 이 주사위가 공정한 것이라고 할 수 있는지 유의수준 0.05로 검정하여라.

풀이

p_i 를 주사위의 눈 i 가 나올 확률이라 하자. 이때 귀무가설은

$$H_0 : p_1 = p_2 = \cdots = p_6 = \frac{1}{6}$$

이고 대립가설은 $H_1 : p_i$ 중 적어도 하나는 같지 않다(주사위가 공정하지 않다)로 둘 수 있다. 또 기각역은

$$R : \chi^2 \geq \chi^{2_{0.05}}(5) = 11.07$$

가 된다. 검정 통계량을 계산하면

나온 눈	1	2	3	4	5	6	합계
관측도수 O	24	28	30	26	22	22	150
기대도수 E	25	25	25	25	25	25	150
$(O-E)^2/E$	0.04	0.36	1	0.04	0.36	0.36	

검정 통계량 χ^2 의 관측 값이

$$\chi^2 = \sum_{i=1}^{k} \frac{(O-E)^2}{E} = \sum_{i=1}^{k} \frac{(n_i - np_{io})^2}{np_{io}} = 2.16$$

이므로 귀무가설을 채택한다. 따라서 주어진 자료로부터 이 주사위는 공정하지 않다고 주장할 만한 근거는 없다.

11.1.2 동질성 검정

범주형으로 조사된 두 개 이상의 모집단의 비율이 서로 동일한지 여부를 확인 하는 것을 동일성 검정 또는 동질성 검정이라고 한다. 예를 들어 동일한 질병 치료를 위한 두 가지 약품의 부작용 유무를 볼 때 서로 동일한가에 대한 확인 또는 두 개의 서로 다른 지역에서 설문조사를 통해 수집한 자료가 있을 때 각 지역의 응답 분포가 같은지 확인학자 할 때 사용하는 것이 동질성 검정이다. 한 모집단의 두 가지 속성 A, B 에 대하여 속성 A를 k 개 가진 부모집단(subpopulation) A_1, A_2, $\cdots$, A_k로 분할했을 때, 각 속성 B_j $(j = 1,\ 2,\ \cdots,\ r)$에 속하는 비율이 모든 부모집단에 대하여 동일한가를 검정하는 것을 동질성검정(Test of homogeneity) 이라고 한다. 부모집단 $A_i(i = 1,\ 2,\ \cdots,\ k)$로부터 미리 정해진 표본의 크기 $n_{i.}$ 만큼 추출하는데, 이때 $n_{i.}$ 는 고정된 상수이며 확률변수가 아니다. $n_{i.}$을 각 속성 B_j에 따라 나눈 것을 $n_{.j}$ 라 한다. 이는

확률변수이며

$$n_{.j}=\sum_{i=1}^{k} n_{ij}$$

이고 $n_{i.}$ 는 고정된 상수이다. 관측도수는 아래와 같이 $k \times r$ 분할표로 주어진다.

	B_1	B_2	$\cdots$	B_r	합계
A_1	n_{11}	n_{12}	$\cdots$	n_{1r}	$n_{1.}$
A_2	n_{21}	n_{22}	$\cdots$	n_{2r}	$n_{2.}$
$\vdots$	$\vdots$	$\vdots$	$\cdots$	$\vdots$	$\vdots$
A_k	n_{k1}	n_{k2}	$\cdots$	n_{kr}	$n_{k.}$
합계	$n_{.1}$	$n_{.2}$	$\cdots$	$n_{.r}$	n

부모집단 중 A_i 가 속성 B_j 에 속하는 확률을 p_{ij} 라 하면, 이 확률은 A_i 가 정해진 후에 B_j 에 속하는 조건부 확률로 다음과 같이 표현한다.

$$p_{ij} = P(B_j \mid A_i)$$

이 확률을 이용하여 p_{ij} 에 대한 $k \times r$ 분할표를 작성하면 아래와 같다.

	B_1	B_2	$\cdots$	B_r	합계
A_1	p_{11}	p_{12}	$\cdots$	p_{1r}	1
A_2	p_{21}	p_{22}	$\cdots$	p_{2r}	1
$\vdots$	$\vdots$	$\vdots$	$\cdots$	$\vdots$	$\vdots$
A_k	p_{k1}	p_{k2}	$\cdots$	p_{kr}	1
합계	$p_{.1}$	$p_{.2}$	$\cdots$	$p_{.r}$	

여기에서

$$P(A_i) = 1(i = 1,\ 2,\ \cdots k)$$

이다. 그러면 동질성 검정에 대한 귀무가설과 대립가설은 다음과 같이 표현할 수 있다.

$$H_0 : p_{1j} = p_{2j} = \cdots = p_{kj} \ (j = 1,\ 2,\ \cdots,\ r)$$
$$H_1 : H_0$$

가 아니다.

한편 귀무가설 H_0 가 참일 때 각 속성 B_j 가 가지는 동질 확률의 추정치 즉, p_j 의 합동 표본 비율 $\hat{p_j}$ 는 전체 표본의 크기 n에서 B_j 에 속하는 $n_{.j}$ 가 차지하는 비율로

$$\hat{p_j} = \hat{p_{1j}} = \hat{p_{2j}} = \cdots = \hat{p_{kj}} = \frac{n_{.j}}{n} \ (j = 1,\ 2,\ \cdots,\ r)$$

$$\sum_{j=1}^{r} \hat{p_j} = 1$$

을 만족한다. 또한 귀무가설 H_0 가 참일 때 기대도수는 다음과 같다.

$$e_{ij} = n_{i.} \times \hat{p_j} = \frac{n_{i.} \times n_{.j}}{n}$$

따라서 동질성 검정에서는 다음과 같은 χ^2 통계량을 이용한다.

$$\chi_0^2 = \sum_{i=1}^{k}\sum_{j=1}^{r} \frac{(n_{ij} - e_{ij})^2}{e_{ij}}$$

귀무가설 H_0 가 참일 때 표본의 크기가 충분히 크면 근사적으로 자유도가 $(k-)(r-1)$ 인χ^2 분포를 따른다.

지금까지의 동질성 검정 절차를 정리하면 다음과 같다.

정리 11.1 동질성 검정 절차

1. 가설을 세운다. 귀무가설

$$H_0 : p_{1j} = p_{2j} = \cdots = p_{kj} (j = 1,\ 2,\ \cdots,\ r)$$

   을 설정한다.

2. 검정통계량 관측값을 계산한다.

$$\chi_0^2 = \sum \frac{(O-E)^2}{E} = \sum_{i=1}^{k}\sum_{j=1}^{r} \frac{(p_{ij} - e_{ij})^2}{e_{ij}}$$

3. 기각역과 채택역을 결정한다. 검정통계량의 관측값이

$$\chi_0^2 \geq \chi_\alpha^2 (k-1)(r-1)$$

   을 만족하면 H_0를 기각한다.

예제 11.3

A, B, C 세 공장에서 만든 제품을 정상품과 불량품으로 나누어 각 공장의 불량률을 알아보고자 한다. 공장 세 곳에서 각각 350개, 290개, 310개 의 제품을 임의로 추출하여 정상품과 불량품의 개수를 조사한 결과는 다음과 같다. 공장에 따라 불량률에 차이가 있다고 할 수 있는지 유의수준 5%로 검정하여라.

범주	불량품	정상품	합계
공장 A	28	322	350
공장 B	15	275	290
공장 C	20	290	310
합계	63	887	950

풀이

공장별로 제품의 불량률에 차이가 있는지를 동질성 검정한다.

1. 공장 i $(i = 1,\ 2,\ 3)$ 에 대한 각 범주의 모비율을 p_{ij} $(j = 1,\ 2)$ 라 하면 귀무가설과 대립가설은 다음과 같다.

   $H_0 : p_{11} = p_{21} = p_{31},\ p_{21} = p_{22} = p_{32}$ (공장별로 제품의 불량률의 차이가 없다.)

   H_1 : 공장별로 제품의 불량률의 차이가 있다.

2. 각 범주의 모비율에 대한 합동표본비율은

$$\hat{p_1} = \frac{63}{950},\ \hat{p_2} = \frac{887}{950}$$

   따라서 기대도수를 구하면

$$e_{11} = 350 \times \frac{63}{950} = 23.21, \quad e_{21} = 290 \times \frac{63}{950} = 19.23, \quad e_{31} = 310 \times \frac{63}{950} = 20.55$$

$$e_{12} = 350 \times \frac{887}{950} = 326.78, \quad e_{22} = 290 \times \frac{887}{950} = 270.76, \quad e_{32} = 310 \times \frac{887}{950} = 289.44$$

범주		불량품	정상품	합계
공장 A	관측도수 O	28	322	350
	기대도수 E	23.22	326.78	
공장 B	관측도수 O	15	275	290
	기대도수 E	19.34	270.76	
공장 C	관측도수 O	20	290	310
	기대도수 E	20.56	289.44	
	$(O-E)^2/E$	1.97	0.13	
합계		63	887	950

따라서 검정통계량의 관측값을 구하면

$$\chi_0^2 = \sum \frac{(O-E)^2}{E} = \sum_{i=1}^{k}\sum_{j=1}^{r} \frac{(p_{ij}-e_{ij})^2}{e_{ij}} = 2.10$$

이다.

3. 유의수준이 $\alpha = 0.05$ 이므로 $\chi^2_{0.05}(2) = 5.99$ 이므로 $\chi_0^2 = 2.10 < \chi^2_{0.05}(2) = 5.99$ 이므로 H_0 를 기각하지 못한다. 따라서 유의수준 5% 에서 공장별로 제품의 불량률에 차이가 있다고 할 수 없다.

11.1.3 독립성 검정

앞의 예제에서 (6), (7), (8) 은 독립성 검정에 해당한다. 관측 자료를 두 변수에 의해 분할하여 도수를 재조사 하여 분할표를 작성하여, 분할에 사용된 두 변수 사이에 관련이 있는지 또는 한 변수가 다른 변수에 영향을 미치고 있는지의 여부를 검정하는 문제를 독립성 검정(Test of Independence) 이라 한다.

서로 다른 두 가지 속성 A 와 B 로 모집단이 각각 서로 배반인 k 개의 범주

$$A_1,\ A_2,\ \cdots,\ A_k$$

와 r 개의 범주

$$B_1,\ B_2,\ \cdots,\ B_r$$

로 구성되어있다고 하자. 그리고 $A_i \cap B_j$ 의 확률을

$$p_{ij} = P(A_i \cap B_j),\ i = 1,\ 2,\ \cdots,\ k$$

이고

$$j = 1,\ 2,\ \cdots,\ r$$

이라 하자. 이때 분할표는 다음과 같다.

	B_1	B_2	$\cdots$	B_r
A_1	p_{11}	p_{12}	$\cdots$	p_{1r}
A_2	p_{21}	p_{22}	$\cdots$	p_{2r}
$\vdots$	$\vdots$	$\vdots$	$\cdots$	$\vdots$
A_k	p_{k1}	p_{k2}	$\cdots$	p_{kr}

이때 적합도 검정과 동일한 방법으로 귀무가설과 대립가설을 설정하고 관측도수와 기대도수의 일치성을 측정하기 위해 χ^2 통계량을 사용하며, 분할표의 행의 수가 k 이고 열의 수가 r일 때 자유도는 행의 수 $(k-1)(r-1)$ 인 χ^2분포를 사용한다. 그러므로 유의수준 α에 대한 기각역은

$$\chi^2 > \chi^{2_\alpha}(k-1)(r-1)$$

이고 검정 통계량은

$$\chi^2 = \sum \frac{(O-E)^2}{E} = \sum_{i=1}^{k}\sum_{j=1}^{r} \frac{(p_{ij}-e_{ij})^2}{e_{ij}}$$

이다. 여기에서

$$e_{ij} = np_{ij}$$

이다.

예제 11.4

대졸자와 고졸자 두 학력과 소득 수준사이에 어떤 관계가 있는지 조사하려 한다. 아래 표는 165명을 임의로 추출하여 분류한 분할표이다.

범주	고소득층	중간층	저소득층	합계
대졸이상	35	35	20	90
고졸이하	20	35	15	75
합계	55	55	55	165

학력과 소득 수준 간의 관계가 있는지 유의 수준 0.05에서 검정하여라.

풀이

귀무가설과 대립가설을 다음과 같이 둔다,

$H_0 : p_{ij} = p_i \times p_j$, 학력과 소득수준과는 관련이 없다.(독립적이다.)

H_1 : 학력과 소득수준과는 관련이 있다.

먼저 분할표를 만들기 위해 각 경우에 대한 기대도수를 구하면

$$e_{11} = np_{11} = 165 \times \frac{90}{165} \times \frac{55}{165} = 30$$
$$e_{12} = np_{12} = 165 \times \frac{90}{165} \times \frac{55}{165} = 30$$
$$e_{13} = np_{13} = 165 \times \frac{90}{165} \times \frac{55}{165} = 30$$

이고, 마찬가지로

$$e_{21} = np_{21} = 165 \times \frac{75}{165} \times \frac{55}{165} = 25$$
$$e_{22} = np_{22} = 165 \times \frac{75}{165} \times \frac{55}{165} = 25$$
$$e_{23} = np_{23} = 165 \times \frac{75}{165} \times \frac{55}{165} = 25$$

가 된다.

범주		고소득층	중간층	저소득층	합계
대졸이상	관측도수 O	35	35	20	90
	기대도수 E	30	30	30	
고졸이하	관측도수 O	20	35	15	75
	기대도수 E	25	25	25	
관측도수 합계		55	55	55	165

이때 검정통계량 관측값은

$$\chi_0^2 = \sum \frac{(O-E)^2}{E} = 14$$

이고

$$\chi^{2_{0.05}}(2) = 5.99$$

이므로

$$\chi_0^2 > \chi_{0.05}^2(2)$$

가 되어 기각역에 속하고 귀무가설을 기각한다. 따라서 학력과 소득수준은 서로 독립이 아니고 어떤 관계가 있다.

예제 11.5

어떤 공장에서는 3개의 신상품 A, B, C 를 개발하여 소비자들의 선호도를 조사하려고 한다. 특히, 이 신상품이 선호도에 대한 남녀 간의 상관관계가 있는지를 알아보기 위해 300명을 대상으로 하여 다음의 결과를 얻었다. 이 자료로부터 신상품에 대한 선호도와 성별은 서로 독립적이라고 할 수 있는지 유의 수준 0.05로 검정하여라.

범주	A	B	C	합계
여자	45	80	35	160
남자	30	60	50	140
합계	75	140	85	300

풀이

귀무가설과 대립가설을 다음과 같이 둔다,

H_0 : 선호도와 성별은 관련이 없다.(독립적이다.)

H_1 : 선호도와 성별은 관련이 있다.

이때 $k = 2$이고 $r = 3$이므로 자유도는

$$(2-1)(3-1) = 2$$

이다. 따라서 기각역은

$$\chi^2 > \chi^{2_{0.05}}(3-1)(2-1) = 5.99$$

이다. 먼저 분할표를 만들기 위해 각 경우에 대한 기대도수를 구하면

$$e_{11} = np_{11} = 300 \times \frac{75}{300} \times \frac{160}{300} = 40$$

$$e_{12} = np_{12} = 300 \times \frac{140}{300} \times \frac{160}{300} = 75$$

$$e_{13} = np_{13} = 300 \times \frac{85}{300} \times \frac{160}{300} = 45$$

이고, 마찬가지로

$$e_{21} = np_{21} = 300 \times \frac{75}{300} \times \frac{140}{300} = 35$$

$$e_{22} = np_{22} = 300 \times \frac{140}{300} \times \frac{140}{300} = 65$$

$$e_{21} = np_{21} = 300 \times \frac{85}{300} \times \frac{140}{300} = 40$$

가 된다, 따라서

범주		A	B	C	합계
여자	관측도수 O	45	80	35	160
	기대도수 E	40	75	45	160
남자	관측도수 O	30	60	50	140
	기대도수 E	35	65	40	140
관측도수 합계		75	140	85	300

이때 검정통계량은

$$\chi^2 = \sum \frac{(O-E)^2}{E} = 6.77914$$

이고

$$\chi^{2_{0.05}}(2) = 5.99$$

이므로 기각역에 속하게 되어 귀무가설을 기각한다. 따라서 선호도와 성별은 관련이 없다고 할 수 없다.

11.2 분산분석

앞에서 두 집단의 평균을 비교하는 방법을 학습하였다. 이번에는 셋 이상의 모집단 사이의 평균을 비교하는 방법인 분산 분석에 대해 공부해 본다. 분산 분석은 여러 모집단에서 관측한 자료를 효과적으로 분석하고 해석할 수 있는 매우 유용한 분석 방법이다,

실험계획법(Experimental design)이란 생산된 제품에 대한 품질 및 공정 최적화를 위해서 분석하고자 하는 목적에 맞도록 어떻게 자료를 모으고, 어떻게 실험을 하며, 어떤 통계적 방법으로 자료를 분석해야 최소의 실험으로 최대의 정보를 얻을 수 있는 가를 계획하는 것이다. 현대 통계학에서 사용되는 많은 이로노가 응용 기법들이 실험계획과 관련된 연구로부터 시작되었다고 볼 수 있다. 실험계획법은 영국의 통계학자인 피셔[2]에 의해 고안 되었으며, 오늘날 여러 분야에서 중요한 도구로 쓰이고 있다.

분산 분석(Analysis of variance, ANOVA) 이란 실험계획법에서 모집단의 평균들을 비교하기 위해서 가장 많이 사용되는 분석 방법으로, 특성값의 분산 또는 변동을 분석하는 방법을 말한다. 특히, 평균의 비교를 위해서 분산을 분석한다는 것이 흥미로운 점이다.

앞에서 다루었던 두 모집단의 평균의 비교에 대한 검정을 세 개 이상의 모집단의 비교로 확장한 것이며 분석에 필요한 모진단과 표본이 구성은 다음과 같다.

<u>분산 분석의 기본 가정</u>

1. 비교 대상인 모집단은 각각 정규분포를 따른다. (Normality)
2. 각 비교 대상 모집단은 통일한 분산을 가진다. (Equal variance)
3. 각 표본은 독립적으로 추출되었다. (Independence)

관심의 대상이 되는 관측변수를 특성값이라 하며, 실험 환경이나 조건을 구분하는 변수를 요인(Factor) 이라고 한다. 또한 요인이 취하는 개별값을 요인 수준(Factor level) 또는 처리(Treatment) 라고 한다. 예를 들어 세 종류의 건전지 A, B, C 에 대하여 어느 것이 수명이 제일 긴가에 대한 실험에서 이 세 종류의 건전지를 요인이라 하고, A, B, C를 요인 수준이라한다. 분산 분석은 요인의 수가 1개인 일원배치 분산분석(One-way ANOVA)과 요인의 수가 2개인 이원 배치 분산 분석(Two-way ANOVA) 으로 구분한다.

[2] R. A. Fisher, 1890 1962

11.2.1 일원배치 분산분석법

일원배치 분산분석[3] 이란 요인의 수가 1 개인 경우, 3개 이상의 수준(처리) 으로 구분되는 정규 모집단의 모평균의 차이가 있는지를 검증하는 방법이다. 이 분석법은 2 개 이상의 표본 평균의 차를 검정하는 방법이기 때문에 t –검정을 일반화 한 것이라 할 수 있다. 따라서 분산 분석은 두 모평균 차의 t검정과 마찬가지이므로 기본 가정인 정규 모집단과 동일한 모분산과 독립인 확률표본을 가정하고 있다.

그러나 $t-$ 검정 통계량은 표본 평균과 표본 오차를 포함하지만, 분산 분석은 검정통계량으로 표본 분산의 비로 구성한 $F-$통계량을 사용한다, 분산 분석은 모집단 사이에 평균이 차가 없다면 각 모집단 내의 분산과 집단 간의 분산에도 차가 없을 것이라는 원리에서 평균을 비교하는 대신 분산을 분석한다는 점이 흥미롭다.

처리	집단1	집단2	⋯	집단 k	총평균
	y_{11}	y_{21}	⋯	y_{k1}	
	y_{12}	y_{22}	⋯	y_{k2}	
	y_{12}	y_{22}	⋯	y_{k2}	
	⋮	⋮		⋮	
	y_{1n_1}	y_{2n_2}	⋯	y_{kn_k}	
평균	$\overline{y}_{1.}$	$\overline{y}_{2.}$	⋯	$\overline{y}_{k.}$	$\overline{y}$

이때

$$\overline{y}_{i.} = \frac{1}{n}\sum_{j=1}^{n_i} y_{ij},\ \overline{y} = \frac{1}{n}\sum_{i=1}^{k}\sum_{j=1}^{n_i} y_{ij},\ n = \sum_{i=1}^{k} n_i$$

이고, 각 집단의 표본의 크기는 같지 않아도 상관없다. 모집단 i 의 모평균을 μ_i 라 하고 임의오차, 즉 지단 평균으로 설명되지 않는 부분을 ϵ_{ij} 라 하면 집단 i의 j번 째 측정값 y_{ij} 는 다음과 같이 나타낼 수 있다.

$$y_{ij} = \mu_i + \epsilon_{ij}(i = 1,\ 2,\ \cdots,\ k,\ j = 1,\ 2,\ \cdots,\ n_i)$$

여기에서 각 ϵ_{ij} 는 서로 독립적이며 평균이 0 분산이 σ^2 인 정규 분포를 따른다고 가정한다. 모평균 μ 를 다음과 같이 정의하자.

$$\mu = \frac{1}{k}\sum_{i=1}^{k}\mu_i$$

[3]간단하게, 일원 분산 분석 이라고도 한다.

이때 μ_i 와 μ 의 차이인 $\mu_i - \mu$ 를 i 번 째 모집단(처리) 효과라고 하며 이를 α_i 로 쓴다. 그러면

$$y_{ij} = \mu_i + \epsilon_{ij} = \mu + (\mu_i - \mu) + \epsilon_{ij} = \mu + \alpha_i + \epsilon_{ij}$$

로 표현할 수 있다. 여기에서 k 개의 모집단(처리) 효과의 합은 0 이다. 지금까지의 결과를 정리하면 일원 분산분석의 자료 구조의 모형은

1. $y_{ij} = \mu_i + \epsilon_{ij}(i = 1,\ 2,\ \cdots,\ k,\ j = 1,\ 2,\ \cdots,\ n_i)$

   $$\epsilon_{ij} \sim N(0,\ \sigma^2)$$

   이며 서로 독립

2. $y_{ij} = \mu + \alpha_i + \epsilon_{ij}$

   $$\epsilon_{ij} \sim N(0,\ \sigma^2)$$

   이며 서로 독립이고

   $$\sum_{i=1}^{k} a_i = 0$$

   이다.

이때 처리 효과가 존재하지 않는다고 하면 각 k 개 집단 모평균에 대하여 $\alpha_i = 0$ 이다. 따라서 처리 효과가 존재하지 않는다는 것은 k 개 집단의 모집단이 동일하다는 것을 의미하고 있다. 식 ① 과 ② 의 모형은 동일한 것인데, 다만 효과를 i 번째 처리를 받은 집단 특성값의 평균 μ_i 로 표현 한 것이냐, i 번째 처리만의 순수 효과 α_i 와 총평균(Grand mean) μ 로 구분해서 나타낸 것이냐의 차이만 있을 뿐이다.

처리 효과가 존재하지 않는다는 것은 k 개 집단의 모집단이 동일하다는 것을 의미하며 일원 분산분석의 가설은 다음과 같다. 관측값 y_{ij} 와 총평균 $\overline{y}$ 과의 차이인 총편차 $y_{ij} - \overline{y}$를 분해하면 다음과 같이 쓸 수 있다.

$$y_{ij} - \overline{y} = \overline{y}_{i.} - \overline{y} + (y_{ij} - \overline{y}_{i.})$$

이 식의 양변을 제곱하고 모든 $i,\ j$ 에 대하여 합하면

$$\begin{aligned}\sum_{i=1}^{k}\sum_{j=1}^{n_i}(y_{ij} - \overline{y})^2 &= \sum_{i=1}^{k}\sum_{j=1}^{n_i}\overline{y}_{i.} - \overline{y}^2 + \sum_{i=1}^{k}\sum_{j=1}^{n_i}(y_{ij} - \overline{y}_{i.})^2 \\ &= \sum_{i=1}^{k} n_i\overline{y}_{i.} - \overline{y}^2 + \sum_{i=1}^{k}\sum_{j=1}^{n_i}(y_{ij} - \overline{y}_{i.})^2\end{aligned}$$

이때

1. $\sum_{i=1}^{k}\sum_{j=1}^{n_i}(y_{ij}-\overline{y})^2$ 을 **총편차제곱합**(Total sum of squares) 인 총변동으로 SST로 나타낸다.

2. $\sum_{i=1}^{k} n_i\overline{y}_{i.} - \overline{y}^2$은 **처리제곱합**(Treatment sum of squares)으로 처리(집단) 간 편차의 제곱합을 나타내고 계급간 제곱합 (Between sum of squares) 이라고도 하며 SSt로 표기한다.

3. $\sum_{i=1}^{k}\sum_{j=1}^{n_i}(y_{ij}-\overline{y}_{i.})^2$은 **잔차(오차)제곱합**(Error sum of squares) 으로 처리(집단)내 편차의 제곱합으로 계급내 제곱합(Within sum of squares) 이라고도 하며 SSE 로 나타낸다.

위와 같이 총제곱합을 분해한 식을 정리하면 다음과 같다.

1. 총 제곱합은 집단 간 차이와 관계없이 일정한 값이다.

2. 귀무가설이 참이면 즉, 집단 간 모평균이 모두 같으면 처리제곱합은 작아지고 잔차제곱합은 커진다.

3. 귀무가설이 거짓이면 즉, 집단 간 모평균이 모두 같지 않으면 처리제곱합은 커지고 잔차제곱합은 작아진다.

참인 명제의 대우명제도 참이라는 사실로부터 우리는 표본으로부터 계산한 처리제곱합과 잔차제곱합의 크기로 다음과 같이 귀무가설에 대해 판단할 수 있다.

	귀무가설
처리제곱합이 크고 잔차제곱합이 작다.	틀릴 가능성이 크다.
처리제곱합이 작고 잔차제곱합이 크다.	옳을 가능성이 크다.

따라서 처리제곱합과 잔차제곱합의 크기를 비교함으로써 다음과 같은 검정통계량 F 를 만들 수 있다.

$$F=\frac{SSt/(k-1)}{SSE/(n-k)}=\frac{MSt}{MSE}\sim F(k-1,\ n-k),\ n=\sum_{i=1}^{k}n_i$$

이때 제곱합을 자유도로 나누면 어떤 미지의 분산의 추정량이 되는데 이것을 **평균제곱**(Mean square) 이라 한다. 위 식에서 처리제곱합을 자유고 $k-1$ 로 나누는 것을 **평균제곱처리**(Mean square treatment) 라 하며 MSt 로 표기하고, 오차제곱합을 자유고 $n-k$ 로 나눈 것을 **평균제곱잔차**(Mean square error) 라하고 MSE 로 타나낸다. 검정통계량 F 의 값이 클수록 집단 간의 차이가 크다고 할 수 있다. 검정통계량 F 를 계산하기 위해서 필요한 제곱합, 자유도, 평균제곱등을 정리한 표를 **분산 분석표**(ANOVA table) 이라 한다.

요인	제곱합	자유도	평균제곱	검정통계량 F
처리	SSt	$k-1$	MSt	$\frac{MSt}{MSE}$
잔차	SSE	$n-k$	MSE	
합계	SST	$n-1$		

위의 내용을 정리하면 검정 절차는 다음과 같다.

일원배치 분산분석의 가설검정의 절차

1. 귀무가설과 대립가설을 설정한다.

$$H_0 : \mu_1 = \mu_2 = \cdots = \mu_k = \mu$$
$$H_1 : H_0 \text{ 가 아니다.}$$

2. 일원분석표를 작성한다.

3. 유의수준 α에서 임계값은 $F_\alpha(k-1,\ n-k)$ 이고 기각역은 $F \geq F_\alpha(k-1,\ n-k)$ 이며 유의 확률 (p 값)이 유의수준 α보다 작으면 귀무가설을 기각한다.

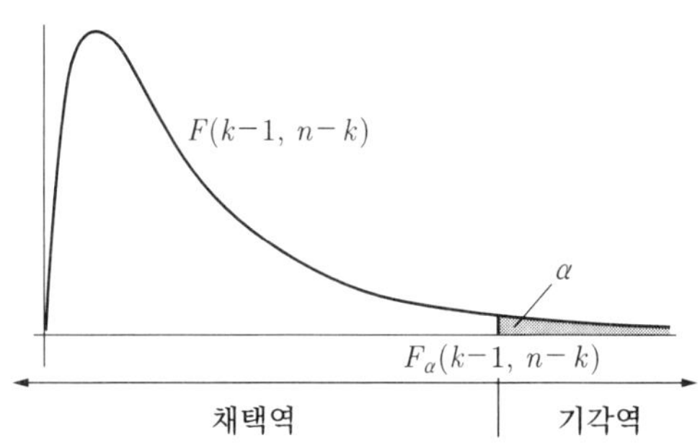

[그림 파일 11.2 추가]

예제 11.6

다음은 5대의 기계에서 생산되는 제품의 압축강도(compressive strength)를 측정하기 위해서 각 기계에서 표본을 4개씩 추출하여 조사한 자료이다. 이 자료를 근거로 각 기계의 압축 강도에 차이가 있는지 유의수준 5%로 검정하여라.

	기계1	기계2	기계3	기계4	기계5
표본A	101.1	103.5	121.1	105.8	107.5
표본B	109.3	110.4	119.9	111.5	109.8
표본C	110.2	98.9	113.8	115.6	111.8
표본D	108.9	105.7	123.2	107.9	99.3

풀이

1. 귀무가설과 대립가설을 설정한다.

$$H_0: \text{각 기계에 따라 압축 강도에 차이가 없다.}$$
$$H_1: \text{각 기계에 따라 압축 강도에 차이가 있다.}$$

또는

$$H_0: \mu_1 = \mu_2 = \cdots = \mu_5 \qquad H_1: H_0 \text{ 가 아니다.}$$

2. 일원분석표를 작성하기 위하여 관측값을 계산한다.

$$\overline{y}_{1.} = (101.1 + 109.3 + 110.2 + 108.9)/4 = 107.375$$
$$\overline{y}_{2.} = (103.5 + 110.4 + 98.9 + 105.7)/4 = 104.625$$
$$\overline{y}_{3.} = (121.1 + 119.9 + 113.8 + 123.2)/4 = 119.5$$
$$\overline{y}_{4.} = (105.8 + 111.5 + 115.6 + 107.9)/4 = 110.2$$
$$\overline{y}_{5.} = (107.5 + 109.8 + 111.8 + 99.3)/4 = 107.1$$

이고

$$\overline{y} = 109.76$$

이므로

$$SSt = \sum_{i=1}^{5} 4\overline{y}_{i.} - \overline{y}^2$$

$$=4((107.375 - 109.76)^2 + (104.625 - 109.76)^2 + (119.5 - 10976)^2$$

$$+ (107.1 - 10976)^2) = 536.773$$

$$SSE = \sum_{i=1}^{k}\sum_{j=1}^{n_i}(y_{ij} - \overline{y}_{i.})^2 = 316.715$$

$$SST = \sum_{i=1}^{5}\sum_{j=1}^{4}(y_{ij} - \overline{y})^2 = SSt + SSE = 853.488$$

이 되어 일원분석표를 작성하면 아래와 같다.

요인	제곱합	자유도	평균제곱	검정통계량 F
처리 SSt	536.773	4	$MSt = 134.1933$	$\frac{MSt}{MSE} = 6.3555$
오차 SSE	316.715	15	$MSE = 21.1143$	
합계 SST	853.488	19		

3. 유의 수준 $\alpha = 0.05$에서 임곗값은 $F_{0.05}(4,\ 15) = 3.055$ 이고 $F_0 = 6.3555$ 이다. $F_0 > F_{0.05}(4,\ 15)$이므로 H_0를 기각한다. 또한 유의확률을 계산하면 p 값은 0.0118 이고 유의 확률이 유의 수준 보다 작으므로 H_0 를 기각한다. 따라서 유의 수준 5% 에서 각 기계에 따라 압축 강도에 차이가 같다고 할 수 없다.

위의 예제 11.5를 Excel을 이용한 통계 처리 기법으로 결과를 확인해 보면

1. 다음 그림과 같이 주어진 자료를 입력한다.

	A	B	C	D	E
1	기계1	기계2	기계3	기계4	기계5
2	101.1	103.5	121.1	105.8	107.5
3	109.3	110.4	119.9	111.5	109.8
4	110.2	98.9	113.8	115.6	111.8
5	108.9	105.7	123.2	107.9	99.3

2. Excel의 리본 메뉴에서 [데이터]–[데이터분석]–[분산분석: 일원배치법]을 선택한다.

3. '입력 범위'와 유의수준일 입력한 뒤 확인을 누른다.

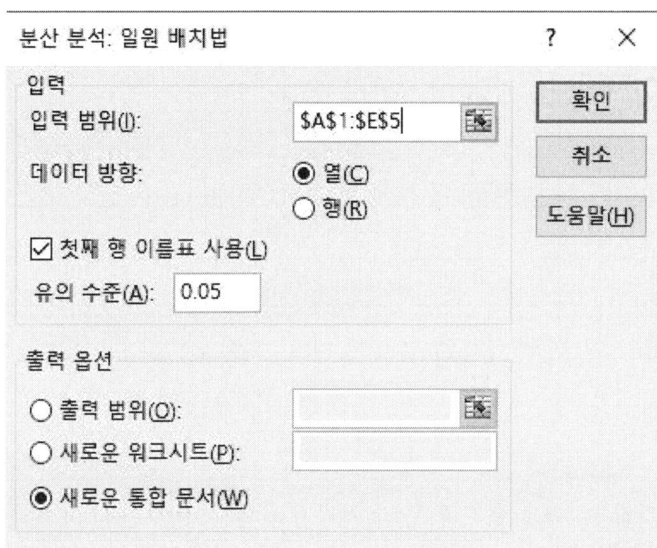

다음의 결과가 나타난다.

요인	제곱합	자유도	제곱 평균	F 검정통계량	$P-$값	F 임계값
처리 (SSt)	536.773	4	$MSt = 134.1933$	6.3555	0.00337	3.0555
잔차 (SSE)	316.715	15	$MSE = 21.1143$			
계	853.488	19				

11.2.2 이원 배치 분산 분석법

어떤 기계에서 불량품이 발생하는 영향이 한 가지만 있는 것이 아닐 수 있다. 즉 여러 요인인 복합적으로 작용하여 불량품이 나올 수 있다. 이와 같이 여러 요인이 미치는 영향을 분석하는 통계적 기법을 다요인 분산분석법(Multifactor ANOVA) 이라 한다. 여기에서는 관심있는 요인의 수가 두 개인 경우에 대한 분석법인 이원 배치법 또는 이원 분산 분석(Two-way ANOVA)을 알아보고자 한다. 이원 분석 분석은 2 개의 처리에 대한 각 조합의 조건에서 자료 구조의 반복이 없는 경우와 반복이 있는 경우로 나눌 수 있다.

1. 반복이 없는 이원분산 분석법. 반복이 없는 이원 분산 분석의 자료 구조는 아래와 같다.

$A \backslash B$	B_1	B_2	$\cdots$	B_j	$\cdots$	B_m	평균 $\overline{y}_{i.}$
A_1	y_{11}	y_{12}	$\cdots$	y_{1j}	$\cdots$	y_{1m}	$\overline{y}_{1.}$
A_2	y_{21}	y_{22}	$\cdots$	y_{2j}	$\cdots$	y_{2m}	$\overline{y}_{2.}$
$\vdots$	$\vdots$	$\vdots$		$\vdots$		$\vdots$	
A_i	y_{i1}	y_{i2}	$\cdots$	y_{ij}	$\cdots$	y_{im}	$\overline{y}_{i.}$
$\vdots$	$\vdots$	$\vdots$		$\vdots$		$\vdots$	
A_l	y_{l1}	y_{l2}	$\cdots$	y_{lj}	$\cdots$	y_{lm}	$\overline{y}_{l.}$
평균 $\overline{y}_{.j}$	$\overline{y}_{.1}$	$\overline{y}_{.2}$	$\cdots$	$\overline{y}_{.j}$	$\cdots$	$\overline{y}_{.m}$	총평균 $\overline{y}_{..}$

2개의 처리는 각각 A, B로 표기하고, 각 처리가 갖는 수준 수는 l, m 이라고 하자. 이때 전체 실험횟수는 $l \cdot m$ 회이다. 이때

$$\overline{y}_{i.} = \frac{1}{m}\sum_{j=1}^{m} y_{ij},\ i = 1,\ 2,\ \cdots,\ l$$

$$\overline{y}_{.j} = \frac{1}{l}\sum_{j=1}^{l} y_{ij},\ j = 1,\ 2,\ \cdots,\ m$$

$$\overline{y}_{..} = \frac{1}{lm}\sum_{i=1}^{l}\sum_{j=1}^{m} y_{ij}$$

이고, 반복이 없는 이원 분산 분석의 모집단의 모형에서 관측값 y_{ij} 는 다음과 같다.

$$y_{ij} = \mu + \alpha_i + \beta_j + \epsilon_{ij},\ (i = 1,\ 2,\ \cdots,\ l,\ j = 1,\ 2,\ \cdots,\ m)$$

여기에서 α_i 는 A 의 i번째 수준의 처리효과, β_j 는 B 의 j번째 수준의 처리효과를 말하며, ϵ_{ij}

는 오차항으로 서로 독립이고 평균이 0인고 분산이 σ^2 인 정규분포를 따른다. 즉

$$\epsilon_{ij} \sim N(0,\ \sigma^2),\ \sum_{i=1}^{l} \alpha_i = 0,\ \sum_{j=1}^{m} \beta_j = 0$$

를 만족한다. 우리가 이원분산 분석법을 이용하여 밝히고자 하는 것은 처리 A, B이 효과가 있는지의 여부이다. 즉 다음의 두 가설

$$H_0(A) : \alpha_1 = \alpha_2 = \cdots = \alpha_l = 0,\ H_1(A) : \text{ 적어도 하나의 } i\text{에 대하여} \alpha_i \neq 0$$

$$H_0(B) : \beta_1 = \beta_2 = \cdots = \beta_m = 0,\ H_1(B) : \text{ 적어도 하나의 } j\text{에 대하여} \beta_j \neq 0$$

에 대한 검정 결과이다. 이 가설을 검정하기 위해 총편차를 다음과 같이 세 가지 변동요인과 관련 있는 관계식으로 분해하여 제곱합을 구해야한다.

$$y_{ij} - \overline{y}_{..} = \overline{y}_{i.} - \overline{y}_{..} + \frac{\overline{y}_{.j} - \overline{y}_{..}}{+}(y_{ij} - \overline{y}_{i.} - \overline{y}_{.j}\overline{y}_{..})$$

이 관계식은 차례로

$$\text{총편차} = A_i\text{의 편차} + B_j\text{의 편차} + \text{오차}$$

를 말한다. 이 관계식의 양변을 제곱하면

$$\sum_{i=1}^{l}\sum_{j=1}^{m}(y_{ij} - l \in ey_{..})^2 = m\sum_{i=1}^{l}\overline{y}_{i.} - \overline{y}^2_{..} + l\sum_{j=1}^{m}\overline{y}_{.j} - \overline{y}^2_{..}$$
$$+ \sum_{i=1}^{l}\sum_{j=1}^{m}(y_{ij} - l \in ey_{i.} - l \in ey_{.j}\frac{+}{l \in e}y_{..})^2$$

이 되고, 다음과 같이 쓴다.

$$SST = \sum_{i=1}^{l}\sum_{j=1}^{m}(y_{ij} - \overline{y}_{..})^2\ :\ \text{총 제곱의 합(Total sum of squares)}$$

$$SSA = m\sum_{i=1}^{l}\overline{y}_{i.} - \overline{y}^2_{..}\ :\ \text{처리}A\text{의 제곱합(Sum of squares due to}A\text{)}$$

$$SSB = l\sum_{j=1}^{m}\overline{y}_{.j} - \overline{y}^2_{..}\ :\ \text{처리}B\text{의 제곱합(Sum of squares due to}B\text{)}$$

$$SSE = \sum_{i=1}^{l}\sum_{j=1}^{m}(y_{ij} - \overline{y}_{i.} - \overline{y}_{.j} + \overline{y}_{..})^2\ :\ \text{오차 제곱의 합(Error sum of squares)}$$

따라서 위 관계식은 다음과 같이 표현된다.

$$SST = SSA + SSB + SSE$$

이때 반복이 없는 이원분석표는 아래와 같다.

변동요인	제곱합	자유도	평균제곱	검정통계량 F
처리A	SSA	$l-1$	$MSA=\frac{SSA}{l-1}$	$\frac{MSA}{MSE}$
처리 B	SSB	$m-1$	$MSB=\frac{SSB}{m-1}$	$\frac{MSB}{MSE}$
잔차	SSE	$(l-1)(m-1)$	$MSE=\frac{SSE}{(l-1)(m-1)}$	
합계	SST	$lm-1$		

이때 각 검정 통계량은 아래와 같이 F 분포를 따르고

$$\text{처리 } A \text{ 가 참일 때 } \frac{MSA}{MSE} \sim F((l-1),\ (l-1)(m-1))$$
$$\text{처리 } B \text{ 가 참일 때 } \frac{MSB}{MSE} \sim F((m-1),\ (l-1)(m-1))$$

이며 검정통계량 F 의 관측값이

$$F((l-1),\ (l-1)(m-1))$$

이 보다 크면 처리 A의 귀무가설을 기각하고, 검정통계량 F 의 관측값이

$$F((m-1),\ (l-1)(m-1))$$

이 보다 크면 처리 B의 귀무가설을 기각한다.

예제 11.7

다음은 업무 시간(오전, 오후, 야간)과 업무 방법(방법1, 방법2, 방법3, 방법4)의 두 가지 요인이 생산량에 미치는 영향을 알아보기 위해 반복이 없는 이원 배치 모형의 실험을 하였다. 업무 시간과 업무 방법이 생산량에 영향을 미치는지 유의 수준 5% 로 검정하여라.

업무 시간	방법1	방법2	방법3	방법4
오전	68	71	73	70
오후	72	73	70	68
야간	68	68	66	72

풀이

1. 가설의 설정 : 업무시간을 A, 업무 방법을 B 로 하자. α_i 는 A의 i번 째 효과, βj 는 B 의 j번째 수준의 효과를 나타낸다고 하면 귀무 가설과 대립 가설은 다음과

같이 설정할 수 있다.

$$H_0(A) : \alpha_1 = \alpha_2 = \alpha_3 = \alpha_4 = 0,\ H_1(A) : \alpha_i \text{ 중 적어도 하나는 } 0 \text{ 이 아니다.}$$

$$H_0(B) : \beta_1 = \beta_2 = \beta_3 = 0,\ H_1(B) : \beta_j \text{ 중 적어도 하나는 } 0 \text{ 이 아니다.}$$

2. 이원분산 분석표를 만들면 다음과 같다.

요인	제곱합	자유도	평균제곱	검정통계량 F	p 값	$F_{0.05}$
A	12.16667	2	6.083333	0.8327	0.479	5.14
B	2.916667	3	0.972222	0.13308	0.936	4.76
오차	43.83333	6	7.305556			
합계	58.91667					

3. 검정 결과 : 출력된 결과를 보면 업무시간대의 검정 통계량의 관측값 0.8327은 $F_{0.05}(2,\ 6) = 5.143253$ 보다 크고 p값이 0.4795로 유의 수준 0.05보다 작으므로 귀무가설을 기각하고, 방법의 검정 통계량의 관측값 0.13308은 $F_{0.05}(3,\ 6) = 4.757063$ 보다 작으므로 귀무가설을 기각할 수 없다. 따라서 작업시간은 생산량에 관계하고 있지만, 업무처리 방법은 생산량에 영향 없다고 할 수 있다.

위의 예제 11.6을 Excel을 이용한 통계 처리 기법으로 결과를 확인해 보면

1. 다음 그림과 같이 주어진 자료를 입력한다.

	A	B	C	D	E
1	시간	방법1	방법2	방법3	방법4
2	오전	68	71	73	70
3	오후	72	73	70	68
4	야간	68	68	66	72

2. Excel의 리본 메뉴에서 [데이터]–[데이터분석]–[분산분석: 반복이 없는 이원 배치법]을 선택한다.

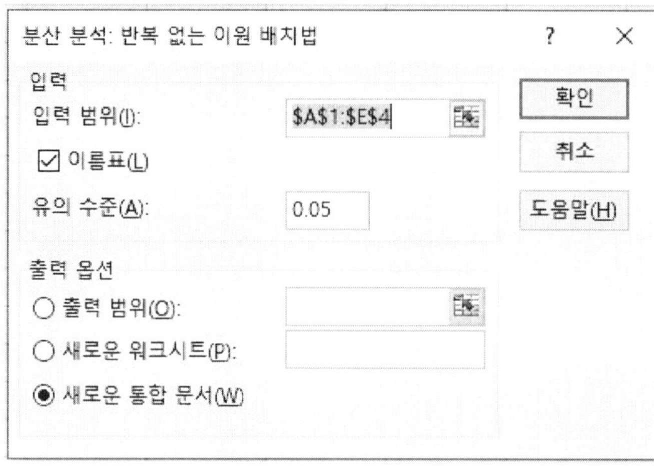

3. 검정의 결과는 다음과 같이 출력된다.

요약표	관측수	합	평균	분산
오전	4	282	70.5	4.333333
오후	4	283	70.75	4.916667
야간	4	274	68.5	6.333333
방법1	3	208	69.33333	5.333333
방법2	3	212	70.66667	6.333333
방법3	3	209	69.66667	12.33333
방법4	3	210	70	4

분산 분석						
변동의 요인	제곱합	자유도	제곱 평균	F 비	P-값	F 기각치
인자 A(행)	12.16667	2	6.083333	0.8327	0.479567	5.143253
인자 B(열)	2.916667	3	0.972222	0.13308	0.936814	4.757063
잔차	43.83333	6	7.305556			
계	58.91667	11				

2. 반복이 있는 이원분산 분석법

앞에서는 두 가지 요인의 각 조건에서 자료의 수가 하나인 경우만 다루었다. 직,a부터는 각 조건에서 자료를 여러 번 관측하는 반복이 있는 이원배치 분산 분석법을 다루어보도록 하자.

반복이 있는 이원배치 분산 분석법의 장점은 두 요인이 서로 영향을 주는 경우에 이를 추정할 수 있다는 것이다. 두 요인이 영향을 준다는 것은 한 요인의 각 수준에서 또 다른 요인의 효과가 다를 수 있다는 것을 말한다. 예를 들어 식이 요법(요인 A)과 영양 상태(요인 B)가 몸무게의 변화에 영향을 주는가와 같이 두 가지 요인이 서로 연관성(교호작용, Interaction)을 검정할 수 있다.

각 요인의 두 가지 측정 결과를 포함한 이원배치 분산 분석에서 상호 작용 효과란 한 요인의 수준에 따라 다른 요인의 수준의 차이가 달라지는지를 의미한다. 아래 그림은 두 요인 간 상호 작용효과가 이는 경우와 상호 작용이 없는 경우의 예이다.

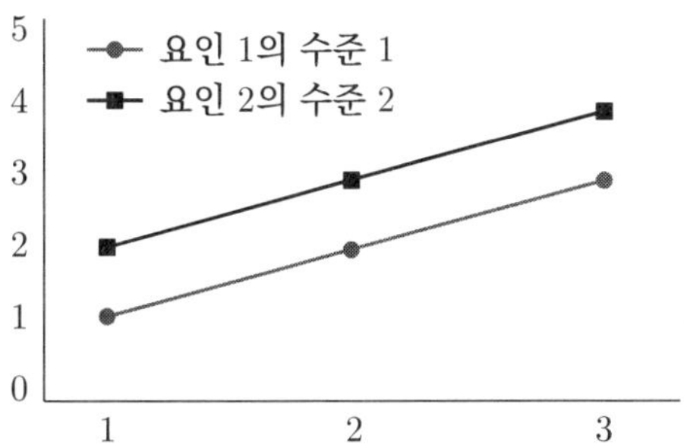

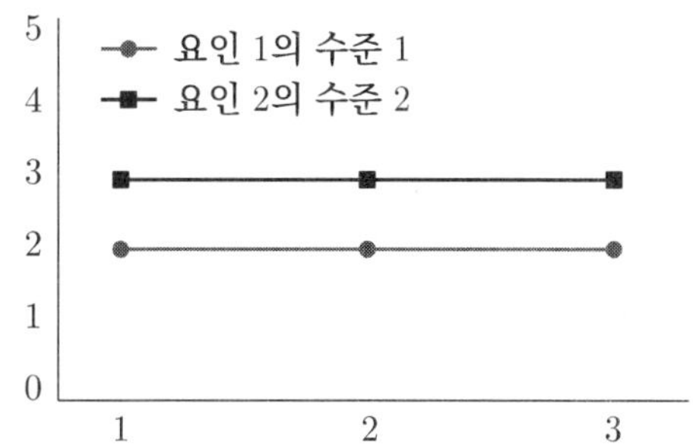

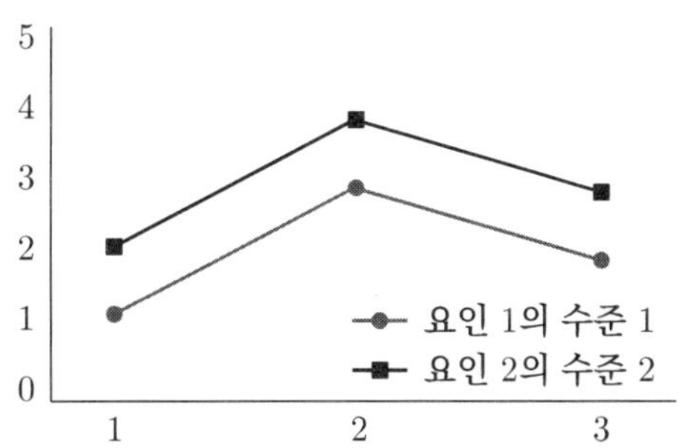

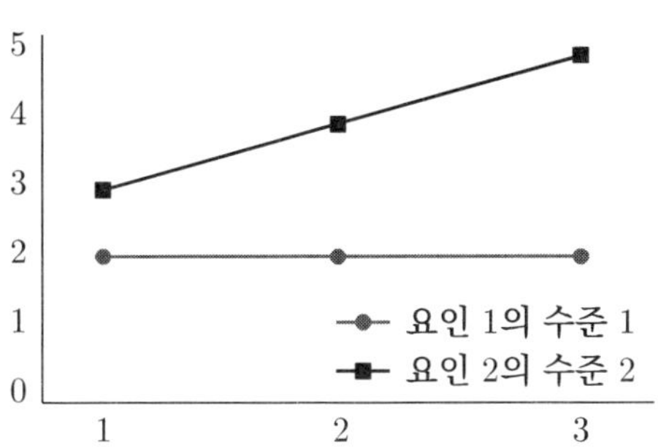

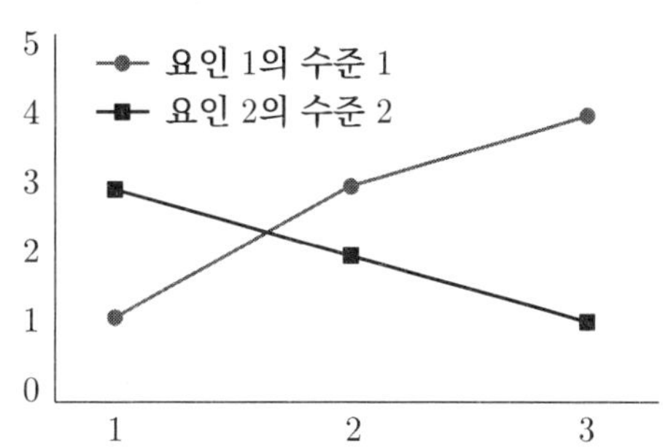

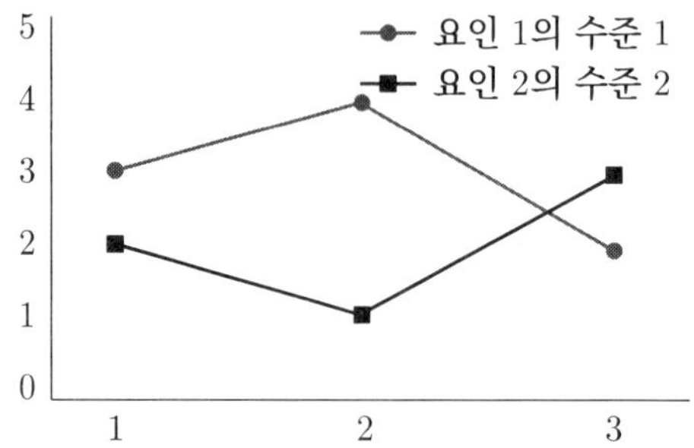

반복이 있는 이원 분산 분석의 자료 구조는 아래와 같다.

$A \backslash B$	B_1	B_2	$\cdots$	B_j	$\cdots$	B_m	평균 $\overline{y}_{i..}$
A_1	y_{111} y_{112} $\vdots$	y_{121} y_{122} $\vdots$	$\cdots$	y_{1j1} y_{1j2} $\vdots$	$\cdots$	y_{1m1} y_{1m2} $\vdots$	$\overline{y}_{1..}$
	$\overline{y}_{11.}$	$\overline{y}_{12.}$	$\cdots$	$\overline{y}_{1j.}$	$\cdots$	$\overline{y}_{1m.}$	
A_2	y_{211} y_{212} $\vdots$	y_{221} y_{222} $\vdots$	$\cdots$	y_{2j1} y_{2j2} $\vdots$	$\cdots$	y_{2m1} y_{2j2} $\vdots$	$\overline{y}_{2..}$
	$\overline{y}_{21.}$	$\overline{y}_{22.}$	$\cdots$	$\overline{y}_{2j.}$	$\cdots$	$\overline{y}_{2m.}$	
$\vdots$	$\vdots$	$\vdots$	$\vdots$	$\vdots$	$\vdots$	$\vdots$	$\vdots$
A_i	y_{i11} y_{i12} $\vdots$	y_{i21} y_{i22} $\vdots$	$\cdots$	y_{ij1} y_{ij2} $\vdots$	$\cdots$	y_{im1} y_{im2} $\vdots$	$\overline{y}_{i..}$
	$\overline{y}_{i1.}$	$\overline{y}_{i2.}$	$\cdots$	$\overline{y}_{ij.}$	$\cdots$	$\overline{y}_{im.}$	
$\vdots$	$\vdots$	$\vdots$	$\vdots$	$\vdots$	$\vdots$	$\vdots$	$\vdots$
A_l	y_{l11} y_{l12} $\vdots$	y_{l21} y_{l22} $\vdots$	$\cdots$	y_{lj1} y_{lj2} $\vdots$	$\cdots$	y_{lm1} y_{lm2} $\vdots$	$\overline{y}_{l..}$
	$\overline{y}_{l1.}$	$\overline{y}_{l2.}$	$\cdots$	$\overline{y}_{lj.}$	$\cdots$	$\overline{y}_{lm.}$	
평균 $\overline{y}_{.j}$	$\overline{y}_{.1.}$	$\overline{y}_{.2.}$	$\cdots$	$\overline{y}_{.j.}$	$\cdots$	$\overline{y}_{.m.}$	총평균 $\overline{y}_{...}$

2개의 처리는 각각 A, B로 표기하고, 각 처리가 갖는 수준 수는 l, m 이라고 하자. 이때 처리 조합 $l \cdot m$ 개의 실험을 반복했을 때 전체 실험 횟수가 n 회라고 가정하자. (단, 모든 조합의 반복수가 같을 필요는 없다.) 그러면 반복이 있는 이원 분산 분석의 모집단의 모형은 다음과

같다.

$$y_{ijk} = \mu + \alpha_i + \beta_j + \gamma_{ij} + \epsilon_{ijk}$$

$$(i = 1,\ 2,\ \cdots,\ l,\ j = 1,\ 2 \cdots m,\ k = 1,\ 2,\ \cdots,\ n)$$

여기에서 α_i 는 A 의 i번째 수준의 효과, β_j 는 B 의 j 번째 수준의 효과, γ_{ij} 는 A 의 i 번째 수준과 B 의 j 번째 수준의 상호작용 효과, ϵ_{ijk}는 오차항, 그리고 숫자 n은 조합별 반복의 수이다. 또 오차 ϵ_{ijk} 는 서로 독립이고 평균이 0 이고 분산이 σ^2은 정규분포를 따른다고 가장한다.

$$\epsilon_{ijk} \sim N(0,\ \sigma^2)$$

반복이 있는 이원 배치 분산 분석에서 주된 관심은 다음 세 가지 가설에 대한 검정의 결과이다.

1. $H_0(A)\ :\ \alpha_1 = \alpha_2 = \cdots = \alpha_l = 0$, 요인 A의 효과는 처리별로 차이가 없다.

   H_1 : 적어도 하나의 i에 대하여 $\alpha_i \neq 0$, 요인 A의 효과는 처리별로 차이가 있다.

2. $H_0(B)\ :\ \beta_1 = \beta_2 = \cdots = \beta_j = 0$, 요인 B의 효과는 처리별로 차이가 없다.

   H_1 : 적어도 하나의 j에 대하여 $\beta_j \neq 0$, 요인 B의 효과는 처리별로 차이가 있다.

3. $H_0(AB)\ :\ \gamma_{11} = \gamma_{12} = \cdots = \gamma_{1m} = 0$, 요인 A와 요인 B의 상호작용 효과가 없다.

   H_1 : 적어도 하나의 $(i,\ j)$에 대하여 $\gamma_{ij} \neq 0$, 요인 A와 요인 B의 상호작용 효과가 있다.

1의 가설은 요인 A의 처리 효과가 있는지를 결정하며, 2와 3이 가설은 요인 B 의 처리 효과와, 두 요인의 교호 작용 효과가 있는지를 결정한다. 위 가설을 검정하기 위해서는 기본적으로 반응값의 분산을 네 가지 변동요인과 관계가 있는 다음의 관계식을 이용한다.

$$\sum_{i=1}^{l}\sum_{j=1}^{m}\sum_{k=1}^{r}(y_{ijk} - \overline{y}_{...})^2 = \sum_{i}\sum_{j}\sum_{k}\overline{y}_{i..} - \overline{y}^{2+}_{...}\sum_{i}\sum_{j}\sum_{k}\overline{y}_{.j.} - \overline{y}^{2}_{...}$$
$$+\sum_{i}\sum_{j}\sum_{k}\overline{y}_{ij.} - \overline{y}_{i..} - \overline{y}_{.j.} + \overline{y}^{2+}_{...}\sum_{i}\sum_{j}\sum_{k}(y_{ijk} - \overline{y}_{ij.})^2$$

위 식을 차례로 로 쓰면 위 관계식은 다음과 같이 표현된다.

$$SST = SSA + SSB + SS(AB) + SSE$$

일원 배치 분산분석이나 반복이 없는 이원배치 분산 분석에서와 마찬가지로 앞의 세 가지 가설에 대한 검정은 해당하는 제곱합과 오차제곱합을 이용한다, 즉, 귀무가설

$$H_0\ :\ \alpha_1 = \alpha_2 = \cdots = \alpha_l = 0$$

이 맞다면 요인 A의 각 수준에 따른 표본 평균은 비슷한 값을 가질 것이다. 반대로 귀무가설이 틀리고 요인 A의 처리 효과가 존재한다면, 다시 말해서 각 수준에서의 모평균이 같지 않다면 표본 평균이 총평균과 차이가 나게 되어 SSA 는 큰 값을 가질 것이다. 이때 반복이 없는 이원분석표는 아래와 같다.

변동요인	제곱합	자유도	평균제곱	검정통계량 F
처리A	SSA	$l-1$	$MSA = \frac{SSA}{l-1}$	$\frac{MSA}{MSE}$
처리 B	SSB	$m-1$	$MSB = \frac{SSB}{m-1}$	$\frac{MSB}{MSE}$
상호작용 AB	$SS(AB)$	$(l-1)(m-1)$	$MS(AB) = \frac{SS(AB)}{(l-1)(m-1)}$	$\frac{MS(AB)}{MSE}$
잔차	SSE	$n-lm$	$MSE = \frac{SSE}{n-lm}$	
합계	SST	$n-1$		

이때 3 개의 검정통계량 F 의 관측값이 유의 수준 α 인 임곗값보다 크면 H_0 를 기각한다. 또 유의 확률 p가 유의 수준 α 보다 작으면 귀무가설을 기각한다.

예제 11.8

A, B, C 세 종류의 식이요법을 영양 상태가 다른 네 종류의 동물 1, 2, 3, 4 에 대해 실험한 결과, 2주 후의 몸무게 변화를 두 번 반복 실험한 결과가 다음과 같았다.

구분	식이요법 A	식이요법 B	식이요법 C
영양상태1	58	71	68
영양상태2	56	72	78
영양상태3	62	66	81
영양상태4	71	81	72

구분	식이요법 A	식이요법 B	식이요법 C
영양상태1	60	68	70
영양상태2	62	72	74
영양상태3	62	70	78
영양상태4	70	80	68

이때 식이요법과 영양상태의 상호 작용 효과가 있는지를 Excel을 사용하여 유의수준 5% 로 검정하여라.

풀이

두 실험을 하나의 표로 만들면

구분	식이요법 A	식이요법 B	식이요법 C
영양상태1	58	71	68
	60	68	70
영양상태2	56	72	78
	62	72	74
영양상태3	62	66	81
	62	70	78
영양상태4	71	81	72
	70	80	68

이다.

1. 먼저 가설을 설정한다.

H_0 : 요인 A(영양상태) 의 효과는 처리별로 차이가 없다.

H_0 : 요인 B(식이요법) 의 효과는 처리별로 차이가 없다.

H_0 : 요인 A와 요인 B 의 상호작용 효과가 없다.

H_1 : H_0 가 아니다.

2. 그림과 같이 주어진 데이터를 행 단위와 열 단위로 입력한다. 반복이 있는 요인은 행에 입력한다.

	A	B	C	D
1	구분	식이요법 A	식이요법 B	식이요법 C
2	영양상태1	58	71	68
3		60	68	70
4	영양상태2	56	72	78
5		62	72	74
6	영양상태3	62	66	81
7		62	70	78
8	영양상태4	71	81	72
9		70	80	68

3. 다음의 결과가 출력된다.

요약표	식이요법 A	식이요법 B	식이요법 C	계
영양상태1				
관측수	2	2	2	6
합	118	139	138	395
평균	59	69.5	69	65.83333
분산	2	4.5	2	29.76667
영양상태2				
관측수	2	2	2	6
합	118	144	152	414
평균	59	72	76	69
분산	18	0	8	68.4
영양상태3				
관측수	2	2	2	6
합	124	136	159	419
평균	62	68	79.5	69.83333
분산	0	8	4.5	65.76667
영양상태4				
관측수	2	2	2	6
합	141	161	140	442
평균	70.5	80.5	70	73.66667
분산	0.5	0.5	8	29.86667
계				
관측수	8	8	8	
합	501	580	589	
평균	62.625	72.5	73.625	
분산	28.26785714	28.57142857	24.55357143	

출력 결과로부터 이원분산분석표를 작성하면 다음과 같다.

변동의 요인	제곱합	자유도	제곱 평균	F 비	P－값	F 기각치
인자 A(행)	186.8333	3	62.2777	13.34524	0.00039	3.490
인자 B(열)	586.0833	2	293.0417	62.79464	0.00000	3.885
교호작용	326.9166	6	54.4861	11.6756	0.00021	2.996
잔차	56	12	4.6666			
계	1155.8333	23				

분산분석표에서 영양 상태에 대한 검정통계량 F 의 관측값

$$F = 13.34524 \text{ 는 } F_{0.05}(3,\ 12) = 3.49$$

보다 크므로 유의 수준 5% 에서 첫 번째 H_0 를 기각한다. 또한 식이 요법에 대한 검정 통계량 F 의 관측값

$$F = 62.79464 \text{ 는 } F_{0.05}(2,\ 12) = 3.885$$

보다 크므로 유의 수준 5% 에서 두 번째 H_0 를 기각한다. 마찬가지로 상호작용 효과도

$$F = 11.6756 > F_{0.05}\ (6,\ 12) = 2.996$$

이므로 유의 수준 5% 에서 세 번째 H_0 를 기각한다. 한 편 p값이 모두 매우 작으므로 H_0 를 모두 기각할 수 있다. 따라서 유의 수준 5% 에서 영양상태와 식이요법의 상호 작용이 존재한다고 할 수 있다.

예제 11.2. 에서 업무시간과 업무방법에 생산량에 영행을 미치는지 확인해보았다. 이 실험을 반복했을 때는 결과가 어떤지 다음에제를 통해서 알아보자.

예제 11.9

다음은 업무 시간(오전, 오후, 야간)과 업무 방법(방법1, 방법2, 방법3, 방법4)의 두 가지 요인이 생산량에 미치는 영향을 알아보기 위해 각 방법을 업무시간대 별로 세 번씩 반복 실험한 결과이다. 업무 시간과 업무 방법의 상호 작용 효과가 있는지를 유의 수준 5% 로 검정하여라.

업무 시간	방법1	방법2	방법3	방법4	업무시간 평균
오전	68	72	73	69	70.5
	70	70	72	72	71
	72	71	70	67	70
오후	72	74	70	68	71
	70	73	68	73	71
	72	71	70	67	70
야간	69	69	66	72	69
	62	65	68	63	64.5
	65	66	65	62	64.5
방법 평균	69	70	69	68	69

풀이

1. 가설의 설정 : 업무시간을 A, 업무 방법을 B 로 하자. α_i 는 A의 i번 째 효과, βj 는 B 의 j번째 수준의 효과를 나타낸다고 하면 귀무가설과 대립 가설은 다음과 같이 설정할 수 있다.

   ○ H_0 : 요인 A의 효과는 처리별로 차이가 없다.

   ○ H_0 : 요인 B의 효과는 처리별로 차이가 없다.

   ○ H_0 : 요인 A와 요인 B 의 상호작용 효과가 없다.

   ○ H_1 : H_0 가 아니다.

2. 이원분산 분석표를 만들면 다음과 같다.

변동의 요인	제곱합	자유도	제곱 평균	F 비	P-값	F 기각치
인자 A(행)	162.6667	2	81.33333	11.393	0.000332	3.402826
인자 B(열)	18	3	6	0.840467	0.485085	3.008787
교호작용	18	6	3	0.420233	0.858198	2.508189
잔차	171.3333	24	7.138889			
계	370	35				

3. 검정결과 업무 시간대에 대한 검정 통계량 F 의 관측값

$$F = 11.393 \text{ 은 } F_{0.05}\ (2,\ 24) = 3.402826$$

보다 크므로 유의수준 5%에서 첫 번째 H_0 를 기각한다. 또한 방법에 대한 검정 통계량 F 의 관측값

$$F = 0.840467 \text{ 은 } F_{0.05}\ (3,\ 24) = 3.008787$$

보다 작으므로 두 번째 H_0 를 기각할 수 없다. 마찬가지로 상호작용 효과도

$$F = 0.420233 < F_{0.05}\ (6,\ 24) = 2.508189$$

이므로 세 번째 H_0도 기각 할 수 없다. 따라서 유의수준 5% 에서 업무 시간대의 효과는 처리별로 차이가 있으며, 방법의 효과는 차이가 없는 것으로 나타났으며, 업무시간과 방법의 상호 작용 효과는 없다고 본다.

연습문제

1. 멘델은 노란색 순종과 녹색 순종의 교배실험에서 생산된 3,000개의 완두콩 중에서 840개의 녹색 완두콩을 얻었다. 그의 이론에 따르면 노란색 완두콩과 녹색 완두콩의 비가 3 : 1 이다. 교배 실험의 결과는 멘델의 이론에 어긋난다고 할 수 있는지 유의수준 0.05로 검정하여라.

2. 세 방송사 A, B, C 의 시청률은 A가 30%, B가 35%, C가 35% 로 알려져 있다. 어느 조사 기관에서 1,000명을 대상으로 하여 동시간대 TV 방송사별 시청자수를 조사한 결과 아래와 같았다. 이때 각 방송사별 시청률이 잘 조사되었다고 할 수 있는지를 유의수준 5% 로 검정하여라.

	A 방송사	B방송사	C방송사	합계
시청자수	330	410	260	1000

3. 식당을 운영하고자 하는 어느 창업자가 최근 유행하는 세 가지 유형의 식당에 대한 소비자의 선호도를 조사하여 창업 기획에 반영하고자 한다. 식당 유형에 대한 수비자의 선호도가 성별과 관계가 있는지를 알아보기 위해 200명을 임의로 추출하여 다음과 같은 결과를 얻었다. 식당 유형에 대한 소비자 선호도와 성별이 서로 독립이라고 할 수 있는지 유의수준 5%로 검정하여라.

범주	한식당	양식당	중식당	합계
남성	40	20	30	90
여성	20	50	40	110
합계	60	70	70	200

4. 어떤 공장에서는 3개의 신상품 A, B, C 를 개발하여 소비자들의 선호도를 조사하려고 한다. 특히, 이 신상품이 선호도에 대한 남녀 간의 상관관계가 있는지를 알아보기 위해 300명을 대상으로 하여 다음의 결과를 얻었다. 이 자료로부터 신상품에 대한 선호도와 성별은 서로 독립적이라고 할 수 있는지 유의 수준 0.05로 검정하여라.

범주	A	B	C	합계
여자	45	80	35	160
남자	30	60	50	140
합계	75	140	85	300

5. 다음 분산분석표를 완성하고 물음에 답하여라.

요인	제곱합	자유도	제곱 평균	F 검정통계량	P－값	F 임계값
처리(SSt)		5				
잔차(SSE)			MSE=30			
합계	300	20				

6. 다음은 세 개의 기계에서 생산되는 생산품의 생산량을 나타낸 것이다. 기계에 따라 생산량에 차이가 있는지 유의수준 5%로 검정하여라.

기계1	기계2	기계3
80	82	90
79	78	88
91	67	91
68	63	95

7. 다음은 어떤 품종 작물 실험에서 3가지 품종에 4가지 비료를 준 결과로 얻은 단위 넓이 (1 헥타르, ha)당 수확량(톤, ton)을 나타낸 자료이다. 비료와 품종이 수확량에 영향을 미치는가를 Excel을 활용하여 유의 수준 5% 로 검정하여라.

종류	품종1	품종2	품종3
비료A	4.4	4.8	5.1
비료B	4.8	5.2	4.7
비료C	3.9	5.2	5.1
비료D	3.8	4.5	5.2

8. 어느 USB 생산 공장에서는 기획 상품으로 세 가지 디자인의 USB를 개발 하였다. 다음은 각 디자인의 1일 매출액을 나타낸 자료이다. 디자인의 차이에 따라 매출액에 차이가 있는지를 유의수준 5%로 검정하여라.

디자인1	디자인2	디자인3
30	32	10
29	28	38
41	17	41
18	13	45

9. 일반 휘발유와 프리미엄 휘발유와 첨가제의 효과를 분석하기 위해 동일한 자동차에 동일한 양의 휘발유와 첨가제를 넣고 주행 시험을 했다. 두 요인의 실험 처리 조합 내에서 두 번이 실험을 반복하여 측정한 주행거리는 아래와 같이 나타났다. Excel을 이용하여 분산 분석표를 작성하고 적절한 가설을 설정하여 유의수준 5%로 검정하여라.

구분	첨가제1	첨가제2	첨가제3
일반휘발유	41	39.6	40.5
	42	38.8	41
프리미엄휘발유	39.5	38	39.5
	40.5	39.1	40.6

10. 비타민 C 가 감기에 미치는 영향에 대한 조사를 위해 현재 감기에 걸린 성인(감기 성인) 10명과 감기가 걸리지 않은 성인(비감기 성인) 10명을 각각 두 모임으로 나누어 한 모임에는 비타민 C 를 투여하고 다른 모임에는 위약(Placebo)를 투여하였다. 관측값으로 활동지수를 측정하여 얻은 결가는 다음과 같다. 투여약의 효과, 성인의 효과, 상호(교호)작용 효과에 대해 Excel을 이용하여 분산 분석표를 작성하고 적절한 가설을 설정하여 유의수준 5%로 검정하여라.

구분	위약		비타민 C	
비감기 성인	51	48	58	60
	56	54	55	66
감기 성인	81	78	68	71
	77	68	63	65

부록 A

1. 표준 정규 분포표

2. 이항분포표

3. 푸아송분포표

4. t 분포표

5. 카이제곱 분포표

6. F– 분포표

1. 표준 정규 분포표

z	.00	.01	.02	.03	.04	.05	.06	.07	.08	.09
0.0	.5000	.4960	.4920	.4880	.4840	.4801	.4761	.4721	.4681	.4641
0.1	.4602	.4562	.4522	.4483	.4443	.4404	.4364	.4325	.4286	.4247
0.2	.4207	.4168	.4129	.4090	.4052	.4013	.3974	.3936	.3897	.3859
0.3	.3821	.3783	.3745	.3707	.3669	.3632	.3594	.3557	.3520	.3483
0.4	.3446	.3409	.3372	.3336	.3300	.3264	.3228	.3192	.3156	.3121
0.5	.3085	.3050	.3015	.2981	.2946	.2912	.2877	.2843	.2810	.2776
0.6	.2743	.2709	.2676	.2643	.2611	.2578	.2546	.2514	.2483	.2451
0.7	.2420	.2389	.2358	.2327	.2296	.2266	.2236	.2206	.2177	.2148
0.8	.2119	.2090	.2061	.2033	.2005	.1977	.1949	.1922	.1894	.1867
0.9	.1841	.1814	.1788	.1762	.1736	.1711	.1685	.1660	.1635	.1611
1.0	.1587	.1562	.1539	.1515	.1492	.1469	.1446	.1423	.1401	.1379
1.1	.1357	.1335	.1314	.1292	.1271	.1251	.1230	.1210	.1190	.1170
1.2	.1151	.1131	.1112	.1093	.1075	.1056	.1038	.1020	.1003	.0935
1.3	.0968	.0951	.0934	.0918	.0901	.0885	.0869	.0853	.0838	.0823
1.4	.0808	.0793	.0778	.0764	.0749	.0735	.0721	.0708	.0694	.0681
1.5	.0668	.0655	.0643	.0630	.0618	.0606	.0594	.0582	.0571	.0559
1.6	.0548	.0537	.0526	.0516	.0505	.0495	.0485	.0475	.0465	.0435
1.7	.0446	.0436	.0427	.0418	.0409	.0401	.0392	.0384	.0375	.0367
1.8	.0359	.0351	.0344	.0336	.0329	.0322	.0314	.0307	.0301	.0294
1.9	.0287	.0281	.0274	.0268	.0262	.0256	.0250	.0244	.0239	.0233
2.0	.0228	.0222	.0217	.0212	.0207	.0202	.0197	.0192	.0188	.0183
2.1	.0179	.0174	.0170	.0166	.0162	.0158	.0154	.0150	.0146	.0143
2.2	.0139	.0136	.0132	.0129	.0125	.0122	.0199	.0116	.0113	.0110
2.3	.1007	.0104	.0102	.0099	.0096	.0094	.0091	.0089	.0087	.0084
2.4	.0082	.0080	.0078	.0075	.0073	.0071	.0069	.0068	.0066	.0064
2.5	.0062	.0060	.0059	.0057	.0055	.0054	.0052	.0051	.0049	.0048
2.6	.0047	.0045	.0044	.0043	.0041	.0040	.0039	.0038	.0037	.0036
2.7	.0035	.0034	.0033	.0032	.0031	.0030	.0029	.0028	.0027	.0026
2.8	.0026	.0025	.0024	.0023	.0023	.0022	.0021	.0021	.0020	.0019
2.9	.0019	.0018	.0018	.0017	.0016	.0016	.0015	.0015	.0014	.0014
3.0	.0013	.0013	.0013	.0012	.0012	.0011	.0011	.0011	.0010	.0010
3.1	.0010	.0009	.0009	.0009	.0008	.0008	.0008	.0008	.0007	.0007
3.2	.0007	.0007	.0006	.0006	.0006	.0006	.0006	.0005	.0005	.0005
3.3	.0005	.0005	.0005	.0004	.0004	.0004	.0004	.0004	.0004	.0003
3.4	.0003	.0003	.0003	.0003	.0003	.0003	.0003	.0003	.0003	.0002

2. 이항분포표

		p								
n	x	0.05	0.10	0.15	0.20	0.25	0.30	0.35	0.40	0.45
1	0	0.9500	0.9000	0.8500	0.8000	0.7500	0.7000	0.6500	0.6000	0.5500
2	0	0.9025	0.8100	0.7225	0.6400	0.5625	0.4900	0.4225	0.3600	0.3025
	1	0.9975	0.9900	0.9775	0.9600	0.9375	0.9100	0.8775	0.8400	0.7975
3	0	0.8574	0.7290	0.6141	0.5120	0.4219	0.3430	0.2746	0.2160	0.1664
	1	0.9928	0.9720	0.9393	0.8960	0.8438	0.7840	0.7182	0.6480	0.5748
	2	0.9999	0.9990	0.9967	0.9920	0.9844	0.9730	0.9571	0.9360	0.9089

		p									
n	x	0.50	0.55	0.60	0.65	0.70	0.75	0.80	0.85	0.90	0.95
1	0	0.5000	0.4500	0.4000	0.3500	0.3000	0.2500	0.2000	0.1500	0.1000	0.0500
2	0	0.2500	0.2025	0.1600	0.1225	0.0900	0.0625	0.0400	0.0225	0.0100	0.0025
	1	0.7500	0.6975	0.6400	0.5775	0.5100	0.4375	0.3600	0.2775	0.1900	0.0975
3	0	0.1250	0.0911	0.0640	0.0429	0.0270	0.0156	0.0080	0.0034	0.0010	0.0001
	1	0.5000	0.4252	0.3520	0.2818	0.2160	0.1406	0.1040	0.0608	0.0280	0.0072
	2	0.8750	0.8336	0.7840	0.7254	0.6570	0.5625	0.4880	0.3859	0.2710	0.1426

2. 이항분포표(계속)

		p								
n	x	0.05	0.10	0.15	0.20	0.25	0.30	0.35	0.40	0.45
4	0	0.8145	0.6561	0.5220	0.4096	0.3164	0.2401	0.1785	0.1296	0.0915
	1	0.9860	0.9477	0.8905	0.8192	0.7383	0.6517	0.5630	0.4752	0.3910
	2	0.9995	0.9963	0.9880	0.9728	0.9492	0.9163	0.8735	0.8208	0.7585
	3	1.0000	0.9999	0.9995	0.9984	0.9961	0.9919	0.9850	0.9744	0.9590
5	0	0.7738	0.5905	0.4437	0.3277	0.2373	0.1681	0.1160	0.0778	0.0503
	1	0.9774	0.9185	0.8352	0.7373	0.6328	0.5282	0.4284	0.3370	0.2562
	2	0.9988	0.9914	0.9734	0.9421	0.8965	0.8369	0.7648	0.6826	0.5931
	3	1.0000	0.9995	0.9978	0.9933	0.9844	0.9692	0.9460	0.9130	0.8688
	4	1.0000	1.0000	0.9999	0.9997	0.9990	0.9976	0.9947	0.9898	0.9815
6	0	0.7351	0.5314	0.3771	0.2621	0.1780	0.1176	0.0754	0.0467	0.0277
	1	0.9672	0.8857	0.7765	0.6554	0.5339	0.4202	0.3191	0.2333	0.1636
	2	0.9978	0.9842	0.9527	0.9011	0.8306	0.7443	0.6471	0.5443	0.4415
	3	0.9999	0.9987	0.9941	0.9830	0.9624	0.9295	0.8826	0.8208	0.7447
	4	1.0000	0.9999	0.9996	0.9984	0.9954	0.9891	0.9777	0.9590	0.9308
	5	1.0000	1.0000	1.0000	0.9999	0.9998	0.9993	0.9982	0.9959	0.9917
7	0	0.6983	0.4783	0.3206	0.2097	0.1335	0.0824	0.0490	0.0280	0.0152
	1	0.9556	0.8503	0.7166	0.5767	0.4449	0.3294	0.2338	0.1586	0.1024
	2	0.9962	0.9743	0.9262	0.8520	0.7564	0.6471	0.5323	0.4199	0.3164
	3	0.9998	0.9973	0.9879	0.9667	0.9294	0.8740	0.8002	0.7102	0.6083
	4	1.0000	0.9998	0.9988	0.9953	0.9871	0.9712	0.9444	0.9037	0.8471
	5	1.0000	1.0000	0.9999	0.9996	0.9987	0.9962	0.9910	0.9812	0.9643
	6	1.0000	1.0000	1.0000	1.0000	0.9999	0.9998	0.9994	0.9984	0.9963

2. 이항분포표 (계속)

		p									
n	x	0.50	0.55	0.60	0.65	0.70	0.75	0.80	0.85	0.90	0.95
4	0	0.0625	0.0410	0.0256	0.0150	0.0081	0.0039	0.0016	0.0005	0.0001	0.0000
	1	0.3125	0.2415	0.1792	0.1265	0.0837	0.0508	0.0272	0.0120	0.0037	0.0005
	2	0.6875	0.6090	0.5248	0.4370	0.3483	0.2617	0.1808	0.1095	0.0523	0.0140
	3	0.9375	0.9085	0.8704	0.8215	0.7599	0.6836	0.5904	0.4780	0.3439	0.1855
5	0	0.0312	0.0185	0.0102	0.0053	0.0024	0.0010	0.0003	0.0001	0.0000	0.0000
	1	0.1875	0.1312	0.0870	0.0540	0.0308	0.0156	0.0067	0.0022	0.0005	0.0000
	2	0.5000	0.4069	0.3174	0.2352	0.1631	0.1035	0.0579	0.0266	0.0086	0.0012
	3	0.8125	0.7438	0.6630	0.5716	0.4718	0.3672	0.2627	0.1648	0.0815	0.0226
	4	0.9688	0.9497	0.9222	0.8840	0.8319	0.7627	0.6723	0.5563	0.4095	0.2262
6	0	0.0156	0.0083	0.0041	0.0018	0.0007	0.0002	0.0001	0.0000	0.0000	0.0000
	1	0.1094	0.0692	0.0410	0.0223	0.0109	0.0046	0.0016	0.0004	0.0001	0.0000
	2	0.3438	0.2553	0.1792	0.1174	0.0705	0.0376	0.0170	0.0059	0.0013	0.0001
	3	0.6562	0.5585	0.4557	0.3529	0.2557	0.1694	0.0989	0.0473	0.0158	0.0022
	4	0.8906	0.8364	0.7667	0.6809	0.5798	0.4661	0.3446	0.2235	0.1143	0.0328
	5	0.9844	0.9723	0.9533	0.9246	0.8824	0.8220	0.7379	0.6229	0.4686	0.2649
7	0	0.0078	0.0037	0.0016	0.0006	0.0002	0.0001	0.0000	0.0000	0.0000	0.0000
	1	0.0625	0.0357	0.0188	0.0090	0.0038	0.0013	0.0004	0.0001	0.0000	0.0000
	2	0.2266	0.1529	0.0963	0.0556	0.0288	0.0129	0.0047	0.0012	0.0002	0.0000
	3	0.5000	0.3917	0.2898	0.1998	0.1260	0.0706	0.0333	0.0121	0.0027	0.0002
	4	0.7734	0.6836	0.5801	0.4677	0.3529	0.2436	0.1480	0.0738	0.0257	0.0038
	5	0.9375	0.8976	0.8414	0.7662	0.6706	0.5551	0.4233	0.2834	0.1497	0.0444
	6	0.9922	0.9848	0.9720	0.9510	0.9176	0.8665	0.7903	0.6794	0.5217	0.3017

2. 이항분포표(계속)

		p								
n	x	0.05	0.10	0.15	0.20	0.25	0.30	0.35	0.40	0.45
8	0	0.6634	0.4305	0.2725	0.1678	0.1001	0.0576	0.0319	0.0168	0.0084
	1	0.9428	0.8131	0.6572	0.5033	0.3671	0.2553	0.1691	0.1064	0.0632
	2	0.9942	0.9619	0.8948	0.7969	0.6785	0.5518	0.4278	0.3154	0.2201
	3	0.9996	0.9950	0.9786	0.9437	0.8862	0.8059	0.7064	0.5941	0.4770
	4	1.0000	0.9996	0.9971	0.9896	0.9727	0.9420	0.8939	0.8263	0.7396
	5	1.0000	1.0000	0.9998	0.9988	0.9958	0.9887	0.9747	0.9502	0.9115
	6	1.0000	1.0000	1.0000	0.9999	0.9996	0.9987	0.9964	0.9915	0.9819
	7	1.0000	1.0000	1.0000	1.0000	1.0000	0.9999	0.9998	0.9993	0.9983
9	0	0.6302	0.3874	0.2316	0.1342	0.0751	0.0404	0.0207	0.0101	0.0046
	1	0.9288	0.7748	0.5995	0.4362	0.3003	0.1960	0.1211	0.0705	0.0385
	2	0.9916	0.9470	0.8591	0.7382	0.6007	0.4628	0.3373	0.2318	0.1495
	3	0.9994	0.9917	0.9661	0.9144	0.8343	0.7297	0.6089	0.4826	0.3614
	4	1.0000	0.9991	0.9944	0.9804	0.9511	0.9012	0.8283	0.7334	0.6214
	5	1.0000	0.9999	0.9994	0.9969	0.9900	0.9747	0.9464	0.9006	0.8342
	6	1.0000	1.0000	1.0000	0.9997	0.9987	0.9957	0.9888	0.9750	0.9502
	7	1.0000	1.0000	1.0000	1.0000	0.9999	0.9996	0.9986	0.9962	0.9909
	8	1.0000	1.0000	1.0000	1.0000	1.0000	1.0000	0.9999	0.9997	0.9992
10	0	0.5987	0.3487	0.1969	0.1074	0.0563	0.0282	0.0135	0.0060	0.0025
	1	0.9139	0.7361	0.5443	0.3758	0.2440	0.1493	0.0860	0.0464	0.0233
	2	0.9885	0.9298	0.8202	0.6778	0.5256	0.3828	0.2616	0.1673	0.0996
	3	0.9990	0.9872	0.9500	0.8791	0.7759	0.6496	0.5138	0.3823	0.2660
	4	0.9999	0.9984	0.9901	0.9672	0.9219	0.8497	0.7515	0.6331	0.5044
	5	1.0000	0.9999	0.9986	0.9936	0.9803	0.9527	0.9051	0.8338	0.7384
	6	1.0000	1.0000	0.9999	0.9991	0.9965	0.9894	0.9740	0.9452	0.8980
	7	1.0000	1.0000	1.0000	0.9999	0.9996	0.9984	0.9952	0.9877	0.9726
	8	1.0000	1.0000	1.0000	1.0000	1.0000	0.9999	0.9995	0.9983	0.9955
	9	1.0000	1.0000	1.0000	1.0000	1.0000	1.0000	1.0000	0.9999	0.9997

2. 이항분포표 (계속)

		p									
n	x	0.50	0.55	0.60	0.65	0.70	0.75	0.80	0.85	0.90	0.95
8	0	0.0039	0.0017	0.0007	0.0002	0.0001	0.0000	0.0000	0.0000	0.0000	0.0000
	1	0.0352	0.0181	0.0085	0.0036	0.0013	0.0004	0.0001	0.0000	0.0000	0.0000
	2	0.1445	0.0885	0.0498	0.0253	0.0113	0.0042	0.0012	0.0002	0.0000	0.0000
	3	0.3633	0.2604	0.1737	0.1061	0.0580	0.0273	0.0104	0.0029	0.0004	0.0000
	4	0.6367	0.5230	0.4059	0.2936	0.1941	0.1138	0.0563	0.0214	0.0050	0.0004
	5	0.8555	0.7799	0.6846	0.5722	0.4482	0.3215	0.2031	0.1052	0.0381	0.0058
	6	0.9648	0.9368	0.8936	0.8309	0.7447	0.6329	0.4967	0.3428	0.1869	0.0572
	7	0.9961	0.9916	0.9832	0.9681	0.9424	0.8999	0.8322	0.7275	0.5695	0.3366
9	0	0.0020	0.0008	0.0003	0.0001	0.0000	0.0000	0.0000	0.0000	0.0000	0.0000
	1	0.0195	0.0091	0.0038	0.0014	0.0004	0.0001	0.0000	0.0000	0.0000	0.0000
	2	0.0898	0.0498	0.0250	0.0112	0.0043	0.0013	0.0003	0.0000	0.0000	0.0000
	3	0.2539	0.1658	0.0994	0.0536	0.0253	0.0100	0.0031	0.0006	0.0001	0.0000
	4	0.5000	0.3786	0.2666	0.1717	0.0988	0.0489	0.0196	0.0056	0.0009	0.0000
	5	0.7461	0.6386	0.5174	0.3911	0.2703	0.1657	0.0856	0.0339	0.0083	0.0006
	6	0.9102	0.8505	0.7682	0.6627	0.5372	0.3993	0.2618	0.1409	0.0530	0.0084
	7	0.9805	0.9615	0.9295	0.8789	0.8040	0.6997	0.5638	0.4005	0.2252	0.0712
	8	0.9980	0.9954	0.9899	0.9793	0.9596	0.9249	0.8658	0.7684	0.6126	0.3698
10	0	0.0010	0.0003	0.0001	0.0000	0.0000	0.0000	0.0000	0.0000	0.0000	0.0000
	1	0.0107	0.0045	0.0017	0.0005	0.0001	0.0000	0.0000	0.0000	0.0000	0.0000
	2	0.0547	0.0274	0.0123	0.0048	0.0016	0.0004	0.0001	0.0000	0.0000	0.0000
	3	0.1719	0.1020	0.0548	0.0260	0.0106	0.0035	0.0009	0.0001	0.0000	0.0000
	4	0.3770	0.2616	0.1662	0.0949	0.0473	0.0197	0.0064	0.0014	0.0001	0.0000
	5	0.6230	0.4956	0.3669	0.2485	0.1503	0.0781	0.0328	0.0099	0.0016	0.0001
	6	0.8281	0.7340	0.6177	0.4862	0.3504	0.2241	0.1209	0.0500	0.0128	0.0010
	7	0.9453	0.9004	0.8327	0.7384	0.6172	0.4474	0.3222	0.1798	0.0702	0.0115
	8	0.9893	0.9767	0.9536	0.9140	0.8507	0.7560	0.6242	0.4557	0.2639	0.0861
	9	0.9990	0.9975	0.9940	0.9865	0.9718	0.9437	0.8926	0.8031	0.6513	0.4013

2. 이항분포표(계속)

n	x	0.05	0.10	0.15	0.20	0.25	0.30	0.35	0.40	0.45
15	0	0.4633	0.2059	0.0874	0.0352	0.0134	0.0047	0.0016	0.0005	0.0001
	1	0.8290	0.5490	0.3186	0.1671	0.0802	0.0353	0.0142	0.0052	0.0017
	2	0.9638	0.8159	0.6042	0.3980	0.2361	0.1268	0.0617	0.0271	0.0107
	3	0.9945	0.9444	0.8227	0.6482	0.4613	0.2969	0.1727	0.0905	0.0424
	4	0.9994	0.9873	0.9383	0.8358	0.6865	0.5155	0.3519	0.2173	0.1204
	5	0.9999	0.9978	0.9832	0.9389	0.8516	0.7216	0.5643	0.4032	0.2608
	6	1.0000	0.9997	0.9964	0.9819	0.9434	0.8689	0.7548	0.6098	0.4522
	7	1.0000	1.0000	0.9994	0.9958	0.9827	0.9500	0.8868	0.7869	0.6535
	8	1.0000	1.0000	0.9999	0.9992	0.9958	0.9848	0.9578	0.9050	0.8182
	9	1.0000	1.0000	1.0000	0.9999	0.9992	0.9963	0.9876	0.9662	0.9231
	10	1.0000	1.0000	1.0000	1.0000	0.9999	0.9993	0.9972	0.9907	0.9745
	11	1.0000	1.0000	1.0000	1.0000	1.0000	0.9999	0.9995	0.9981	0.9937
	12	1.0000	1.0000	1.0000	1.0000	1.0000	1.0000	0.9999	0.9997	0.9989
	13	1.0000	1.0000	1.0000	1.0000	1.0000	1.0000	1.0000	1.0000	0.9999
	14	1.0000	1.0000	1.0000	1.0000	1.0000	1.0000	1.0000	1.0000	1.0000
20	0	0.3585	0.1216	0.0388	0.0115	0.0032	0.0008	0.0002	0.0000	0.0000
	1	0.7358	0.3917	0.1756	0.0692	0.0243	0.0076	0.0021	0.0005	0.0001
	2	0.9245	0.6769	0.4049	0.2061	0.0913	0.0355	0.0121	0.0036	0.0009
	3	0.9841	0.8670	0.6477	0.4114	0.2252	0.1071	0.0444	0.0160	0.0049
	4	0.9974	0.9568	0.8298	0.6296	0.4148	0.2375	0.1182	0.0510	0.0189
	5	0.9997	0.9887	0.9327	0.8042	0.6172	0.4164	0.2454	0.1256	0.0553
	6	1.0000	0.9976	0.9781	0.9133	0.7858	0.6080	0.4166	0.2500	0.1299
	7	1.0000	0.9996	0.9941	0.9679	0.8982	0.7723	0.6010	0.4159	0.2520
	8	1.0000	0.9999	0.9987	0.9900	0.9591	0.8867	0.7624	0.5956	0.4143
	9	1.0000	1.0000	0.9998	0.9974	0.9861	0.9520	0.8782	0.7553	0.5914
	10	1.0000	1.0000	1.0000	0.9994	0.9961	0.9829	0.9468	0.8725	0.7507
	11	1.0000	1.0000	1.0000	0.9999	0.9991	0.9949	0.9804	0.9435	0.8692
	12	1.0000	1.0000	1.0000	1.0000	0.9998	0.9987	0.9940	0.9790	0.9420
	13	1.0000	1.0000	1.0000	1.0000	1.0000	0.9997	0.9985	0.9935	0.9786
	14	1.0000	1.0000	1.0000	1.0000	1.0000	1.0000	0.9997	0.9984	0.9936
	15	1.0000	1.0000	1.0000	1.0000	1.0000	1.0000	1.0000	0.9997	0.9985
	16	1.0000	1.0000	1.0000	1.0000	1.0000	1.0000	1.0000	1.0000	0.9997
	17	1.0000	1.0000	1.0000	1.0000	1.0000	1.0000	1.0000	1.0000	1.0000
	18	1.0000	1.0000	1.0000	1.0000	1.0000	1.0000	1.0000	1.0000	1.0000
	19	1.0000	1.0000	1.0000	1.0000	1.0000	1.0000	1.0000	1.0000	1.0000
	20	1.0000	1.0000	1.0000	1.0000	1.0000	1.0000	1.0000	1.0000	1.0000

2. 이항분포표(계속)

n	x	p=0.50	0.55	0.60	0.65	0.70	0.75	0.80	0.85	0.90	0.95
15	0	0.0000	0.0000	0.0000	0.0000	0.0000	0.0000	0.0000	0.0000	0.0000	0.0000
	1	0.0005	0.0001	0.0000	0.0000	0.0000	0.0000	0.0000	0.0000	0.0000	0.0000
	2	0.0037	0.0011	0.0003	0.0001	0.0000	0.0000	0.0000	0.0000	0.0000	0.0000
	3	0.0176	0.0063	0.0019	0.0005	0.0001	0.0000	0.0000	0.0000	0.0000	0.0000
	4	0.0592	0.0255	0.0093	0.0028	0.0007	0.0001	0.0000	0.0000	0.0000	0.0000
	5	0.1509	0.0769	0.0338	0.0124	0.0037	0.0008	0.0001	0.0000	0.0000	0.0000
	6	0.3036	0.1818	0.0950	0.0422	0.0152	0.0042	0.0008	0.0001	0.0000	0.0000
	7	0.5000	0.3465	0.2131	0.1132	0.0500	0.0173	0.0042	0.0006	0.0000	0.0000
	8	0.6964	0.5478	0.3902	0.2452	0.1311	0.0566	0.0181	0.0036	0.0003	0.0000
	9	0.8491	0.7392	0.5968	0.4357	0.2784	0.1484	0.0611	0.0168	0.0022	0.0001
	10	0.9408	0.8796	0.7827	0.6481	0.4845	0.3135	0.1642	0.0617	0.0127	0.0006
	11	0.9824	0.9576	0.9095	0.8273	0.7031	0.5387	0.3518	0.1773	0.0556	0.0055
	12	0.9963	0.9893	0.9729	0.9383	0.8732	0.7639	0.6020	0.3958	0.1841	0.0362
	13	0.9995	0.9983	0.9948	0.9858	0.9647	0.9198	0.8329	0.6814	0.4510	0.1710
	14	1.0000	0.9999	0.9995	0.9984	0.9953	0.9866	0.9648	0.9126	0.7941	0.5367
20	0	0.0000	0.0000	0.0000	0.0000	0.0000	0.0000	0.0000	0.0000	0.0000	0.0000
	1	0.0000	0.0000	0.0000	0.0000	0.0000	0.0000	0.0000	0.0000	0.0000	0.0000
	2	0.0002	0.0000	0.0000	0.0000	0.0000	0.0000	0.0000	0.0000	0.0000	0.0000
	3	0.0013	0.0003	0.0000	0.0000	0.0000	0.0000	0.0000	0.0000	0.0000	0.0000
	4	0.0059	0.0015	0.0003	0.0000	0.0000	0.0000	0.0000	0.0000	0.0000	0.0000
	5	0.0207	0.0064	0.0016	0.0003	0.0000	0.0000	0.0000	0.0000	0.0000	0.0000
	6	0.0577	0.0214	0.0065	0.0015	0.0003	0.0000	0.0000	0.0000	0.0000	0.0000
	7	0.1316	0.0580	0.0210	0.0060	0.0013	0.0002	0.0000	0.0000	0.0000	0.0000
	8	0.2517	0.1308	0.0565	0.0196	0.0051	0.0009	0.0001	0.0000	0.0000	0.0000
	9	0.4119	0.2493	0.1275	0.0532	0.0171	0.0039	0.0006	0.0000	0.0000	0.0000
	10	0.5881	0.4086	0.2447	0.1218	0.0480	0.0139	0.0026	0.0002	0.0000	0.0000
	11	0.7483	0.5857	0.4044	0.2376	0.1133	0.0409	0.0100	0.0013	0.0001	0.0000
	12	0.8684	0.7480	0.5841	0.3990	0.2277	0.1018	0.0321	0.0059	0.0004	0.0000
	13	0.9423	0.8701	0.7500	0.5834	0.3920	0.2142	0.0867	0.0219	0.0024	0.0000
	14	0.9793	0.9447	0.8744	0.7546	0.5836	0.3828	0.1958	0.0673	0.0113	0.0003
	15	0.9941	0.9811	0.9490	0.8818	0.7625	0.5852	0.3704	0.1702	0.0432	0.0026
	16	0.9987	0.9951	0.9840	0.9556	0.8929	0.7748	0.5886	0.3523	0.1330	0.0159
	17	0.9998	0.9991	0.9964	0.9879	0.9645	0.9087	0.7939	0.5951	0.3231	0.0755
	18	1.0000	0.9999	0.9995	0.9979	0.9924	0.9757	0.9308	0.8244	0.6083	0.2642
	19	1.0000	1.0000	1.0000	0.9998	0.9992	0.9968	0.9885	0.9612	0.8784	0.6415
	20	1.0000	1.0000	1.0000	1.0000	1.0000	1.0000	1.0000	1.0000	1.0000	1.0000

3. 푸아송분포표

	λ									
c	0.1	0.2	0.3	0.4	0.5	0.6	0.7	0.8	0.9	1.0
0	0.9048	0.8187	0.7408	0.6730	0.6065	0.5488	0.4966	0.4493	0.4066	0.3679
1	0.9953	0.9825	0.9631	0.9384	0.9098	0.8781	0.8442	0.8088	0.7725	0.7358
2	0.9998	0.9989	0.9964	0.9921	0.9856	0.9769	0.9659	0.9526	0.9371	0.9197
3	1.0000	0.9999	0.9997	0.9992	0.9982	0.9966	0.9942	0.9909	0.9865	0.9810
4		1.0000	1.0000	0.9999	0.9998	0.9996	0.9992	0.9986	0.9977	0.9963
5				1.0000	1.0000	1.0000	0.9999	0.9998	0.0997	0.9994
6							1.0000	1.0000	1.0000	0.9999

	λ									
c	2.0	3.0	4.0	5.0	6.0	7.0	8.0	9.0	10.0	15.0
0	0.1353	0.0498	0.0183	0.0067	0.0025	0.0009	0.0003	0.0001	0.0000	
1	0.4060	0.1991	0.0916	0.0404	0.0174	0.0073	0.0030	0.0012	0.0005	
2	0.6767	0.4232	0.2381	0.1247	0.0620	0.0296	0.0138	0.0062	0.0028	0.0000
3	0.8571	0.6472	0.4335	0.2650	0.1512	0.0818	0.0424	0.0212	0.0103	0.0002
4	0.9473	0.8153	0.6288	0.4405	0.2851	0.1730	0.0996	0.0550	0.0293	0.0009
5	0.9834	0.9161	0.7851	0.6160	0.4457	0.3007	0.1912	0.1157	0.0671	0.0028
6	0.9955	0.9665	0.8893	0.7622	0.6063	0.4497	0.3134	0.2068	0.1301	0.0076
7	0.9989	0.9881	0.9489	0.8666	0.7440	0.5987	0.4530	0.3239	0.2202	0.0180
8	0.9998	0.9962	0.9786	0.9319	0.8472	0.7291	0.5925	0.4557	0.3328	0.0374
9	1.0000	0.9989	0.9919	0.9682	0.9161	0.8305	0.7166	0.5874	0.4579	0.0699
10		0.9997	0.9972	0.9863	0.9574	0.9015	0.8159	0.7060	0.5830	0.1185
11		0.9999	0.9991	0.9945	0.9799	0.9466	0.8881	0.8030	0.6968	0.1848
12		1.0000	0.9997	0.9980	0.9912	0.9730	0.9362	0.8758	0.7916	0.2676
13			0.9999	0.9993	0.9964	0.9872	0.9658	0.9261	0.8645	0.3632
14			1.0000	0.9998	0.9986	0.9943	0.9827	0.9585	0.9165	0.4657
15				0.9999	0.9995	0.9976	0.9918	0.9780	0.9513	0.5681
16				1.0000	0.9998	0.9990	0.9963	0.9889	0.9730	0.6641
17					0.9999	0.9996	0.9984	0.9947	0.9857	0.7489
18					1.0000	0.9999	0.9994	0.9976	0.9928	0.8195
19						1.0000	0.9997	0.9989	0.9965	0.8752
20							0.9999	0.9996	0.9984	0.9170
21							1.0000	0.9998	0.9993	0.9469
22								0.9999	0.9997	0.9673
23								1.0000	0.9999	0.9805
24									1.0000	0.9888
25										0.9938
26										0.9967
27										0.9983
28										0.9991
29										0.9996
30										0.9998
31										0.9999
32										1.0000

4. t 분포표

df	.25	.20	.15	.10	.05	.025	.02	.01	.005	.0025	.001	.0005
1	1.000	1.376	1.963	3.078	6.314	12.71	15.89	31.82	63.66	127.3	318.3	636.6
2	0.816	1.061	1.386	1.886	2.920	4.303	4.849	6.965	9.925	14.09	22.33	31.60
3	0.765	0.978	1.250	1.638	2.353	3.182	3.482	4.541	5.841	7.453	10.21	12.92
4	0.741	0.941	1.190	1.533	2.132	2.776	2.999	3.747	4.604	5.598	7.173	8.610
5	0.727	0.920	1.156	1.476	2.015	2.571	2.757	3.365	4.032	4.773	5.893	6.869
6	0.718	0.906	1.134	1.440	1.943	2.447	2.612	3.143	3.707	4.317	5.208	5.959
7	0.711	0.896	1.119	1.415	1.895	2.365	2.517	2.998	3.499	4.029	4.785	5.408
8	0.706	0.889	1.108	1.397	1.860	2.306	2.449	2.896	3.355	3.833	4.501	5.041
9	0.703	0.883	1.100	1.383	1.833	2.262	2.398	2.821	3.250	3.690	4.297	4.781
10	0.700	0.879	1.093	1.372	1.812	2.228	2.359	2.764	3.169	3.581	4.144	4.587
11	0.697	0.876	1.088	1.363	1.796	2.201	2.328	2.718	3.106	3.497	4.025	4.437
12	0.695	0.873	1.083	1.356	1.782	2.179	2.303	2.681	3.055	3.428	3.930	4.318
13	0.694	0.870	1.079	1.350	1.771	2.160	2.282	2.650	3.012	3.372	3.852	4.221
14	0.692	0.868	1.076	1.345	1.761	2.145	2.264	2.624	2.977	3.326	3.787	4.140
15	0.691	0.866	1.074	1.341	1.753	2.131	2.249	2.602	2.947	3.286	3.733	4.073
16	0.690	0.865	1.071	1.337	1.746	2.120	2.235	2.583	2.921	3.252	3.686	4.015
17	0.689	0.863	1.069	1.333	1.740	2.110	2.224	2.567	2.898	3.222	3.646	3.965
18	0.688	0.862	1.067	1.330	1.734	2.101	2.214	2.552	2.878	3.197	3.611	3.922
19	0.688	0.861	1.066	1.328	1.729	2.093	2.205	2.539	2.861	3.174	3.579	3.883
20	0.687	0.860	1.064	1.325	1.725	2.086	2.197	2.528	2.845	3.153	3.552	3.850
21	0.686	0.859	1.063	1.323	1.721	2.080	2.189	2.518	2.831	3.135	3.527	3.819
22	0.686	0.858	1.061	1.321	1.717	2.074	2.183	2.508	2.819	3.119	3.505	3.792
23	0.685	0.858	1.060	1.319	1.714	2.069	2.177	2.500	2.807	3.104	3.485	3.768
24	0.685	0.857	1.059	1.318	1.711	2.064	2.172	2.492	2.797	3.091	3.467	3.745
25	0.684	0.856	1.058	1.316	1.708	2.060	2.167	2.485	2.787	3.078	3.450	3.725
26	0.684	0.856	1.058	1.315	1.706	2.056	2.162	1479	2.779	3.067	3.435	3.707
27	0.684	0.855	1.057	1.314	1.703	2.052	2.158	2.473	2.771	3.057	3.421	3.690
28	0.683	0.855	1.056	1.313	1.701	2.048	2.154	2.467	2.763	3.047	3.408	1674
29	0.683	0.854	1.055	1.311	1.699	2.045	2.150	2.462	2.756	3.038	3.396	3.659
30	0.683	0.854	1.055	1.310	1.697	2.042	2.147	2.457	2.750	3.30	3.385	3.646
40	0.681	0.851	1.050	1.303	1.684	2.021	2.123	2.423	2.704	2.971	3.307	3.551
50	0.679	0.849	1.047	1.299	1.676	2.009	2.109	2.403	2.678	2.937	3.261	3.496
60	0.679	0.848	1.045	1.296	1.671	2.000	2.099	2.390	2.660	2.915	3.232	3.460
80	0.678	0.846	1.043	1.292	1.664	1.990	2.088	2.374	2.639	2.887	3.195	3.416
100	0.677	0.845	1.042	1.290	1.660	1.984	2.081	2.364	2.626	2.871	3.174	3.390
1,000	0.675	0.842	1.037	1.282	1.646	1.962	2.056	2.330	2.581	2.813	3.098	3.300
∞	0.674	0.841	1.036	1.282	1.645	1.960	2.054	2.326	2.576	2.807	3.091	3.291

5. 카이제곱 분포표

df	.9995	.999	.9975	.995	.990	.975	.950	.990	.750	.500
1	0.00	0.00	0.00	0.00	0.00	0.00	0.00	0.02	0.10	0.45
2	0.00	0.00	0.01	0.01	0.02	0.05	0.10	0.21	0.58	1.39
3	0.02	0.02	0.04	0.07	0.11	0.22	0.35	0.58	1.21	2.37
4	0.06	0.09	0.14	0.21	030	0.48	0.71	1.06	1.92	3.36
5	0.16	0.21	0.31	0.41	0.55	0.83	1.15	1.61	2.67	4.35
6	0.30	0.38	0.53	0.68	0.87	1.24	1.64	2.20	3.45	5.35
7	0.48	0.60	0.79	0.99	1.24	1.69	2.17	2.83	4.25	6.35
8	0.71	0.86	1.10	1.34	1.65	2.18	2.73	3.49	5.07	7.34
9	0.97	1.15	1.45	1.73	2.09	2.70	3.33	4.17	5.90	8.34
10	1.26	1.48	1.83	2.16	2.56	3.25	3.94	4.87	6.74	9.34
11	1.59	1.83	2.23	2.60	3.05	3.82	4.57	5.58	7.58	10.34
12	1.93	2.21	2.66	3.07	3.57	4.40	5.23	6.30	8.44	11.34
13	2.31	2.62	3.11	2.57	4.11	5.01	5.89	7.04	9.30	12.34
14	2.70	3.04	3.58	4.07	4.66	5.63	6.57	7.79	10.17	13.34
15	3.11	3.48	4.07	4.60	5.23	6.26	7.26	8.55	11.04	14.34
16	3.54	3.94	4.57	5.14	5.81	6.91	7.96	9.31	11.91	15.34
17	3.98	4.42	5.09	5.70	6.41	7.56	8.67	10.09	12.79	16.34
18	4.44	4.90	5.62	6.26	7.01	8.23	9.39	10.86	13.68	17.34
19	4.91	5.41	6.17	6.84	7.63	8.91	10.12	11.65	14.56	18.34
20	5.40	5.92	6.72	7.43	8.26	9.59	10.85	12.44	15.45	19.34
21	5.90	6.45	7.29	8.03	8.90	10.28	11.59	13.24	16.34	20.34
22	6.40	6.98	7.86	8.64	9.54	10.98	12.34	14.04	17.24	21.34
23	6.92	7.53	8.45	9.26	10.20	11.69	13.09	14.85	18.14	22.34
24	7.45	8.08	9.04	9.89	10.86	12.40	13.85	15.66	19.04	23.34
25	7.99	8.65	9.65	10.52	11.52	13.12	14.61	16.47	19.94	24.34
26	8.54	9.22	10.26	11.16	12.20	13.84	15.38	17.29	20.84	25.34
27	9.09	9.80	10.87	11.81	12.88	14.57	16.15	18.11	21.75	26.34
28	9.66	10.39	11.50	12.46	13.56	15.31	16.93	18.94	22.66	27.34
29	10.23	10.99	12.13	13.12	14.26	16.05	17.71	19.77	23.57	28.34
30	10.80	11.59	12.76	13.79	14.95	16.79	18.49	20.60	24.48	29.34
40	16.91	17.92	19.42	20.71	22.16	24.43	26.51	29.05	33.66	39.34
50	23.46	24.67	26.46	27.99	29.71	32.36	34.76	37.69	42.94	49.33
60	30.34	31.74	33.79	35.53	37.48	40.48	43.19	46.46	52.29	59.33
80	44.79	46.52	49.04	51.17	53.54	57.15	60.39	64.28	71.14	79.33
100	59.90	61.92	64.86	67.33	70.06	74.22	77.93	82.36	90.13	99.33

5. 카이제곱 분포표(계속)

df	.250	.200	.150	.100	.050	.025	.020	.010	.005	.0025	.001	.0005
1	1.32	1.64	2.07	2.71	3.84	5.02	5.41	6.63	7.88	9.14	10.83	12.12
2	2.77	3.22	3.79	4.61	5.99	7.82	7.82	9.21	10.60	11.98	13.82	15.20
3	4.11	4.64	5.32	6.25	7.81	9.35	9.84	11.34	12.84	14.32	16.27	17.73
4	5.39	5.99	6.74	7.78	9.49	11.14	11.67	13.28	14.86	16.42	18.42	20.00
5	6.63	7.29	8.12	9.24	11.07	12.83	13.39	15.09	16.75	18.39	20.51	22.11
6	7.84	8.56	9.45	10.64	12.59	14.45	15.03	16.81	18.55	20.25	22.46	24.10
7	9.04	9.80	10.75	12.02	14.07	16.01	16.62	18.48	20.28	22.04	24.32	26.02
8	10.22	11.03	12.03	13.36	15.51	17.53	18.17	20.09	21.95	23.77	26.12	27.87
9	11.39	12.24	13.29	14.68	16.92	19.02	19.68	21.67	23.59	25.46	27.88	29.67
10	12.55	13.44	14.53	15.99	18.31	20.48	21.16	23.21	25.19	27.11	29.59	31.42
11	13.70	14.63	15.77	17.28	19.68	21.92	22.62	24.72	26.76	28.73	31.26	33.14
12	14.85	15.81	16.99	18.55	21.03	23.34	24.05	26.22	28.30	30.32	32.91	34.82
13	15.98	16.98	18.20	19.81	22.36	24.74	25.47	27.69	29.82	31.88	34.53	36.48
14	17.12	18.15	19.41	21.06	23.68	26.12	26.87	29.14	31.32	33.43	36.12	38.11
15	18.25	19.31	20.60	22.31	25.00	27.49	28.26	30.58	32.80	34.95	37.70	39.72
16	19.37	20.47	21.79	23.54	26.30	28.85	29.63	32.00	34.27	36.46	39.25	41.31
17	20.49	21.61	22.98	24.77	27.59	30.19	31.00	33.41	35.72	37.95	40.79	42.88
18	21.60	22.76	24.16	25.99	28.87	31.53	32.35	34.81	37.16	39.42	42.31	44.43
19	22.72	23.90	25.33	27.20	30.14	32.85	33.69	36.19	38.58	40.88	43.82	45.97
20	23.83	25.04	26.50	28.41	31.41	34.17	35.02	37.57	40.00	42.34	45.31	47.50
21	24.93	26.17	27.66	29.62	32.67	35.48	36.34	38.93	41.40	43.78	46.80	49.01
22	26.04	27.30	28.82	30.81	33.92	36.78	37.66	40.29	42.80	45.20	48.27	50.51
23	27.14	28.43	29.98	32.01	35.17	38.08	38.97	41.64	44.18	46.62	49.73	52.00
24	28.24	29.55	31.13	33.20	36.42	39.36	40.27	42.98	45.56	48.03	51.18	53.48
25	29.34	30.68	32.28	34.38	37.65	40.65	41.57	44.31	46.93	49.44	52.62	54.95
26	30.43	31.79	33.43	35.56	38.89	41.92	42.86	45.64	48.29	50.83	54.05	56.41
27	31.53	32.91	34.57	36.74	40.11	43.19	44.14	46.96	49.64	52.22	55.48	57.86
28	32.62	34.03	35.71	37.92	41.34	44.46	45.42	48.28	50.99	53.59	56.89	59.30
29	33.71	35.14	36.85	39.09	42.56	45.72	46.69	49.59	52.34	54.97	58.30	60.73
30	34.80	36.25	37.99	40.26	43.77	46.98	47.96	50.89	53.67	56.33	59.70	62.16
40	45.62	47.27	49.24	51.81	55.76	59.34	60.44	63.69	66.77	69.70	73.40	76.09
50	56.33	58.16	60.35	63.17	67.50	71.42	72.61	76.15	79.49	82.66	86.66	89.56
60	66.98	68.97	71.34	74.40	79.08	83.30	84.58	88.38	91.95	95.34	99.61	102.7
80	88.13	90.41	93.11	96.58	101.9	106.6	108.1	112.3	116.3	120.1	124.8	128.3
100	109.1	111.7	114.7	118.5	124.3	129.6	131.1	135.8	140.2	144.3	149.4	153.2

6. F– 분포표

Denominator df	α	Numerator df 1	2	3	4	5	6	7	8	9	10
	.100	39.86	49.50	53.59	55.83	57.24	58.20	58.91	59.44	59.86	60.19
	.050	161.45	199.50	215.71	224.58	230.10	233.99	236.77	238.88	240.54	241.88
1	.025	647.79	799.50	864.16	899.58	921.85	937.11	948.22	956.66	963.28	968.63
	.010	4052.2	4999.5	5403.4	5624.6	5763.6	5859.0	5928.4	5981.1	6022.5	6055.8
	.001	405284	500000	540379	562500	576405	585937	592873	598144	602284	605621
	.100	8.53	9.00	9.16	9.24	9.29	9.33	9.35	9.37	9.38	9.39
	.050	18.51	19.00	19.16	19.25	19.30	19.33	19.35	19.37	19.38	19.40
2	.025	38.51	39.00	39.17	39.25	39.30	39.33	39.36	39.37	39.39	39.40
	.010	98.50	99.00	99.17	99.25	99.30	99.33	99.36	99.37	99.39	99.40
	.001	998.50	999.00	999.17	999.25	999.30	999.33	999.36	999.37	999.39	999.40
	.100	5.54	5.46	5.39	5.34	5.31	5.28	5.27	5.25	5.24	5.23
	.050	10.13	9.55	9.28	9.12	9.01	8.94	8.89	8.85	8.81	8.79
3	.025	17.44	16.04	15.44	15.10	14.88	14.73	14.62	14.54	14.47	14.42
	.010	34.12	30.82	29.46	28.71	28.24	27.91	27.57	27.49	27.35	27.23
	.001	167.03	148.50	141.11	137.10	134.58	132.85	131.58	130.62	129.86	129.25
	.100	4.54	4.32	4.19	4.11	4.05	4.01	3.98	3.95	3.94	3.92
	.050	7.71	6.94	6.59	6.39	6.26	6.16	6.09	6.04	6.00	5.96
4	.025	12.22	10.65	9.98	9.60	936	9.20	9.07	8.98	8.90	8.84
	.010	21.20	18.00	16.69	15.98	15.52	15.21	14.98	14.80	14.66	14.55
	.001	74.14	61.25	56.18	53.44	51.71	50.53	49.66	49.00	48.47	48.05
	.100	4.06	3.78	3.62	3.52	3.45	3.40	3.37	3.34	3.32	3.30
	.050	6.61	5.79	5.41	5.19	5.05	4.95	4.88	4.82	4.77	4.74
5	.025	10.01	8.43	7.76	7.39	7.15	6.98	6.85	6.76	6.68	6.62
	.010	16.26	13.27	12.06	11.39	10.97	10.67	10.46	10.29	10.16	10.05
	.001	47.18	37.12	33.20	31.09	29.75	28.83	28.16	27.65	27.24	26.92
	.100	3.78	3.46	3.29	3.18	3.11	3.05	3.01	2.98	2.96	2.94
	.050	5.99	5.14	4.76	4.53	4.39	4.28	4.21	4.15	4.10	4.06
6	.025	8.81	7.26	6.60	6.23	5.99	5.82	5.70	5.60	5.52	5.46
	.010	13.75	10.92	9.78	9.15	8.75	8.47	8.26	8.10	7.98	7.87
	.001	35.51	27.00	23.70	21.92	20.80	20.03	19.46	19.03	18.69	18.41

5. F– 분포표(계속)

Denominator df	α	12	15	20	25	30	40	50	60	120	1,000
		Numerator df									
1	.100	60.71	61.22	61.74	62.05	62.26	62.53	62.69	62.79	63.06	63.30
	.050	243.91	245.95	248.01	249.26	250.10	251.14	251.77	252.20	253.25	254.11
	.025	976.71	984.87	993.10	998.08	1001.4	1005.6	1008.1	1009.8	1014.0	1017.7
	.010	6106.3	6157.3	6208.7	6239.8	6260.6	6286.8	6302.5	6313.0	6339.4	6362.7
	.001	610668	615764	620908	624017	626099	628712	630285	631337	633972	636301
2	.100	9.41	9.42	9.44	9.45	9.46	9.47	9.47	9.47	9.48	9.49
	.050	19.41	19.43	19.45	19.46	19.46	19.47	19.48	19.48	19.49	19.49
	.025	39.41	39.43	39.45	39.46	39.46	39.47	39.48	39.48	39.49	39.50
	.010	99.42	99.43	99.45	99.46	99.47	99.47	99.48	99.48	99.49	99.50
	.001	999.42	999.43	999.45	999.46	999.47	999.47	999.48	999.48	999.49	999.50
3	.100	5.22	5.20	5.18	5.17	5.17	5.16	5.15	5.15	5.14	5.13
	.050	8.74	8.70	8.66	8.63	8.62	8.59	8.58	8.57	8.55	8.53
	.025	14.34	14.25	14.17	14.12	14.08	14.04	14.01	13.99	13.95	13.91
	.010	27.05	26.87	26.69	26.58	26.50	26.41	26.35	26.32	26.22	26.14
	.001	128.32	127.37	126.42	125.84	125.45	124.96	124.66	124.47	123.97	123.53
4	.100	3.90	3.87	3.84	3.83	3.82	3.80	3.80	3.79	3.78	3.76
	.050	5.91	5.86	5.80	5.77	5.75	5.72	5.70	5.69	5.66	5.63
	.025	8.75	8.66	8.56	8.50	8.46	8.41	8.38	8.36	8.31	8.26
	.010	14.37	14.20	14.02	13.91	13.84	13.75	13.69	13.65	13.56	13.47
	.001	47.41	46.76	46.10	45.70	45.43	45.09	44.88	44.75	44.40	44.09
5	.100	3.27	3.24	3.21	3.19	3.17	3.16	3.15	3.14	3.12	3.11
	.050	4.68	4.62	4.56	4.52	4.50	4.46	4.44	4.43	4.40	4.37
	.025	6.52	6.43	6.33	6.27	6.23	6.18	6.14	6.12	6.07	6.02
	.010	9.89	9.72	9.55	9.45	9.38	9.29	9.24	9.20	9.11	9.03
	.001	26.42	25.91	25.39	25.08	24.87	24.60	24.44	24.33	24.06	23.82
6	.100	2.90	2.87	2.84	2.81	2.80	2.78	2.77	2.76	2.74	2.72
	.050	4.00	3.94	3.87	3.83	3.81	3.77	3.75	3.74	3.70	3.67
	.025	5.37	5.27	5.17	5.11	5.07	5.01	4.98	4.96	4.90	4.86
	.010	7.72	7.56	7.40	7.30	7.23	7.14	7.09	7.06	6.97	6.89
	.001	17.99	17.56	17.12	16.85	16.67	16.44	16.31	16.21	15.98	15.77

5. F– 분포표(계속)

Denominator df	α	Numerator df 1	2	3	4	5	6	7	8	9	10
7	.100	3.59	3.26	3.07	2.96	2.88	2.83	2.78	2.75	2.72	2.70
	.050	5.59	4.74	4.35	4.12	3.97	3.87	3.79	3.73	3.68	3.64
	.025	8.07	6.54	5.89	5.52	5.29	5.12	4.99	4.90	4.82	4.76
	.010	12.25	9.55	8.45	7.85	7.46	7.19	6.99	6.84	6.72	6.62
	.001	29.25	21.69	18.77	17.20	16.21	15.52	15.02	14.63	14.33	14.08
8	.100	3.46	3.11	2.92	2.81	2.73	2.67	2.62	2.59	2.56	2.54
	.050	5.32	4.46	4.07	3.84	3.69	3.58	3.50	3.44	3.39	3.35
	.025	7.57	6.06	5.42	5.05	4.82	4.65	4.53	4.43	4.36	4.30
	.010	11.26	8.65	7.59	7.01	6.63	6.37	6.18	6.03	5.91	5.81
	.001	25.41	18.49	15.83	14.39	13.48	12.86	12.40	12.05	11.77	11.54
9	.100	3.36	3.01	2.81	2.69	2.61	2.55	2.51	2.47	2.44	2.42
	.050	5.12	4.26	3.86	3.63	3.48	3.37	3.29	3.23	3.18	3.14
	.025	7.21	5.71	5.08	4.72	4.48	4.32	4.20	4.10	4.03	3.96
	.010	10.56	8.02	6.99	6.42	6.06	5.80	5.61	5.47	5.35	5.26
	.001	22.86	16.39	13.90	12.56	11.71	11.13	10.70	10.37	10.11	9.89
10	.100	3.29	2.92	2.73	2.61	2.52	2.46	2.41	2.38	2.35	2.32
	.050	4.96	4.10	3.71	3.48	3.33	3.22	3.14	3.07	3.02	2.98
	.025	6.94	5.46	4.83	4.47	4.24	4.07	3.95	3.85	3.78	3.72
	.010	10.04	7.56	6.55	5.99	5.64	5.39	5.20	5.06	4.94	4.85
	.001	21.04	14.91	12.55	11.28	10.48	9.93	9.52	9.20	8.96	8.75
11	.100	3.23	2.86	2.66	2.54	2.45	2.39	2.34	2.30	2.27	2.25
	.050	4.84	3.98	3.59	3.36	3.20	3.09	3.01	2.95	2.90	2.85
	.025	6.72	5.26	4.63	4.28	4.04	3.88	3.76	3.66	3.59	3.53
	.010	9.65	7.21	6.22	5.67	5.32	5.07	4.89	4.74	4.63	4.54
	.001	19.69	13.81	11.56	10.35	9.58	9.05	8.66	8.35	8.12	7.92
12	.100	3.18	2.81	2.61	2.48	2.39	2.33	2.28	2.24	2.21	2.19
	.050	4.75	3.89	3.49	3.26	3.11	3.00	2.91	2.85	2.80	2.75
	.025	6.55	5.10	4.47	4.12	3.89	3.73	3.61	3.51	3.44	3.37
	.010	9.33	6.93	5.95	5.41	5.06	4.82	4.64	4.50	4.39	4.30
	.001	18.64	12.97	10.80	9.63	8.89	8.38	8.00	7.71	7.48	7.29
13	.100	3.14	2.76	2.56	2.43	2.35	2.28	2.23	2.20	2.16	2.14
	.050	4.67	3.81	3.41	3.18	3.03	2.92	2.83	2.77	2.71	2.67
	.025	6.41	4.97	4.35	4.00	3.77	3.60	3.48	3.39	3.31	3.25
	.010	9.07	6.70	5.74	5.21	4.86	4.62	4.44	4.30	4.19	4.10
	.001	17.82	12.31	10.21	9.07	8.35	7.86	7.49	7.21	6.98	6.80

5. F－ 분포표(계속)

Denominator df	α	Numerator df 12	15	20	25	30	40	50	60	120	1,000
	.100	2.67	2.63	2.59	2.57	2.56	2.54	2.52	2.51	2.49	2.47
	.050	3.57	3.51	3.44	3.40	3.38	3.34	3.32	3.30	3.27	3.23
7	.025	4.67	4.57	4.47	4.40	4.36	4.31	4.28	4.25	4.20	4.15
	.010	6.47	6.31	6.16	6.06	5.99	5.91	5.86	5.82	5.74	5.66
	.001	13.71	13.32	12.93	12.69	12.53	12.33	12.20	12.12	11.91	11.72
	.100	2.50	2.46	2.42	2.40	2.38	2.36	2.35	2.34	2.32	2.30
	.050	3.28	3.22	3.15	3.11	3.08	3.04	3.02	3.01	2.97	2.93
8	.025	4.20	4.10	4.00	3.94	3.89	3.84	3.81	3.78	3.73	3.68
	.010	5.67	5.52	5.36	5.26	5.20	5.12	5.07	5.03	4.95	4.87
	.001	11.19	10.84	10.48	10.26	10.11	9.92	9.80	9.73	9.53	9.36
	.100	2.38	2.34	2.30	2.27	2.25	2.23	2.22	2.21	2.18	2.16
	.050	3.07	3.01	2.94	2.89	2.86	2.83	2.80	2.79	2.75	2.71
9	.025	3.87	3.77	3.67	3.60	3.56	3.51	3.47	3.45	3.39	3.34
	.100	5.11	4.96	4.81	4.71	4.65	4.57	4.52	4.48	4.40	4.32
	.001	9.57	9.24	8.90	8.69	8.55	8.37	8.26	8.19	8.00	7.84
	.100	2.28	2.24	2.20	2.17	2.16	2.13	2.12	2.11	2.08	2.06
	.050	2.91	2.85	2.77	2.73	2.70	2.66	2.64	2.62	2.58	2.54
10	.025	3.62	3.52	3.42	3.35	3.31	3.26	3.22	3.20	3.14	3.09
	.010	4.71	4.56	4.41	4.31	4.25	4.17	4.12	4.08	4.00	3.92
	.001	8.45	8.13	7.80	7.60	7.47	7.30	7.19	7.12	6.94	6.78
	.100	2.21	2.17	2.12	2.10	2.08	2.05	2.04	2.03	2.00	1.98
	.050	2.79	2.72	2.65	2.60	2.57	2.53	2.51	2.49	2.45	2.41
11	.025	3.43	3.33	3.23	3.16	3.12	3.06	3.03	3.00	2.94	2.89
	.010	4.40	4.25	4.10	4.01	3.94	3.86	3.81	3.78	3.69	3.61
	.001	7.63	7.32	7.01	6.81	6.68	6.52	6.42	6.35	6.18	6.02
	.100	2.15	2.10	2.06	2.03	2.01	1.99	1.97	1.96	1.93	1.91
	.050	2.69	2.62	2.54	2.50	2.47	2.43	2.40	2.38	2.34	2.30
12	.025	3.28	3.18	3.07	3.01	2.96	2.91	2.87	2.85	2.79	2.73
	.010	4.16	4.01	3.86	3.76	3.70	3.62	3.57	3.54	3.45	3.37
	.001	7.00	6.71	6.40	6.22	6.09	5.93	5.83	5.76	5.59	5.44
	.100	2.10	2.05	2.01	1.98	1.96	1.93	1.92	1.90	1.88	1.85
	.050	2.60	2.53	2.46	2.41	2.38	2.34	2.31	2.30	2.25	2.21
13	.025	3.15	3.05	2.95	2.88	2.84	2.78	2.74	2.72	2.66	2.60
	.010	3.96	3.82	3.66	3.57	3.51	3.43	3.38	3.34	3.25	3.18
	.001	6.52	6.23	5.93	5.75	5.63	5.47	5.37	5.30	5.14	4.99

5. F− 분포표(계속)

Denominator df	α	1	2	3	4	5	6	7	8	9	10
	.100	3.10	2.73	2.52	2.39	2.31	2.24	2.19	2.15	2.12	2.10
	.050	4.60	3.74	3.34	3.11	2.96	2.85	2.76	2.70	2.65	2.60
14	.025	6.30	4.86	4.24	3.89	3.66	3.50	3.38	3.29	3.21	3.15
	.010	8.86	6.51	5.56	5.04	4.69	4.46	4.28	4.14	4.03	3.94
	.001	17.14	11.78	9.73	8.62	7.92	7.44	7.08	6.80	6.58	6.40
	.100	3.07	2.70	2.49	2.36	2.27	2.21	2.16	2.12	2.09	2.06
	.050	4.54	3.68	3.29	3.06	2.90	2.79	2.71	2.64	2.59	2.54
15	.025	6.20	4.77	4.15	3.80	3.58	3.41	3.29	3.20	3.12	3.06
	.010	8.68	6.36	5.42	4.89	4.56	4.32	4.14	4.00	3.89	3.80
	.001	16.59	11.34	9.34	8.25	7.57	7.09	6.74	6.47	6.26	6.08
	.100	3.05	2.67	2.46	2.33	2.24	2.18	2.13	2.09	2.06	2.03
	.050	4.49	3.63	3.24	3.01	2.85	2.74	2.66	2.59	2.54	2.49
16	.025	6.12	4.69	4.08	3.73	3.50	3.34	3.22	3.12	3.05	2.99
	.010	8.53	6.23	5.29	4.77	4.44	4.20	4.03	3.89	3.78	3.69
	.001	16.12	10.97	9.01	7.94	7.27	6.80	6.46	6.19	5.98	5.81
	.100	3.03	2.64	2.44	2.31	2.22	2.15	2.10	2.06	2.03	2.00
	.050	4.45	3.59	3.20	2.96	2.81	2.70	2.61	2.55	2.49	2.45
17	.025	6.04	4.62	4.01	3.66	3.44	3.28	3.16	3.06	2.98	2.92
	.010	8.40	6.11	5.19	4.67	4.34	4.10	3.93	3.79	3.68	3.59
	.001	15.72	10.66	8.73	7.68	7.02	6.56	6.22	5.96	5.75	5.58
	.100	3.01	2.62	2.42	2.29	2.20	2.13	2.08	2.01	2.00	1.98
	.050	4.41	3.55	3.16	2.93	2.77	2.66	2.58	2.51	2.46	2.41
18	.025	5.98	4.56	3.95	3.61	3.38	3.22	3.10	3.01	2.93	2.87
	.010	8.29	6.01	5.09	4.58	4.25	4.01	3.84	3.71	3.60	3.51
	.001	15.38	10.39	8.49	3.46	6.81	6.35	6.02	5.76	5.56	5.39
	.100	2.99	2.61	2.40	2.27	2.18	2.11	2.06	2.02	1.98	1.96
	.050	4.38	3.52	3.13	2.90	2.74	2.63	2.54	2.48	2.42	2.38
19	.025	5.92	4.51	3.90	3.56	3.33	3.17	3.05	2.96	2.88	2.82
	.010	8.18	5.93	5.01	4.50	4.17	3.94	3.77	3.63	3.52	3.43
	.001	15.08	10.16	8.28	7.27	6.62	6.18	5.85	5.59	5.39	5.22
	.100	2.97	2.59	2.38	2.25	2.16	2.09	2.04	2.00	1.96	1.94
	.050	4.35	3.49	3.10	2.87	2.71	2.60	2.51	2.45	2.39	2.35
20	.025	5.87	4.46	3.86	3.51	3.29	3.13	3.01	2.91	2.84	2.77
	.010	8.10	5.85	4.94	4.43	4.10	3.87	3.70	3.56	3.46	3.37
	.001	14.82	9.95	8.10	7.10	6.46	6.02	5.69	5.44	5.24	5.08

5. F- 분포표(계속)

Denominator df	α	12	15	20	25	30	40	50	60	120	1,000
	.100	2.05	2.01	1.96	1.93	1.91	1.89	1.87	1.86	1.83	1.80
	.050	2.53	2.46	2.39	2.34	2.31	2.27	2.24	2.22	2.18	2.14
14	.025	3.05	2.95	2.84	2.78	2.73	2.67	2.64	2.61	2.55	2.50
	.010	3.80	3.66	3.51	3.41	3.35	3.27	3.22	3.18	3.09	3.02
	.001	6.13	5.85	5.56	5.38	5.25	5.10	5.00	4.94	4.77	4.62
	.100	2.02	1.97	1.92	1.89	1.87	1.85	1.83	1.82	1.79	1.76
	.050	2.48	2.40	2.33	2.28	2.25	2.20	2.18	2.16	2.11	2.07
15	.025	2.96	2.86	2.76	2.69	2.64	2.59	2.55	2.52	2.46	2.40
	.010	3.67	3.52	3.37	3.28	3.21	3.13	3.08	3.05	2.96	2.88
	.001	5.81	5.54	5.25	5.07	4.95	4.80	4.70	4.64	4.47	4.33
	.100	1.99	1.94	1.89	1.86	1.84	1.81	1.79	1.78	1.75	1.72
	.050	2.42	2.35	2.28	2.23	2.19	2.15	2.12	2.11	2.06	2.02
16	.025	2.89	2.79	2.68	2.61	2.57	2.51	2.47	2.45	2.38	2.32
	.010	3.55	3.41	3.26	3.16	3.10	3.02	2.97	2.93	2.84	2.76
	.001	5.55	5.27	4.99	4.82	4.70	4.54	4.45	4.39	4.23	4.08
	.100	1.96	1.91	1.86	1.83	1.81	1.78	1.76	1.75	1.72	1.69
	.050	2.38	2.31	2.23	2.18	2.15	2.10	2.08	2.06	2.01	1.97
17	.025	2.82	2.72	2.62	2.55	2.50	2.44	2.41	2.38	2.32	2.26
	.010	3.46	3.31	3.16	3.07	3.00	2.92	2.87	2.83	2.75	2.66
	.001	5.32	5.05	4.78	4.60	4.48	4.33	4.24	4.18	4.02	3.87
	.100	1.93	1.89	1.84	1.80	1.78	1.75	1.74	1.72	1.69	1.66
	.050	2.34	2.27	2.19	2.14	2.11	2.06	2.04	2.02	1.97	1.92
18	.025	2.77	2.67	2.56	2.49	2.44	2.38	2.35	2.32	2.26	2.20
	.010	3.37	3.23	3.08	2.98	2.92	2.84	2.78	2.75	2.66	2.58
	.001	5.13	4.87	4.59	4.42	4.30	4.15	4.06	4.00	3.84	3.69
	.100	1.91	1.86	1.81	1.78	1.76	1.73	1.71	1.70	1.67	1.64
	.050	2.31	2.23	2.16	2.11	2.07	2.03	2.00	1.98	1.93	1.88
19	.025	2.72	2.62	2.51	2.44	2.39	2.33	2.30	2.27	2.20	2.14
	.010	3.30	3.15	3.00	2.91	2.84	2.76	2.71	2.67	2.58	2.50
	.001	4.97	4.70	4.43	4.26	4.14	3.99	3.90	3.84	3.68	3.53
	.100	1.89	1.84	1.79	1.76	1.74	1.71	1.69	1.68	1.64	1.61
	.050	2.28	2.20	2.12	2.07	2.04	1.99	1.97	1.95	1.90	1.85
20	.025	2.68	2.57	2.46	2.40	2.35	2.29	2.25	2.22	2.16	2.09
	.010	3.23	3.09	2.94	2.84	2.78	2.69	2.64	2.61	2.52	2.43
	.001	4.82	4.56	4.29	4.12	4.00	3.86	3.77	3.70	3.54	3.40

Numerator df: 12–1,000

5. F– 분포표(계속)

Denominator df	α	1	2	3	4	5	6	7	8	9	10
	.100	2.96	2.57	2.36	2.23	2.14	2.08	2.02	1.98	1.95	1.92
	.050	4.32	3.47	3.07	2.84	2.68	2.57	2.49	2.42	2.37	2.32
21	.025	5.83	4.42	3.82	3.48	3.25	3.09	2.97	2.87	2.80	2.73
	.010	8.02	5.78	4.87	4.37	4.04	3.81	3.64	3.51	3.40	3.31
	.001	14.59	9.77	7.94	6.95	6.32	5.88	5.56	5.31	5.11	4.95
	.100	2.95	2.56	2.35	2.22	2.13	2.06	2.01	1.97	1.93	1.90
	.050	4.30	3.44	3.05	2.82	2.66	2.55	2.46	2.40	2.34	2.30
22	.025	5.79	4.38	3.78	3.44	3.22	3.05	2.93	2.84	2.76	2.70
	.010	7.95	5.72	4.82	4.31	3.99	3.76	3.59	3.45	3.35	3.26
	.001	14.38	9.61	7.80	6.81	6.19	5.76	5.44	5.19	4.99	4.83
	.100	2.94	2.55	2.34	2.21	2.11	2.05	1.99	1.95	1.92	1.89
	.050	4.28	3.42	3.03	2.80	2.64	2.53	2.44	2.37	2.32	2.27
23	.025	5.75	4.35	3.75	3.41	3.18	3.02	2.90	2.81	2.73	2.67
	.010	7.88	5.66	4.76	4.26	3.94	3.71	3.54	3.41	3.30	3.21
	.001	14.20	8.47	7.67	6.70	6.08	5.65	533	5.09	4.89	4.73
	.100	2.93	2.54	2.33	2.19	2.10	2.04	1.98	1.94	1.91	1.88
	.050	4.26	3.40	3.01	2.78	2.62	2.51	2.42	2.36	2.30	2.25
24	.025	5.72	4.32	3.72	3.38	3.15	2.99	2.87	2.78	2.70	2.64
	.010	3.82	5.61	4.72	4.22	3.90	3.67	3.50	3.36	3.26	3.17
	.001	14.03	9.34	3.55	6.59	5.98	5.55	5.23	4.99	4.80	4.64
	.100	2.92	2.53	2.32	2.18	2.09	2.02	1.97	1.93	1.89	1.87
	.050	4.24	3.39	2.99	2.76	2.60	2.49	2.40	2.34	2.28	2.24
25	.025	5.69	4.29	3.69	3.35	3.13	2.97	2.85	2.75	2.68	2.61
	.010	7.77	5.57	4.68	4.18	3.85	3.63	3.46	3.32	3.22	3.13
	.001	13.88	9.22	7.45	6.49	5.89	5.46	5.15	4.91	4.71	4.56
	.100	2.91	2.52	2.31	2.17	2.08	2.01	1.96	1.92	1.88	1.86
	.050	4.23	3.37	2.98	2.74	2.59	2.47	2.39	2.32	2.27	2.22
26	.025	5.66	4.27	3.67	3.33	3.10	2.94	2.82	2.73	2.65	2.59
	.010	7.72	5.53	4.64	4.14	3.82	3.59	3.42	3.29	3.18	3.09
	.001	13.74	9.12	7.36	6.41	5.80	5.38	5.07	4.83	4.64	4.48
	.100	2.90	2.51	2.30	2.17	2.07	2.00	1.95	1.91	1.87	1.85
	.050	4.21	3.35	2.96	2.73	2.57	2.46	2.37	2.31	2.25	2.20
27	.025	5.63	4.24	3.65	3.31	3.08	2.92	2.80	2.71	2.63	2.57
	.010	7.68	5.49	4.60	4.11	3.78	3.56	3.39	3.26	3.15	3.06
	.001	13.61	9.02	7.27	6.33	5.73	5.31	5.00	4.76	4.57	4.41

5. F– 분포표(계속)

Denominator df	α	12	15	20	25	30	40	50	60	120	1,000
		Numerator df									
	.100	1.87	1.83	1.78	1.74	1.72	1.69	1.67	1.66	1.62	1.59
	.050	2.25	2.18	2.10	2.05	2.01	1.96	1.94	1.92	1.87	1.82
21	.025	2.64	2.53	2.42	2.36	2.31	2.25	2.21	2.18	2.11	2.05
	.010	3.17	3.03	2.88	2.79	2.72	2.64	2.58	2.55	2.46	2.37
	.001	4.70	4.44	4.17	4.00	3.88	3.74	3.64	3.58	3.42	3.28
	.100	1.86	1.81	1.76	1.73	1.70	1.67	1.65	i.64	1.60	1.57
	.050	2.23	2.15	2.07	2.02	1.98	1.94	1.91	1.89	1.84	1.79
22	.025	2.60	2.50	2.39	2.32	2.27	2.21	2.17	2.14	2.08	2.01
	.010	3.12	2.98	2.83	2.73	2.67	2.58	2.53	2.50	2.40	232
	.001	4.58	4.33	4.06	3.89	3.78	3.63	3.54	3.48	3.32	3.17
	.100	1.84	1.80	1.74	1.71	1.69	1.66	1.64	1.62	1.59	1.55
	.050	2.20	2.13	2.05	2.00	1.96	1.91	1.88	1.86	1.81	1.76
23	.025	2.57	2.47	2.36	2.29	2.24	2.18	2.14	2.11	2.04	1.98
	.010	3.07	2.93	2.78	2.69	2.62	2.54	2.48	2.45	2.35	2.27
	.001	4.48	4.23	3.96	3.79	3.68	3.53	3.44	3.38	3.22	3.08
	.100	1.83	1.78	1.73	1.70	1.67	1.64	1.62	1.61	1.57	1.54
	.050	2.18	2.11	2.03	1.97	1.94	1.89	1.86	1.84	1.79	1.74
24	.025	2.54	2.44	2.33	2.26	2.21	2.15	2.11	2.08	2.01	1.94
	.010	3.03	2.89	2.74	2.64	2.58	2.49	2.44	2.40	2.31	2.22
	.001	4.39	4.14	3.87	3.71	3.59	3.45	3.36	3.29	3.14	2.99
	.100	1.82	1.77	1.72	1.68	1.66	1.63	1.61	1.59	1.56	1.52
	.050	2.16	2.09	2.0]	1.96	1.92	1.87	1.84	1.82	1.77	1.72
25	.025	2.51	2.41	2.30	2.23	2.18	2.12	2.08	2.05	1.98	1.91
	.010	2.99	2.85	2.70	2.60	2.54	2.45	2.40	2.36	2.27	2.18
	.001	4.31	4.06	3.79	3.63	3.52	3.37	3.28	3.22	3.06	2.91
	.100	1.81	1.76	1.71	1.67	1.65	1.61	1.59	1.58	1.54	1.51
	.050	2.15	2.07	1.99	1.94	1.90	1.85	1.82	1.80	1.75	1.70
26	.025	2.49	2.39	2.28	2.21	2.16	2.09	2.05	2.03	1.95	1.89
	.010	2.96	2.81	2.66	2.57	2.50	2.42	2.36	2.33	2.23	2.14
	.001	4.24	3.99	3.72	3.56	3.44	3.30	3.21	3.15	2.99	2.84
	.100	1.80	1.75	1.70	1.66	1.64	1.60	1.58	1.57	1.53	1.50
	.050	2.13	2.06	1.97	1.92	1.88	1.84	1.81	1.79	1.73	1.68
27	.025	2.47	2.36	2.25	2.18	2.13	2.07	2.03	2.00	1.93	1.86
	.010	2.93	2.78	2.63	2.54	2.47	2.38	2.33	2.29	2.20	2.11
	.001	4.17	3.92	3.66	3.49	3.38	3.23	3.14	3.08	2.92	2.78

5. F– 분포표(계속)

Denominator		Numerator df									
df	α	1	2	3	4	5	6	7	8	9	10
	.100	2.89	2.50	2.29	2.16	2.06	2.00	1.94	1.90	1.84	1.84
	.050	4.20	3.34	2.95	2.71	2.56	2.45	2.36	2.29	2.24	2.19
28	.025	5.61	4.22	3.63	3.29	3.06	2.90	2.78	2.69	2.61	2.55
	.010	3.64	5.45	4.57	4.07	3.75	3.53	3.36	3.23	3.12	3.03
	.001	13.50	8.93	7.19	6.25	5.66	5.24	4.93	4.69	4.50	4.35
	.100	2.89	2.50	2.28	2.15	2.06	1.99	1.93	1.89	1.86	1.83
	.050	4.18	3.33	2.93	2.70	2.55	2.43	2.35	2.28	2.22	2.18
29	.025	5.59	4.20	3.61	3.27	3.04	2.88	2.76	2.67	2.59	2.53
	.010	3.60	5.42	4.54	4.04	3.73	3.50	3.33	3.20	3.09	3.00
	.001	13.39	8.85	7.12	6.19	5.59	5.18	4.87	4.64	4.45	4.29
	.100	2.88	2.49	2.28	2.14	2.05	1.98	1.93	1.88	1.85	1.82
	.050	4.17	3.32	2.92	2.69	2.53	2.42	2.33	2.27	2.21	2.16
30	.025	5.57	4.18	3.59	3.25	3.03	2.87	2.75	2.63	2.57	2.51
	.010	7.56	5.39	4.51	4.02	3.70	3.47	3.30	3.17	3.07	2.98
	.001	13.29	8.77	7.05	6.12	5.53	5.12	4.82	4.58	4.39	4.24
	.100	2.84	2.44	2.23	2.09	2.00	1.93	187	1.83	1.79	1.76
	.050	4.08	3.23	2.84	2.61	2.45	2.34	2.25	2.18	2.12	2.08
40	.025	5.42	4.05	3.46	3.13	2.90	2.74	2.62	2.53	2.45	2.39
	.010	7.31	5.18	4.31	3.83	3.51	3.29	3.12	2.99	2.89	2.80
	.001	12.61	8.25	6.59	5.70	5.13	4.73	4.44	4.21	4.02	3.87
	.100	2.81	2.41	2.20	2.06	1.97	1.90	1.84	1.80	1.76	1.73
	.050	4.03	3.18	2.79	2.56	2.40	2.29	2.20	2.13	2.07	2.03
50	.025	5.34	3.97	3.39	3.05	2.83	2.67	2.55	2.46	2.38	2.32
	.010	7.17	5.06	4.20	3.72	3.41	3.19	3.02	2.89	2.78	2.70
	.001	12.22	7.96	6.34	5.46	4.90	4.51	4.22	4.00	3.82	3.67
	.100	2.79	2.39	2.18	2.04	1.95	1.87	1.82	1.77	1.74	1.71
	.050	4.00	3.15	2.76	2.53	2.37	2.25	2.17	2.10	2.04	1.99
60	.025	5.29	3.93	3.34	3.01	2.79	2.63	2.51	2.41	2.33	2.27
	.010	3.08	4.98	4.13	3.65	3.34	3.12	2.95	2.82	2.72	2.63
	.001	11.97	7.77	6.17	5.31	4.76	4.37	4.09	3.86	3.69	3.54
	.100	2.76	2.36	2.14	2.00	1.91	1.83	1.78	1.73	1.69	1.66
	.050	3.94	3.09	2.70	2.46	2.31	2.19	2.10	2.03	1.97	1.93
100	.025	5.18	3.83	3.25	2.92	2.70	2.54	2.42	2.32	2.24	2.18
	.010	6.90	4.82	3.98	3.51	3.21	2.99	2.82	2.69	2.59	2.50
	.001	11.50	7.41	5.86	5.02	4.48	4.11	3.83	3.61	3.44	3.30

5. F– 분포표(계속)

Denominator df	α	12	15	20	25	30	40	50	60	120	1,000
		Numerator df									
28	.100	1.79	1.74	1.69	1.65	1.63	1.59	1.57	1.56	1.52	1.48
	.050	2.12	2.04	1.96	1.91	1.87	1.82	1.79	1.77	1.71	1.66
	.025	2.45	2.34	2.23	2.16	2.11	2.05	2.01	1.98	1.91	1.84
	.010	2.90	2.75	2.60	2.51	2.44	2.35	2.30	2.26	2.17	2.08
	.001	4.11	3.86	3.60	3.43	3.32	3.18	3.09	3.02	2.86	2.72
29	.100	1.78	1.73	1.68	1.64	1.62	1.58	1.56	1.55	1.51	1.47
	.050	2.10	2.03	1.94	1.89	1.85	1.81	1.77	1.75	1.70	1.65
	.025	2.43	2.32	2.21	2.14	2.09	2.03	1.99	1.96	1.89	1.82
	.010	2.87	2.73	2.57	2.48	2.41	2.33	2.27	2.23	2.14	2.05
	.001	4.05	3.80	3.54	3.38	3.27	3.12	3.03	2.97	2.81	2.66
30	.100	1.77	1.72	1.67	1.63	1.61	1.57	1.55	1.54	1.50	1.46
	.050	2.09	2.01	1.93	1.88	1.84	1.79	1.76	1.74	1.68	1.63
	.025	2.41	2.31	2.20	2.12	2.07	2.01	1.97	1.94	1.87	1.80
	.010	2.84	2.70	2.55	2.45	2.39	2.30	2.25	2.21	2.11	2.02
	.001	4.00	3.75	3.49	3.33	3.22	3.07	2.98	2.92	2.76	2.61
40	.100	1.71	1.66	1.61	1.57	1.54	1.51	1.48	1.47	1.42	1.38
	.050	2.00	1.92	1.84	1.78	1.74	1.69	1.66	1.64	1.58	1.52
	.025	2.29	2.18	2.07	1.99	1.94	1.88	1.83	1.80	1.72	1.65
	.010	2.66	2.52	2.37	2.27	2.20	2.11	2.06	2.02	1.92	1.82
	.001	3.64	3.40	3.14	2.98	2.87	2.73	2.64	2.57	2.41	2.25
50	.100	1.68	1.63	1.57	1.53	1.50	1.46	1.44	1.42	1.38	1.33
	.050	1.95	1.87	1.78	1.73	1.69	1.63	1.60	1.58	1.51	1.45
	.025	2.22	2.11	1.99	1.92	1.87	1.80	1.75	1.72	1.64	1.56
	.010	2.56	2.42	2.27	2.17	2.10	2.01	1.95	1.91	1.80	1.70
	.001	3.44	3.20	2.95	2.79	2.68	2.53	2.44	2.38	2.21	2.05
60	.100	1.66	1.60	1.54	1.50	1.48	1.44	1.41	1.40	1.35	1.30
	.050	1.92	1.84	1.75	1.69	1.65	1.59	1.56	1.53	1.47	1.40
	.025	2.17	2.06	1.94	1.87	1.82	1.74	1.70	1.67	1.58	1.49
	.010	2.50	2.35	2.20	2.10	2.03	1.94	1.88	1.84	1.73	1.62
	.001	3.32	3.08	2.83	2.67	2.55	2.41	2.32	2.25	2.08	1.92
100	.100	1.61	1.56	1.49	1.45	1.42	1.38	1.35	1.35	1.28	1.22
	.050	1.85	1.77	1.68	1.62	1.57	1.52	1.48	1.45	1.38	1.30
	.025	2.08	1.97	1.85	1.77	1.71	1.64	1.59	1.56	1.46	1.36
	.010	2.37	2.22	2.07	1.97	1.89	1.80	1.74	1.69	1.57	1.45
	.001	3.07	2.84	2.59	2.43	2.32	2.17	2.08	2.01	1.83	1.64

5. F– 분포표(계속)

Denominator df	α	1	2	3	4	5	6	7	8	9	10
	.100	2.73	2.33	2.11	1.97	1.88	1.80	1.75	1.70	1.66	1.63
	.050	3.89	3.04	2.65	2.42	2.26	2.14	2.06	1.98	1.93	1.88
200	.025	5.10	3.76	3.18	2.85	2.63	2.47	2.35	2.26	2.18	2.11
	.010	6.76	4.71	3.88	3.41	3.11	2.89	2.73	2.60	2.50	2.41
	.001	11.15	7.15	5.63	4.81	4.29	3.92	3.65	3.43	3.26	3.12
	.100	2.71	2.31	2.09	1.95	1.85	1.78	1.72	1.68	1.64	1.61
	.050	3.85	3.00	2.61	2.38	2.22	2.11	2.02	1.95	1.89	1.84
1,000	.025	5.04	3.70	3.13	2.80	2.58	2.42	2.30	2.20	2.13	2.06
	.010	6.66	4.63	3.80	3.34	3.04	2.82	2.66	2.53	2.43	2.34
	.001	10.89	6.96	5.46	4.65	4.14	3.78	3.51	3.30	3.13	2.99

(Numerator df: 1–10)

연습문제 풀이

연습문제 2 풀이

1. (a) 우리 동아리 회원들의 키 : 수치형자료, 연속형 자료
   (b) 서울시 지역구별 주민 센터의 수 : 범주형지료, 이산형 자료
   (c) 3월 전체 오후 13시의 기온 : 수치형 자료, 연속형 자료
   (d) 어느 음식점의 하루 휴게시간 : 수치형 자료, 연속형 자료
   (e) 어느 모임의 월별 생일인 회원의 수 : 범주형자료, 이산적자료
   (f) 기차가 A 지점에서 B 지점까지 가는데 걸리는 시간 : 수치형 자료, 연속형 자료
   (g) 지하철 노선에 속해 있는 역의 수 : 범주형자료, 이산적자료
   (h) 휴대폰 밧데리 수명 : 수치형 자료, 연속형 자료
   (i) 어느 회사원의 연봉: 수치형 자료, 이산형 자료
   (j) 한 축구 선수의 올해 넣은 골의 수: 수치형 자료, 이산형 자료
   (k) 수치형 자료, 연속형자료
   (l) 수치형 자료, 연속형 자료
   (m) 범주형 자료, 명목형 자료
   (n) 수치형 자료, 연속형 자료
   (o) 수치형 자료, 이산적 자료

2.

줄기	잎	순서대로 정리된 잎
2	3 9 5	3 5 9
3	0 1 3 7	0 1 3 7
4	5 1	1 5
5	6 5 8	5 6 8
6	7 6 2 0	0 2 6 7
7	8 1 7 4	1 4 7 8
8	7 8 1 2 9 4	1 2 4 7 8 9
9	0 9 2 5	0 2 5 9

3. (a)

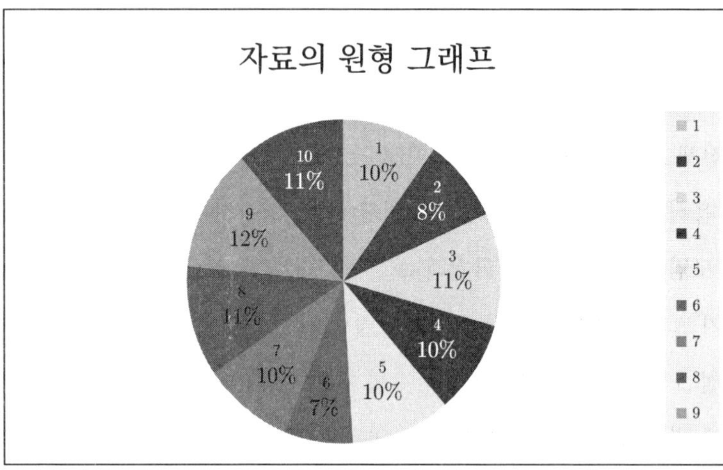

(b)

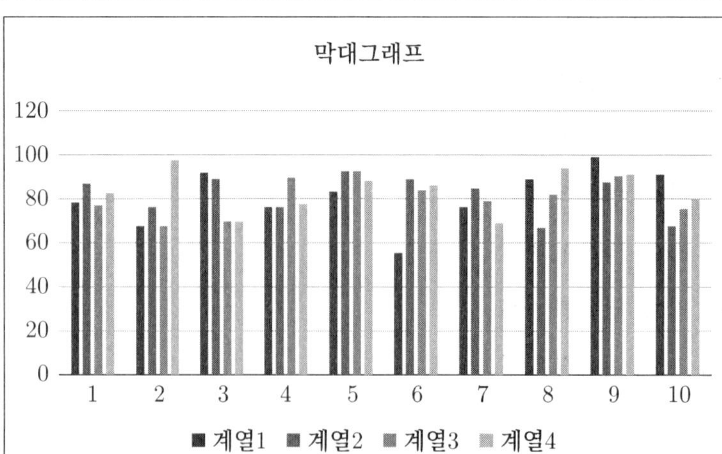

(c)

계급	계급값	도수	상대도수	누적도수	누적 상대도수
51~60	55	1	0.025	1	0.025
61~70	65	7	0.175	8	0.200
71~80	75	9	0.225	17	0.425
81~90	85	14	0.350	21	0.525
91~100	95	9	0.225	40	1.000
합계		40			

4. (a)

통신사	도수	상대 도수	누적도수	누적 상대도수
K	15	0.375	15	0.375
L	13	0.325	28	0.700
S	12	0.300	40	1.000
합	40	1.000		

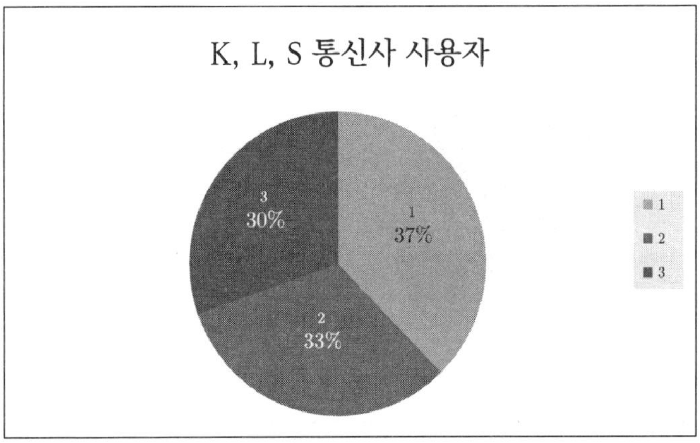

(b)

5. 엑셀을 사용하기 위해서 주어진 자료의 범위를 구하면 최댓값(98) − 최솟값(66) = 32 이다. 계급의 수는 6으로 하자. $32 \div 6 = 5.3333$ 이므로 계급의 크기는 6으로 할 수 있다.

통신사	도수	상대 도수	누적도수	누적 상대도수
65.5~72	6	0.15	6	0.15
72.5~78	5	0.125	11	0.275
78.5~84	4	0.1	15	0.375
84.5~90	16	0.4	31	0.775
90.5~96	8	0.2	39	0.975
96.5~100	1	0.025	40	1

6.

통신사	도수	상대 도수	누적 %	누적 상대도수
1	24	24	48.00%	0.48
2	12	36	72.00%	0.72
3	6	42	84.00%	0.84
4	3	45	90.00%	0.9
5	5	50	100.00%	1
합계	50			

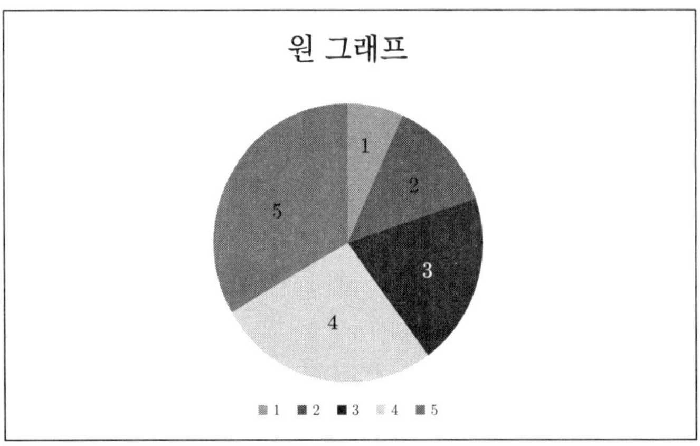

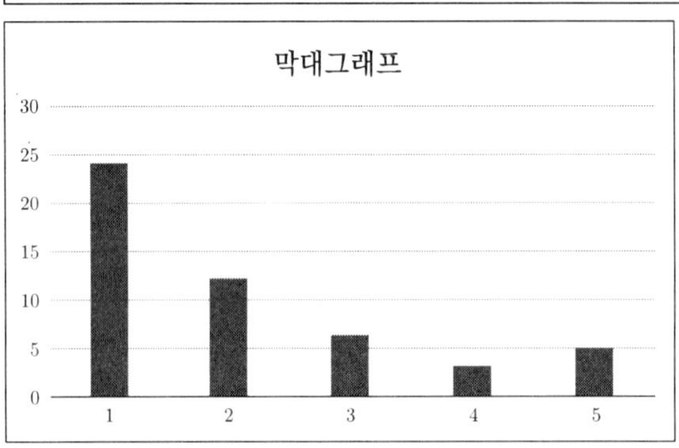

연습문제 3 풀이

1. 다음 괄호에 적절한 단어를 고르면?(번호로 답하여라.)

   자료의 표현에서 각 범주에 들어가는 자료의 수를 (⑫)라 한다. 양적 자료를 적당한 간격으로 집단화 하여 나타낸 범주를(⑭) 한다. 자료의 중심이 어디인가를 나타내는 수치를 (②)이라 하고, 자료들이 대푯값을 기준으로 얼마나 흩어져있는 가를 나타내는 수치를 (⑬)라 한다. 평균은 가장 많이 사용되는 대푯값으로 모든 자료의 (⑥)을 자료의 (⑦)로 나눈 것을 말한다. 또한 자료를 크기 순서대로 나열하였을 때 가운데 위치하는 대푯값을 (⑧)이라 하고, 가장 많은 자료의 수를 (⑪)이라 한다.

   ① 평균　② 대푯값　③ 편차　④ 표준편차　⑤ 곱　⑥ 합
   ⑦ 개수　⑧ 중앙값　⑨ 크기　⑩ 확률변수　⑪ 최빈값　⑫ 도수
   ⑬ 산포도　⑭ 계급　⑮ 계급값

2. 평균은 3.798 중앙값은 3.945 이다.

3. 중앙값 : 17, 분산 194.8, 표준편차 : 13.957

4. 자료를 도표로 보면 그림과 같다.

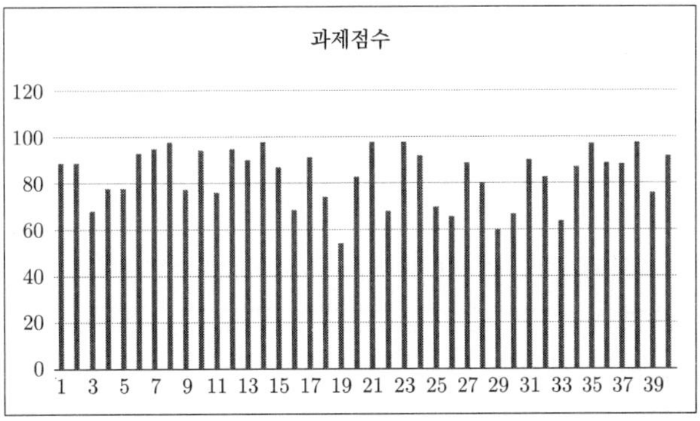

평균	83.2
중앙값	87.5
최빈값	98
분산	146.6256
표준편차	12.10891
1 사분위수	74.5
2 사분위수	87
3 사분위수	93.25

5. z점수를 구하기 위해 먼저 주어진 자료의 평균과 표준 편차를 구한다. 평균은 $\overline{x} = 83$ 이고 분산은 203.3 이어서 표준편차는 14.26 이다. 따라서 각 자료의 z 점수는 $z_i = \dfrac{x_i - 83}{14.26}$ 으로부터 차례로

$$-1.05,\ 0.84,\ -0.49,\ 0.28,\ -2.03,\ 1.05,\ 0.42,\ 0.49,\ 0.98,\ -0.49$$

이다.

6. $\overline{x}^2 = 47.89$ 이고 $\overline{x} = 4,97$ 이므로

$$V = \overline{x}^2 - (\overline{x})^2$$

에서

$$V = 47.89 - (4.97)^2 = 47.89 - 24.7 = 23.19$$

이다.

7.

```
data = []
for i in range(n):
value = float(input(f"{i+1}번째 데이터를 입력하세요: "))
data.append(value)
# 데이터의 총합 계산
total = sum(data)
# 평균 계산
average = total / len(data)
# 결과 출력
print("입력한 데이터:", data)
print("평균 값:", average)
실제로 10개의 자료로부터 얻은 평균은 다음과 같다.
1번째 데이터를 입력하세요: 3.45
2번째 데이터를 입력하세요: 5.64
3번째 데이터를 입력하세요: 7.12
4번째 데이터를 입력하세요: 2.34
5번째 데이터를 입력하세요: 5.34
6번째 데이터를 입력하세요: 6.78
```

```
7번째 데이터를 입력하세요: 9.12
8번째 데이터를 입력하세요: 9.56
9번째 데이터를 입력하세요: 3.34
10번째 데이터를 입력하세요: 1.25
```

따라서 입력한10개의 자료 [3.45, 5.64, 7.12, 2.34, 5.34, 6.78, 9.12, 9.56, 3.34, 1.25]에 대한 평균값 5.394 를 얻을 수 있다.

8.

```
def median(data):
sorted_data = sorted(data)
n = len(sorted_data)
if n % 2 == 0:
# 데이터의 개수가 짝수인 경우
middle_index1 = n // 2 - 1
middle_index2 = n // 2
median_value          =          (sorted_data[middle_index1]          +
sorted_data[middle_index2]) / 2
else:
# 데이터의 개수가 홀수인 경우
middle_index = n // 2
median_value = sorted_data[middle_index]
return median_value
# 데이터 입력
data = [float(input(f"{i+1}번째 데이터를 입력하세요: ")) for i in
range(n)]
# 중앙값 계산
median_result = median(data)
# 결과 출력
print("입력한 데이터:", data)
print("중앙값:", median_result)
실제로 5개의 자료에서 구한 결과는 아래와 같다.
1번째 데이터를 입력하세요: 1.2
```

```
2번째 데이터를 입력하세요: 3.4
3번째 데이터를 입력하세요: 5.4
4번째 데이터를 입력하세요: 6.2
5번째 데이터를 입력하세요: 7.3
```

입력한 5개의 자료 [1.2, 3.4, 5.4, 6.2, 7.3]에서 중앙값은 5.4 이다.

9.

```
from collections import Counter
def find_mode(data):
# 데이터에서 각 요소의 빈도수를 계산
counter = Counter(data)
# 가장 높은 빈도수를 가진 요소(들)을 찾음
max_frequency = max(counter.values())
mode = [key for key, value in counter.items() if value ==
max_frequency]
return mode
data = [1,3,4,4,5,6,7,8,8,9,9,10]
# 최빈값 찾기
result = find_mode(data)
# 결과 출력
print("데이터:", data)
print("최빈값:", result)
```

모두 12개의 자료 [1, 3, 4, 4, 5, 6, 7, 8, 8, 9, 9, 10]에서 최빈값은 4, 8 그리고 9 이다.

10.

```
import math
# 데이터 정의
data = [1, 2, 3, 4, 5, 100]
# 데이터의 길이
n = len(data)
# 데이터의 곱셈
product = 1
```

```
for number in data:
product *= number
# 기하평균 계산
geometric_mean = math.pow(product, 1/n)
# 결과 출력
print("데이터의 기하평균:", geometric_mean)
```

실제로 얻어진 기하 평균은 $G = 4.784797263319171$ 이다.

11.

```
# 데이터 정의
data = [3, 5, 6, 6, 7, 10, 12]
# 데이터의 역수의 합 계산
sum_of_reciprocals = sum(1/num for num in data)
# 데이터의 개수
n = len(data)
# 조화평균 계산
harmonic_mean = n / sum_of_reciprocals
# 결과 출력
print("데이터의 조화평균:", harmonic_mean)
```

실제로 얻어진 조화 평균은 $H = 5.868263473053893$ 이다.

연습문제 4 풀이

1. 서로 다른 다섯 개의 숫자 1, 2, 3, 4, 5 로 만들 수 있는 세 자리 정수의 수는 순열로 구할 수 있으므로 모두 ${}_5P_3 = 5 \times 4 \times 3 = 60$ 개 이다.

2. 상자 M 에서 사과 3개를 선택하는 방법의 수는 ${}_5C_3$ 이고, 상자 D에서 배 5개를 선택하는 방법의 수는 ${}_7C_5$ 이므로 구하는 방법의 수는

$$ {}_5C_3 +_7 C_5 = \frac{5!}{2!3!} + \frac{7!}{2!5!} = 10 + 21 = 31 $$

이다.

3. 3명을 뽑기만 하는 것이므로 조합에 해당한다. 따라서

$$_7C_3 = \binom{7}{3} = \frac{7!}{3!4!} = \frac{_7P_3}{3!} = 35$$

이다.

4. 여성 직원 수와 남성 직원 수를 고려하여 경우의 수를 계산합니다. 최소한 한 명 이상의 여성이 선택되기 위해서는 다음 경우 중 하나이어야 한다.

   (a) 모든 선택된 직원이 여성인 경우.

   (b) 명 중 1명이 여성이고, 나머지 1명 이상이 남성인 경우.

   (c) 모든 선택된 직원이 남성이지만, 여성 직원이 아예 선택되지 않는 경우. 따라서, 최소 한 명 이상의 여성이 선택될 확률은 다음과 같다:

   $$\frac{_3C_4 +_3 C_1 \times_5 C_3 +_5 C_4}{_8C_4} = \frac{0+3\times 10+5}{70} = \frac{3}{14}$$

   따라서, 최소 한 명 이상의 여성이 선택될 확률은 약 0.2143 또는 약 21.43% 이다.

5. 파이썬 코딩은 아래와 같다.

```
import math
# 조합의 수 계산 함수 정의
def comb(n, k):
return math.factorial(n) // (math.factorial(k) * math.factorial(n -
k))
# 45개 중에서 6개를 선택하는 조합의 수
n = 45
k = 6
# 조합의 수 계산
combinations = comb(n, k)
print(f"{n}개 중에서 {k}개를 선택하는 조합의 수는 {combinations}
입니다.")
이때의 출력물은 ``45개 중에서 6개를 선택하는 조합의 수는 8,145,060
입니다.'' 이다.
```

주의: 1등이 나올 확률은 1/ 8145060= 0.00000012277 이다.

6.

```
import math
n = n # 전체 항목 수
k = r # 선택할 항목 수
permutations = math.perm(n, k)
print("n개 중 r개를 선택하는 순열의 수:", permutations)
이고 이를 이용하여
import math
n = 30 # 전체 항목 수
k = 3 # 선택할 항목 수
permutations = math.perm(30, 3)
print("30개 중 3개를 선택하는 순열의 수:", permutations)
로 하면
출력: 30개 중 3개를 선택하는 순열의 수: 24360을 얻는다.
```

7.

```
from math import comb
# n개 중에서 r개를 선택하는 조합의 수를 계산합니다.
조합의_수 = comb(n, r)
print("n개 중에서 r개를 선택하는 조합의 수는:", 조합의_수)
```

8.

```
from math import comb
# 18 중에서 4개를 선택하는 조합의 수를 계산합니다.
조합의_수 = comb(18, 4)
print("18개 중에서 4개를 선택하는 조합의 수는:", 조합의_수)
출력: 18개 중에서 4개를 선택하는 조합의 수는: 3060
```

9. 먼저

$$B = B \cap S = B \cap (A \cap A^c) = (B \cap A) \cup (B \cap A^c) = A \cup (B \cap A^c)$$

이고 A 와 $B \cap A^c$ 은 배반사건이다. 따라서

$$\begin{aligned} P(B) &= P(A \cup (B \cap A^c)) \\ &= P(A) + P(B \cap A^c) \\ &\geq P(A) \end{aligned}$$

이 성립한다.

10. (a) $P(B^c) = 1 - P(B) = 1 - \frac{1}{3} = \frac{2}{3}$

(b) $(A \cup B^c) = (A \cup B^c) \cap (B \cup B^c) = (A \cap B) \cup B^c$ 이고 두 사건은 상호 배반이므로

$$P(A \cup B^c) = P(A \cap B) + P(B^c) = \frac{1}{8} + \frac{2}{3} = \frac{19}{24}$$

(c) $P(B \cap A^c) = P(B) - P(A \cap B) = \frac{1}{3} - \frac{1}{8} = \frac{5}{24}$

(d) $P(A^c \cup B^c) = P((A \cap B)^c) = 1 - P(A \cap B) = 1 - \frac{1}{8} = \frac{7}{8}$

11. 두 사건의 합사건의 확률은

$$P(A \cup B) = P(A) + P(B) - P(A \cap B) = \frac{2}{3} + \frac{3}{4} - \frac{5}{6} = \frac{7}{12}$$

이다. 따라서 구하고자 하는 조건분 확률은

$$P(B^c \mid A^c) = \frac{P(A^c \cap B^c)}{P(A^c)} = \frac{1 - P(A \cup B)}{1 - P(A)} = \frac{1 - \frac{7}{12}}{1 - \frac{1}{2}} = \frac{5}{6}$$

이다.

12. 임의로 선택한 학생이 A 학점을 받은 학생일 사건을 A, 4 학년 학생일 사건을 B 라 하면 구하고자 하는 사건은 A 가 주어 졌을 때 B 가 일어나는 사건이므로

$$P(B \mid A) = \frac{P(A \cap B)}{P(A)} = \frac{0.15}{0.25} = 0.6$$

이다.

13. $E(X) = \left(1 \times \frac{3}{10}\right) + \left(2 \times \frac{1}{10}\right) + \left(3 \times \frac{2}{10}\right) + \left(4 \times \frac{1}{10}\right) + \left(5 \times \frac{2}{10}\right) + \left(6 \times \frac{1}{10}\right) = \frac{31}{10}$

$$Var(X) = E(X^2) - E(X)^2 = \frac{97}{10} - \left(\frac{31}{100}\right)^2 = \frac{309}{100} = 3.09$$

14. $E(X) = -1 \times 0.5 + 0 \times 0.2 + 1 \times 0.3 = -0.2$ 이고

$E(X^2) = (-1)^2 \times 0.5 + 0^2 \times 0.2 + 1^2 \times 0.3 = 0.8$ 이다. 따라서

$$Var(X) = E(X^2) - E(X)^2 = 0.8 - 0.04 = 0.76$$

15. b 를 남자 아이, g를 여자 아이라고 하자. 이때 표본 공간은

$$S = \{(b,\ b),\ (b,\ g),\ (g,\ b),\ (g,\ g)\}$$

이다. A를 두 아이 중에서 반대표가 될 수 있는 경우의 사건이라 하고, K를 두 아이 중에서 적어도 한 명이 여자 아이일 사건이라고 하면 구하는 확률은

$$P(K \mid A) = \frac{P(K \cap A)}{P(A)} = \frac{2/4}{3/4} = \frac{2}{3}$$

16. 각 기계에서 생산된 물건일 확률은 $P(A) = 0.5,\ P(B) = 0.3,\ P(C) = 0.2$ 이고, 물건이 불량일 사건을 F 라고 하면

$$P(F \mid A) = 0.04,\ P(F \mid B) = 0.03,\ P(F \mid C) = 0.02$$

이다. 따라서

$$\begin{aligned} P(B \mid F) &= \frac{P(B)P(F \mid B)}{P(A)P(F \mid A) + P(B)P(F \mid B) + P(C)P(F \mid C)} \\ &= \frac{0.3 \times 0.03}{0.5 \times 0.04 + 0.3 \times 0.03 + 0.2 \times 0.02} \\ &= \frac{9}{33} = 0.272 \end{aligned}$$

바이러스에 걸린 사건을 D 라 하면, 바이러스에 걸리지 않은 사건은 D^c 라 할 수 있다. 바이러스에 걸릴 확률은

$$P(D) = \frac{1}{2000} = 0.0005$$

이다. 이때 이 검사 키트는 90%의 정확도를 가지고 있으므로 $P(\text{양성} \mid D) = 0.9$이고, 마찬가지로 $P(\text{음성} \mid D^c) = 0.9$ 이다. 또

$$P(\text{양성} \mid D^c) = 1 - P(\text{음성} \mid D^c) = 0.1$$

이다. 따라서

$$\begin{aligned} P(D \mid \text{양성}) &= \frac{P(\text{양성} \mid D) \cdot P(D)}{P(\text{양성})} \\ &= \frac{P(\text{양성} \mid D) \cdot P(D)}{P(\text{양성} \mid D) \cdot P(D) + P(\text{양성} \mid D^c) \cdot P(D^c)} \\ &= \frac{0.9 \times 0.0005}{0.9 \times 0.0005 + 0.1 \times 0.9995} = 0.00448 \end{aligned}$$

이 되어 양성 반응을 보인 사람이 실제로 바이러스에 감염된 사람일 확률은 0.448% 이다. 약 223 명중 1명의 비율이다.

17.

X	1	2	3	4
$P(X=x)$	$\frac{3}{10}$	$\frac{2}{10}$	$\frac{1}{10}$	$\frac{4}{10}$

$$E(X) = 1 \times \frac{3}{10} + 2 \times \frac{2}{10} + 3 \times \frac{1}{10} + 4 \times \frac{4}{10} = \frac{24}{10} = 2.4$$

이다. $Y = 3X - 1$ 라 하면

$$E(Y) = E(3X-1) = 3E(X) - 1 = 3 \times 2.4 - 1 = 6.2$$

18. 조건에서

$$E(X) = a + 2b + 0.6 = 1.9 \ \cdots\cdots \ ①$$

이고

$$E(X^2) = a + 4b + 1.8$$

이므로

$$Var(X) = E(X^2) - (E(X))^2 = (a + 4b + 1.8) - 3.61 = 4.9 \ \cdots\cdots \ ②$$

이다. ①, ②로부터 $\begin{cases} a + 2b = 1.3 \\ a + 4b = 2.3 \end{cases}$ 를 풀면 $a = 0.3$ 이고 $b = 0.4$ 이다.

19. 주사위를 1개 던져서 나온 수의 2배를 점수로 얻을 때, 점수의 기댓값을 구하여라. 주사위 1개를 던져서 나온 수를 X 라 하면

X	1	2	3	4	5	6
$P(X=x)$	1/6	1/6	1/6	1/6	1/6	1/6

이므로

$$E(X) = \frac{1}{6}(1+2+3+4+5+6) = \frac{21}{6}$$

이다. 따라서

$$E(2x) = 2E(X) = \frac{21}{3} = 7$$

이다.

연습문제 5 풀이

1. 각각의 수술을 한 번의 시행으로 하면 10 명의 시행을 했으며, 그 시행은 각각 독립적이다. 또한 시행의 결과로는 성공과 실패 단 두 가지만 있다. 그러므로 수술을 시행한 횟수를 X라 하면 이항 분포 $X \sim B(10,\ 0.8)$ 를 따른다. 따라서 구하는 확률은

$$P(X=6) = \binom{10}{6}(0.8)^6(0.2)^4 = 0.088$$

이다.

2. 확률 질량 함수 $P(X = x) = \frac{\lambda^x e^{-\lambda}}{k!}$ 인 포아송 분포를 이용한다. 하루 평균 손님은 $\lambda = 50$ 이고 손님이 한 명도 오지 않을 확률은

$$P(X=0) = \frac{50^0 e^{-50}}{0!} = e^{-50}$$

이다. 이 값은 매우 작으므로 손님이 한명도 오지 않을 확률은 거의 0 이다.

3.

```
import math
def 이항분포확률(n, k, p):
# 이항 계수 계산
이항계수 = math.comb(n, k)
# 확률 계산
확률 = 이항계수 * (p ** k) * ((1 - p) ** (n - k))
return 확률
n = 100 # 동전 던진 횟수
k = 56 # 앞면이 나온 횟수
p = 0.5 # 앞면이 나올 확률
```

```
결과 = 이항분포확률(n, k, p)
print(f"동전을 {n}번 던져서 앞면이 {k}번 나올 확률: {결과}")
```

결과: 동전을 100번 던져서 앞면이 56번 나올 확률: 0.03895255978909614

4.

```
import math
def poisson_probability(k, lam):
return (math.exp(-lam) * (lam ** k)) / math.factorial(k)
def main():
total_tickets = n_1
win_rate = p_1
average_wins = total_tickets * win_rate
k = n_2 # 당첨될 복권의 개수
probability = poisson_probability(k, average_wins)
print("5장의 복권이 당첨될 확률:", probability)
if __name__ == "__main__":
main()
```

5. 푸아송분포를 사용하면 시간당 2번 전화가 걸려오므로 15분동안 평균

$$\lambda = \frac{2}{4} = 0.5$$

이다. 따라서

$$P(X = 0) = \frac{e^{-0.5}0.5^0}{0!} = e^{-0.5} = 0.60530659\cdots$$

15분 동안 전화를 받을 확률: 0.6065306597126334이다.

```
(Python)
import math
# 평균 전화 수
lambda_value = 0.5
# 푸아송 분포의 확률 계산
prob = math.exp(-lambda_value)
# 결과 출력
```

```
print("15분 동안 전화를 받을 확률:", prob)
```

6. $P(X \geq 4) = \sum_{x=4}^{\infty} \frac{e^{-1}1^x}{x!} = 1 - \sum_{x=0}^{3} \frac{e^{-1}1^x}{x!} = 0.019$

7. 포함된 불량품의 개수를 X 라 하면, $X \sim B(100,\ 0.03)$을 따른다. 이때

$$E(X) = 100 \times 0.03 = 3$$

이고

$$V(X) = 100 \times 0.03 \times 0.97$$

이므로

(a) 이항분포 : $P(X = 3) = \binom{100}{3} (0.03)^3 (0.97)^{97} = 0.227$

(b) 푸아송분포 : $P(X = 3) = \frac{e^{-3}3^3}{3!} = 0.224$ 이다.

8. 확률 질량 함수

$$P(X = x) = \frac{\lambda^x e^{-\lambda}}{k!}$$

인 포아송 분포를 이용한다. 하루 평균 교통 사건 건수는 $\lambda = 0.5$ 이고

(a) 오늘 교통 사고가 한 번도 일어나지 않을 확률은

$$P(X = 0) = \frac{0.5^0 e^{-0.5}}{0!} = e^{-0.5} \approx= 0.6065$$

이다.

(b) 오늘 3번의 교통사고가 일어날 확률은 $P(X = 3) = \frac{0.5^3 e^{-0.5}}{3!} \approx= 0.0126$

(c) 오늘 3번 이상의 교통사고가 일어날 확률

$$\begin{aligned} 1 - P(X < 3) &= 1 - (P(X = 0) + P(X = 1) + P(X = 2)) \\ &= 1 - 0.9856 = 0.0144 \end{aligned}$$

이다.

9. 적어도 하나가 당첨되지 않을 확률을 구해서 전체 확률 1에서 빼면 된다. $\lambda = 0.1$ 이므로

$$P(X = x) = \frac{e^{-\lambda}\lambda^x}{x!} \text{ 에서 } P(X = 0) = \frac{e^{-0.1}0.1^0}{0!} = e^{-0.1}$$

$$\begin{aligned} P(X \geq 1) &= 1 - P(X < 1) = 1 - P(X = 0) \\ &= 1 - e^{-0.1} = 0.09516 \end{aligned}$$

10.

```
import math
def poisson_probability(k, lam):
return (math.exp(-lam) * (lam ** k)) / math.factorial(k)
def main():
total_tickets = 50
win_rate = 0.002
average_wins = total_tickets * win_rate
k = 2 # 당첨될 복권의 개수
probability = poisson_probability(k, average_wins)
print("2장의 복권이 당첨될 확률:", probability)
if __name__ == "__main__":
main()
```

2장의 복권이 당첨될 확률: 0.004524187090179798

11. $P(X = 2) = \dfrac{\binom{10}{2}\binom{90}{2}}{\binom{100}{7}} \approx 0.1235$

12. 이항분포를 $B(n,\ p)$를 따르는 확률변수 X에 대하여 $E(X) = np$ 이고 $Var(X) = npq$ 임을 알고 있다. $np = 2,\ npq = 1$이므로 $q = \dfrac{1}{3}$ 이고 $p = \dfrac{1}{2}$ 임을 안다. 따라서 $n = 4$ 를 얻을 수 있다. 이항분포에서 확률함수는

$$f(x) =_4 C_x p^x q^{4-x}$$

이므로

$$P(X = 2) =_4 C_2 (0.5)^2 (0.5)^2 = 6 \cdot (0.5)^4 = 0.375$$

이다.

13. 주어진 조건에 따라, 공정의 불량률이 10%이므로 성공 확률 $p = 0.1$이고 실패할 확률은 $q = 0.9$ 이다. 불량품이 2개 이상 나올 확률을 구하기 위해, 우선 0개 또는 1개 나올

확률을 구한 후 이를 전체 확률 1에서 빼주면 됩니다.

Step 1: 이항분포의 확률 질량 함수는 (PMF)

이항분포의 확률 질량 함수는

$$P(X=k) =_n C_k p^k (1-p)^{n-k}$$

이다.

Step 2: $X=0$일 때 확률은

$$P(X=0) =_6 C_0 (0.1)^0 (0.9)^6 = 1 \times 1 \times 0.531441 = 0.531441$$

또, $X=1$ 일 때 확률은

$$P(X=1) =_6 C_1 (0.1)^1 (0.9)^5 = 6 \times 0.1 \times 0.59049 = 0.354294$$

Step 3: 불량품이 2개 이상 나올 확률 계산

이제 불량품이 2개 이상 나올 확률은

$$\begin{aligned} P(X \geq 2) &= 1 - P(X=0) - P(X=1) = 1 - 0.531441 - 0.354294 \\ &= 1 - 0.885735 \\ &= 0.114265 \end{aligned}$$

따라서, 불량품이 2개 이상 나올 확률은 0.1143(소수점 넷째 자리에서 반올림)이다.

14. X는 이항 분포 $B(5,\ 0.5)$ 를 따른다. 이때

$$E(X) = np = 5 \times 0.5 = 2.5$$

이고

$$Var(X) = npq = 5 \times (0.5) \times (0.5) = 1.25$$

이다.

$$\begin{aligned} E(X^2) &= Var(X) + (E(X))^2 \\ &= 1.25 + (2.5)^2 = 7.5 \end{aligned}$$

가 되어

$$\begin{aligned} E((X-1)^2) &= E(X^2 - 2X + 1) \\ &= E(X^2) - 2E(X) + 1 \\ &= 7.5 - 2 \cdot (2.5) + 1 = 3.5 \end{aligned}$$

이다.

15. 확률 변수 X 는 $x=3,\ p=0.7$ 인 기하분포 $MB(3,\ 0.7)$을 따른다. 이때 구하는 확률은

$$f(3) = (0.3)^2(0.7) = 0.063$$

이다.

연습문제 6 풀이

1. (a)

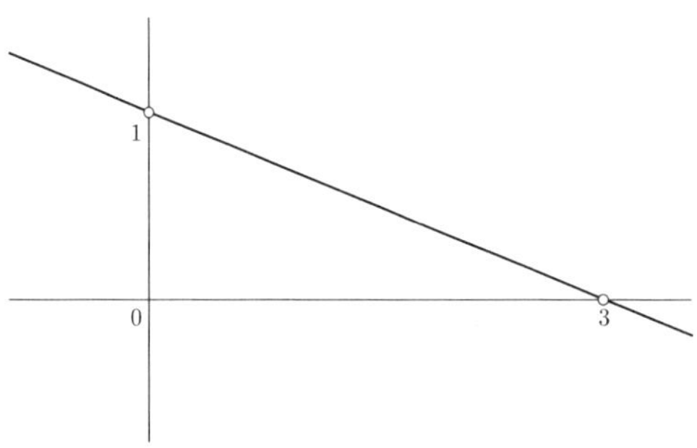

(b) $\displaystyle\int_0^1 (-0.4x+1.2)dx = \left[-0.2x^2 + 1.2x\right]_0^1 = 1$ 이므로 확률밀도함수이다.

(c) $P(X \le 0.9) = \displaystyle\int_0^{0.9} (-0.4x+1.2)dx = 0.918$

(d) $P(0.1 \le X) = \displaystyle\int_{0.1}^{1} (-0.4x+1.2)dx = 0.882$

2. 균등분포의 확률 밀도함수는 $f(x) = \begin{cases} \dfrac{1}{b-a}, & a < x < b \\ 0, & \text{기타} \end{cases}$ 이므로 구하는 확률 밀도함수는 $f(x) = \begin{cases} \dfrac{1}{20}, & 10 < x < 30 \\ 0, & \text{기타} \end{cases}$ 이다. 또 $X \sim U(10,\ 30)$ 이므로

$$E(X) = \int_{10}^{30} xf(x)dx = \int_{10}^{30} \frac{x}{20}dx = \left[\frac{x^2}{40}\right]_{10}^{30} = 20$$

이고

$$E(X^2) = \int_{10}^{30} x^2 f(x)dx = \int_{10}^{30} \frac{x^2}{20}dx = \left[\frac{x^3}{60}\right]_{10}^{30} = \frac{1300}{3}$$

따라서 분산은

$$Var(X) = E(X^2) - E(X)^2 = \frac{1300}{3} - 400 = \frac{100}{3}$$

실제로

$$E(X) = \frac{1}{30-10} = \frac{1}{20}$$

이고

$$Var(X) = \frac{(30-10)^2}{12} = \frac{100}{3}$$

이다.

3. $X \sim GAM(2,\ 1)$ 이면 확률밀도함수가 $f(x) = \begin{cases} \frac{xe^{-x}}{\gamma(2)}, & x \geq 0 \\ 0, & x < 0 \end{cases}$ 이므로

$$P(X \geq 1.5) = 1 - P(X < 1.5) = 1 - \int_0^{1.5} \frac{xe^{-x}}{\gamma(2)} \int_0^{(1.5)dx}$$

$$= \approx 1 - 0.44217 = 0.55783$$

4. 건전지의 수명을 확률 변수 X 라 하면 $\lambda = \frac{1}{10000}$ 이다. 따라서

$$P(X \geq 15000) = 1 - P(X < 15000) = 1 - (1 - e^{-1.5}) = e^{-1.5} = 0.223$$

가 되어 구하는 평균은 $500 \times 0.223 = 111.565$ 이어서 약 112개 이다.

5. (a) $P(0 \leq Z \leq 1.24) = P(Z \leq 1.24) - P(Z \leq 0) = 0.8925 - 0.5 = 0.3925$

   (b) $P(Z \geq 1.24) = 1 - P(Z < 1.24) = 1 - 0.8925 = 0.1075$

   (c) $P(Z \leq 1.8) = 0.9641$ 이고 $P(Z \leq -1.24) = 0.1075$ 이므로

   $$P(-1.24 \leq Z \leq 1.8) = P(Z \leq 1.8) - P(Z \leq -1.24) = 0.9641 - 0.1075 = 0.8566$$

   이다.

6. (a) $P(0 \leq Z \leq z_0) = P(Z \leq z_0) - P(Z \leq 0)$ 에서

   $$P(Z \leq 0) = 0.5$$

이므로 $P(Z \le z_0) - 0.5 = 0.1772$ 로부터 $P(Z \le z_0) = 0.6772$ 인 값은

$$z_0 = 0.46$$

이다.

(b) $P(Z \le z_0) = 1 - P(Z > z_0) = 0.975$ 가 되어 $P(Z \le z_0) = 0.975$ 를 만족하는 $z_0 = 1.96$ 이다.

7. $P(2.5 < X < 4.2) = P(-1.8 < Z < 1.6) = 0.9452 - 0.0359 = 0.9093$

8. $Z = \dfrac{X-20}{1.5}$ 이므로

(a) $P(X < 18) = P\left(Z < \dfrac{18-20}{1.5}\right) = P(Z < -1.33) = 0.09$

(b) $P(15 < X < 21) = P(-3.33 < Z < 0.66) = 0.74$

(c) $P\left(\dfrac{X-20}{1.5} < \dfrac{a-20}{1.5}\right) = 0.2266$ 로 부터 $\dfrac{a-20}{1.5} = 0.75$ 가 되어

$$a = 21.125$$

(d) $P\left(\dfrac{X-20}{1.5} > \dfrac{a-20}{1.5}\right) = 0.1423$ 로 부터 $\dfrac{a-20}{1.5} = 1.07$ 가 되어

$$a = 21.605$$

9. 등교 시간을 확률 변수 X 라 하면 $X \sim N(30,\ (4,\ 5)^2)$ 이고 $P(X \ge 50)$ 을 구하면

$$P(X \ge 40) = P\left(Z \ge \frac{40-30}{5.5}\right) = P(Z \ge 1.82) \approx 0.0344$$

10. 시험 성적을 확률변수 X 라 하면 $X \sim N(66,\ (4,\ 8)^2)$ 이다.

(a) $P(X \le a) = 0.1$에서 $P\left(Z \le \dfrac{a-66}{4.8}\right) = 0.1$ 에서 $P(Z \le z_0) = 0.1$ 인 z_0 는 -1.28 이므로

$$\frac{a-66}{4.8} = -1.28$$

이고 따라서 $a = 59.856$ 가 되어 F 학점을 맞을 가장 낮은 점수는 60 점이다.

(b) $P(X \ge a) = 0.3$에서 $P\left(Z \ge \dfrac{a-66}{4.8}\right) = 0.3$ 에서 $P(Z \le z_0) = 0.7$ 인 z_0 는 0.524 이므로

$$\frac{a-66}{4.8} = 0.524$$

이고 따라서 $a = 68.5152$ 가 되어 A 학점을 맞을 가장 낮은 점수는 69 점이다.

11. 시험 성적을 확률 변수 X 라 하면 $X \sim N(78,\ 36)$ 이다. 이때 $X = 80$ 의 Z 값은

$$Z = \frac{80 - 78}{6} = \frac{1}{3} = 0.33$$

이고, $X = 88$ 의 Z 값은

$$Z = \frac{88 - 78}{6} = \frac{5}{3} = 1.67$$

이다. 따라서 B 학점의 범위의 확률은

$$P(0.33 < Z < 1.67) \approx 0.9525 - 0..6293 = 0.32$$

이다. B학점을 맞은 학생의 수가 6명 이므로 전체 시험에 응시한 학생의 수를 n이라 한다면 $0.32 \times n = 6$ 이 되어

$$n = \frac{6}{0.32} = 18.75$$

이므로 수학 시험에 응시한 학생의 총 수는 19명이다.

12. (a) 이항분포 $X \sim B(900,\ 0.5)$ 에서

$$P(X = 450) = \binom{900}{450} (0.5)^{450}(0.5)^{450} = 0.026589$$

이다.

(b) 기댓값은 $np = 900 \times 0.5 = 450$ 이고 분산은 $npq = 900 \times 0.5 \times 05 = 225$ 이므로

$$X \sim N(450,\ (15)^2)$$

이 되어

$$\begin{aligned} P(X = 450) &= P(449.5 \le X \le 450.5) \\ &= P\left(\frac{449.5 - 450}{15} \le Z \le \frac{450.5 - 450}{15}\right) \\ &= P(-0.03 \le Z \le 0.03) = 0.024 \end{aligned}$$

이다.

연습문제 7 풀이

1. (a) 모집단이 정규분포를 따를 때 표본 평균의 분포는 $N\left(82,\ \frac{144}{64}\right)$ 를 따른다. 이때 표본 평균의 표준 편차는 $\sqrt{\frac{144}{64}} = 1.5$ 이므로

$$\left(\frac{80.8-82}{1.5} < Z < \frac{83.2-82}{1.5}\right) = P(-0.8 < Z < 0.8) = 0.7881 - 0.2119 = 0.5762$$

(b) 모집단이 정규분포를 따를 때 표본 평균의 분포는 $N\left(82,\ \frac{144}{100}\right)$ 를 따른다. 이때 표본 평균의 표준 편차는 $\sqrt{\frac{144}{100}} = 1.2$ 이므로

$$\left(\frac{80.8-82}{1.2} < Z < \frac{83.2-82}{1.2}\right) = P(-1 < Z < 1) = 2 \times 0.3413 = 0.6826$$

(c) 모집단이 정규분포를 따를 때 표본 평균의 분포는 $N\left(82,\ \frac{144}{400}\right)$ 를 따른다. 이때 표본 평균의 표준 편차는 $\sqrt{\frac{144}{400}} = 0.6$ 이므로

$$\left(\frac{80.8-82}{0.6} < Z < \frac{83.2-82}{0.6}\right) = P(-2 < Z < 2) = 2 \times 0.4772 = 0.9544$$

2. $\overline{X} \sim N\left(3600,\ \left(\frac{2400}{\sqrt{100}}\right)\right)$ 이므로

$$\begin{aligned} P(\overline{X} \geq 4200) &= P\left(\frac{\overline{X}-3600}{240} \geq \frac{4200-3600}{240}\right) \\ &= P(z \geq 2.5) = 0.0062 \end{aligned}$$

3.

$$\begin{aligned} P(0.19 \leq \hat{p} \leq 0.22) &= P\left(\frac{0.19-0.2}{1/25} \leq z \leq \frac{0.22-0.2}{1/25}\right) \\ &= P(-0.25 \leq z \leq 0.5) = 0.2902 \end{aligned}$$

4. 이 공장에서 생산되는 제품을 확률 변수 X 라 하면 $\overline{X} \sim N\left(50,\ \frac{2}{30}\right)$ 이다. 즉, 이 표본의 표본 평균은 $50g$ 이고, 표본 분산은 $\frac{1}{15}g = 0.0667g$ 이다.

5. $X \sim N(200,\ 5^2)$ 이고 $n = 100$ 이므로 $\overline{X} \sim N\left(200,\ \frac{5^2}{100}\right)$ 이다. 따라서

$$P(199 \leq \overline{X} \leq 201) = P\left(\frac{199-200}{0.5} \leq Z \leq \frac{201-200}{0.5}\right) = P(-2 < Z < 2)$$

가 되어 구하는 확률은 0.9545 이다.

6. a) $t_{0.05}(5) = 2.015$ b) $t_{0.05}(9) = 1.833$ c) $t_{0.05}(60) = 1.671 \approx 1.645$

d) $t_{0.025}(5) = 2.571$ e) $t_{0.025}(9) = 2.262$ f) $t_{0.025}(60) = 2.000 \approx 1.96$

7. a) $\chi^{2_{0.05}}(5) = 11.07$ b) $\chi^{2_{0.95}}(5) = 1.15$

c) $\chi^{2_{0.025}}(9) = 12.83$ d) $\chi^{2_{0.975}}(9) = 2.70$

연습문제 8 풀이

1. 95% 신뢰수준은 $z_{0.025} = 1.96$ 이다. 따라서 구하는 신뢰구간은

$$\begin{aligned}&\left(402.8 - 1.96 \times \frac{8}{\sqrt{100}},\ 402.8 + 1.96 \times \frac{8}{\sqrt{100}}\right)\\&= (402.8 - 1.568,\ 402.8 + 1.568)\\&= (401.232,\ 404.368)\end{aligned}$$

이다.

2. 표본의 크기가 30 이므로 $t-$분포를 사용한다. 이때 자유도는 29이고 95% 신뢰수준이 $t_{0.025}(29) = 2.045$이므로 구하는 신뢰구간은

$$\begin{aligned}&\left(62.5 - 2.045 \times \frac{3.75}{\sqrt{30}},\ 62.5 + 2.045 \times \frac{3.75}{\sqrt{30}}\right)\\&= (62.5 - 1.403,\ 62.5 + 1.403)\\&= (61.097,\ 63.903)\end{aligned}$$

이다.

3. 표본의 크기가 9 이므로 $t-$분포를 사용한다. 이때 자유도는 8 이고 90% 신뢰수준의

$t_{0.05}(8) = 1.86$ 이므로 구하는 신뢰구간은

$$\begin{aligned}
&\left(29.5 - 1.860 \times \frac{2.578}{\sqrt{9}},\ 62.5 + 1.860 \times \frac{2.5278}{\sqrt{9}}\right) \\
&= (29.5 - 1.568,\ 29.5 + 1.568) \\
&= (27.932,\ 31.068)
\end{aligned}$$

4. 표본의 크기가 9 이므로 $t-$분포를 사용한다. 이때 자유도는 8 이고 90% 신뢰수준의 $t_{0.025}(8) = 2.306$ 이므로 구하는 신뢰구간은

$$\begin{aligned}
&\left(0.72 - 2.306 \times \frac{0.052}{\sqrt{9}},\ 0.72 + 2.306 \times \frac{0.052}{\sqrt{9}}\right) \\
&= (0.72 - 0.040,\ 0.72 + 0.040) \\
&= (0.68,\ 0.76)
\end{aligned}$$

5. 표본의 크기가 $n = 10$이다. 표본의 평균은

$$\overline{X} = \frac{1}{10}(94 + 96 + 97 + 75 + 73 + 79 + 93 + 79 + 92 + 77) = 82.5$$

이고

$$S = 9.641$$

이다. 자유도는 9 이고 95% 신뢰수준의 $t_{0.025}(9) = 2.262$ 이므로 구하는 신뢰구간은

$$\begin{aligned}
&\left(82.5 - 2.262 \times \frac{9.641}{\sqrt{9}},\ 82.5 + 2.262 \times \frac{9.641}{\sqrt{9}}\right) \\
&= (82.5 - 7.27,\ 82.5 + 7.27) \\
&= (75.23,\ 89.77)
\end{aligned}$$

6. 조사 인원은 $n = 600$ 이고, 2년마다 스마트폰을 교체하는 사람은 $X = 420$ 이므로 표본 비율은 $\hat{p} = \frac{420}{600} = 0.7$ 이다. 99% 신뢰수준의 z 값은 $z_{0.005} = 2.576$이므로

$$\begin{aligned}
&P\left(0.7 - 2.576 \times \sqrt{\frac{0.7 \cdot 0.3}{600}},\ 0.7 + 2.576 \times \sqrt{\frac{0.7 \cdot 0.3}{600}}\right) \\
&= (0.7 - 2.576 \times 0.0468,\ 0.7 + 2.576 \times 0.0468) \\
&= P(0.6532,\ 0.7468)
\end{aligned}$$

7. 조사 인원은 $n = 1000$ 이고, 2년마다 스마트폰을 교체하는 사람은 $X = 620$ 이므로 표본

비율은 $\hat{p} = \dfrac{620}{1000} = 0.62$ 이다. 95% 신뢰수준의 z 값은 $z_{0.025} = 1.96$이므로

$$P\left(0.62 - 1.96 \times \sqrt{\frac{0.62 \cdot 0.38}{1000}},\ 0.62 - 1.96 \times \sqrt{\frac{0.62 \cdot 0.38}{1000}}\right)$$
$$= (0.62 - 1.96 \times 0.0153,\ 0.62 + 1.96 \times 0.0153)$$
$$= P(0.59,\ 0.65)$$

8. 표본의 크기가 $n = 10$ 이고 $1 - \alpha = 0.9$ 이므로 χ^2 분포로부터 $\chi^{2_{0.95}}(9) = 3.32$와 $\chi^{2_{0.05}}(9) = 16.92$ 를 얻을 수 있다. 이때 σ^2의 90% 신뢰구간은

$$\left(\frac{9 \times 0,\ 4^2}{16.92},\ \frac{9 \times 0.4^2}{3.33}\right) = (0.085,\ 0.432)$$

이다. 따라서 모편주편차 σ 의 신뢰구간은

$$(\sqrt{0.085},\ \sqrt{0.432}) = (0.29,\ 0.66)$$

9. $n = \left(\dfrac{1.96 \cdot 5}{0.3}\right)^2$ 로부터 $n = \left(\dfrac{9.8}{0.3}\right)^2 = (32.67)^2 \approx 1067.11$ 이므로 표본의 크기는 1068 이다.

10. $n = \left(\dfrac{z_{0.1}^2 \cdot \hat{p}(1-\hat{p})}{d^2}\right)$에서 $\hat{p} = 0.4,\ z_{0.025}^2 = 1.645$ 이므로

$$n = \left(\frac{1.645^2 \cdot 0.4 \cdot 0.6}{0.02^2}\right) = \left(\frac{0.6494}{0.0004}\right) \approx 1623.615$$

로부터

$$n = \left(\frac{9.8}{0.3}\right)^2 = (32.67)^2 \approx 1067.11$$

이므로 표본의 크기는 1624 이다.

연습문제 9 풀이

1. 귀무가설 $H_0 : \mu = 490$ 과 대립가설$H_1 : \mu > 490$을 세운다. 유의수준 0.05 에서 검정 통계량은

$$T = \frac{480 - 490}{10/\sqrt{30}} = \frac{-10}{10/\sqrt{30}} \approx -5.48$$

이다. 이때 임계값은 $t_{0.05}(29) = 1.699$ 이고 검정 통계량이 이 값보다 작으므로 귀무가설을 채택한다. 따라서 이 공정에 이상이 있다고 말할 수 없다. 다시 말해서 평균무게가 490g 이상이라는 가설을 통계적으로 뒷받침할 수 있는 증거가 부족하다.

2. 귀무가설 $H_0 : \mu = 10,000$ 과 대립가설 $H_1 : \mu > 10,000$ 으로 세운다.

3. 귀무가설 $H_0 : \mu = 7$ 과 대립가설$H_1 : \mu < 7$을 세운다. 유의수준 0.05 에서 검정 통계량은

$$T = \frac{6.4 - 7}{0.8/\sqrt{16}} = \frac{-0.6}{0.2} = -3$$

이다. 이때 임계값은 $-t_{0.05}(15) = -1.753$ 이고 검정 통계량이 이 값보다 작으므로 귀무가설을 기각한다. 따라서 새로운 치료법이 감기 치료 기간을 단축시킨다고 할 수 있다.

4. 귀무가설 $H_0 : p = 0.8$ 과 대립가설$H_1 : p \neq 0.8$을 세우고 양측 검정을 실시한다. 표본 비율은 $\hat{p} = \frac{x}{n} = \frac{273}{300} = 0.91$ 이고, 유의수준 0.05 에서 검정 통계량은

$$Z = \frac{0.91 - 0.8}{\sqrt{\frac{0.8 \cdot 0.2}{300}}} = \frac{0.11}{0.021} \approx 4.76$$

이다. 이때 양측 검정의 임계값은 $-z_{0.025} = -1.96$ 과 $z_{0.025} = 1.96$ 이고 검정 통계량이 이 범위를 벗어나므로 귀무가설을 기각한다. 따라서 살충제 광고는 과장 광고라 할 수 있다.

5. 귀무가설 $H_0 : p = 0.05$ 과 대립가설 $H_1 : p < 0.05$을 세우고 양측 검정을 실시한다. 표본 비율은 $\hat{p} = \frac{x}{n} = \frac{21}{400} = 0.0525$ 이고, 유의수준 0.05 에서 검정 통계량은

$$Z = \frac{0.05251 - 0.05}{\sqrt{\frac{0.05 \cdot 0.95}{400}}} = \frac{0.0025}{0.0109} \approx 0.229$$

이다. 이때 좌측 검정의 임계값은 $-z_{0.05} = -1.645$ 검정 통계량이 이 값보다 크므로 귀무가설을 채택한다. 따라서 이 회사의 주장이 맞는다고 할 수 없다.

연습문제 10 풀이

1.

X \ Y	0	1	2	계
0	$(0.6)^2$	0.24	0	
1	0	0.24	$(0.4)^2$	
계				

X	0	1
$f_X(x)$	0.6	0.40

Y	0	1	2
$f_Y(y)$	0.36	0.48	0.16

2. $H_0 : \mu_x = \mu_y$ 와 $H_1 : \mu_x \neq \mu_y$ 로 세우고 양측 검정을 실시한다. 검정 통계량은

$$T = \frac{\overline{X} - \overline{Y}}{\sqrt{\frac{s_X^2}{n_1} + \frac{s_Y^2}{n_2}}} = \frac{45500 - 51000}{\sqrt{\frac{3600^2}{30} + \frac{4900^2}{35}}} = \frac{-5500}{1057.1} \approx -5.2$$

이다. 자유도 64 인 임계값은 $t_{0.025}(63) = 2$이고 검정통계량이 이 임계값 보다 작으므로 귀무가설을 기각한다. 따라서 두 집단의 평균의 차가 있다고 할 수 있다.

3. 두 병원의 완치일의 평균에 대해 귀무가설과 대립가설을

$$H_0 : \mu_x = \mu_y \text{ 와 } H_1 : \mu_x \neq \mu_y$$

로 세우고 양측 검정을 실시한다. 검정 통계량은

$$T = \frac{\overline{X} - \overline{Y}}{\sqrt{\frac{s_X^2}{n_1} + \frac{s_Y^2}{n_2}}} = \frac{7 - 9}{\sqrt{\frac{0.5^2}{10} + \frac{1.5^2}{15}}} = \frac{-1}{0.418} \approx -4.78$$

이다. 자유도 22 인 임계값은 $t_{0.025}(23) = 2.069$이고 검정통계량이 이 임계값 보다 작으므로 귀무가설을 기각한다. 따라서 두 집단의 완치일의 평균의 차가 있다고 할 수 있다.

4. 두 교수에 학점 배정 비율에 대해 귀무가설과 대립가설을

$$H_0 : \hat{p_M} = \hat{p_C} \text{ 와 } H_1 : \hat{p_M} > \hat{p_C}$$

으로 세우고 우측 검정을 실시한다. M 교수의 A^+ 학점의 비율은

$$\hat{p_M} = \frac{72}{240} = 0.3$$

이고, C 교수의 A^+ 학점의 비율은

$$\hat{p_C} = \frac{58}{200} = 0.29$$

이다. 이때 합동 표본 분산 비율은

$$\hat{p} = \frac{72 + 58}{240 + 200} = \frac{130}{440} = 0.2955$$

이므로 검정 통계량은

$$Z = \frac{0.3 - 0.29}{\sqrt{0.2955 \cdot 0.7045 \cdot \left(\frac{1}{240} + \frac{1}{200}\right)}} \approx 0.229$$

이다. 유의수준 0.05 에서 임계값은 $z_{0.05} = 1.645$ 이고 검정 통계량이 임계값보다 작으므로 귀무가설을 채택한다. 따라서 M 교수의 배정 비율이 C 교수의 배정 비율보다 더 높다고 말 할 수 없다.

5. 두 지역의 자동차 보유율 대해 귀무가설과 대립가설을

$$H_0 : \hat{p_A} = \hat{p_B} \text{ 와 } H_1 : \hat{p_A} < \hat{p_B}$$

으로 세우고 좌측 검정을 실시한다. A 지역의 자동차 보유율은

$$\hat{p_A} = \frac{70}{100} = 0.7$$

이고, B 지역의 자동차 보유율은

$$\hat{p_B} = \frac{58}{80} = 0.8125$$

이다. 이때 합동 표본 분산 비율은

$$\hat{p} = \frac{70 + 65}{100 + 80} = \frac{135}{180} = 0.75$$

이므로 검정 통계량은

$$Z = \frac{0.7 - 0.8125}{\sqrt{0.75 \cdot 0.25 \cdot \left(\frac{1}{100} + \frac{1}{80}\right)}} \approx -1.73$$

이다. 유의수준 0.05 에서 임계값은 $-z_{0.05} = -1.645$ 이고 검정 통계량이 임계값보다 작으므로 귀무가설을 채택한다. 따라서 A 지역의 자동차 보유율이 B 지역의 자동차 보유율보다 낮다고 할 수 없다.

6. 두 공장의 골프공의 무게의 분산에 대해 귀무가설과 대립가설을

$$H_0 : \sigma_A^2 = \sigma_B^2 \text{ 와 } H_1 : \sigma_A^2 \neq \sigma_B^2$$

으로 세우고 양측 검정을 실시한다. 검정 통계량은

$$F = \frac{s_A^2}{s_B^2} = \frac{0.914}{0.653} = 1.399$$

이다. 유의수준 0.05 에서 F-분포를 사용하여 임계값을 구하면

$$F_{0.975}(9,\ 15) \approx 3.438 \text{ 이고 } F_{0.025}(9,\ 15) \approx 0.290$$

이이서 검정 통계량이 두 임계값 사이에 있으므로 귀무가설을 채택한다. 따라서 두 공장의 골프공의 무게의 분산이 다르다고 할 수 없다.

연습문제 11 풀이

1. 멘델은 노란색 순종과 녹색 순종의 교배실험에서 생산된 3000개의 완두콩 중에서 840개의 녹색 완두콩을 얻었다. 그의 이론에 따르면 노란색 완두콩과 녹색 완두콩의 비가 3 : 1 이다. 교배 실험의 결과는 멘델의 이론에 어긋난다고 할 수 있는지 유의수준 0.05로 검정하여라.

풀이

귀무가설과 대립가설을 아래와 같이 설정한다.

- H_0 : 관측된 자료는 멘델의 법칙과 일치한다.
- H_1 : 관측된 자료는 멘델의 법칙과 일치하지 않는다.

또 기각역은 $R : \chi^2 \geq \chi^{2_{0.05}}(1) = 3.841$ 가 된다. 검정 통계량을 계산하면

$$e_1 = 3000 \times 0.75 = 2250$$
$$e_2 = 3000 \times 0.25 = 750$$

이므로

범주	노란색 완두콩	녹색 완두콩	합계
관측 도수 O	2160	840	3000
기대 도수 E	2250	750	3000
$(O-E)^2/E$	3.6	10.8	$\chi^2 = 14.4$

이 된다. 검정 통계량 χ^2 의 관측 값이 14.4 이므로 귀무가설을 기각한다. 따라서 주어진 자료로부터 관측된 자료는 멘델의 법칙과 일치한다고 주장할 수 없다.

2. 세 방송사 A, B, C 의 시청률은 A가 30%, B가 35%, C가 35% 로 알려져 있다. 어느 조사 기관에서 1000명을 대상으로 하여 동시간대 TV 방송사별 시청자수를 조사한 결과 아래와 같았다. 이때 각 방송사별 시청률이 잘 조사되었다고 할 수 있는지를 유의수준 5% 로 검정하여라.

	A 방송사	B 방송사	C 방송사	합계
시청자수	330	410	260	1000

풀이

다음과 귀무가설과 대립가설을 아래와 같이 설정한다.

- $H_0 : p_1 = 0.3,\ p_2 = 0.35,\ p_3 = 0.35$, 잘 조사되었다.
- H_1 : 잘 조사되지 않았다.
- H_0 가 참일 때 기대도수는

$$e_1 = 1000 \times 0.3 = 300$$
$$e_2 = 1000 \times 0.35 = 350$$
$$e_3 = 1000 \times 0.35 = 350$$

이므로

범주	A 방송사	B 방송사	C 방송사	합계
관측 도수 O	330	410	260	1000
기대 도수 E	300	350	350	1000
$(O-E)^2/E$	3	10.28	23.14	36.42

검정 통계량 관측값을 계산하면 $\chi_0^2 = 36.42$ 이고, 유의수준 $\alpha = 0.05$ 에서 기각역은 $R : \chi^2 \geq \chi_{0.05}^2(2) = 5.99$ 가 된다. 따라서 검정통계량 관측값과 비교하면 $\chi_0^2 = 36.42 > \chi_{0.05}^2(2) = 5.99$ 이므로 H_0를 기각한다. 그러므로 유의수준 5%에서 이 조사기관의 시청자 수에 대한 조사 결과는 알려진 시청률에 어긋나게 되어 적합한 조사라고 할 수 없다.

3. 식당을 운영하고자 하는 어느 창업자가 최근 유행하는 세 가지 유형의 식당에 대한 소비자의 선호도를 조사하여 창업 기획에 반영하고자 한다. 식당 유형에 대한 수비자의 선호도가 성별과 관계가 있는지를 알아보기 위해 200명을 임의로 추출하여 다음과 같은 결과를 얻었다. 식당 유형에 대한 소비자 선호도와 성별이 서로 독립이라고 할 수 있는지 유의수준 5%로 검정하여라.

범주	한식당	양식당	중식당	합계
남성	40	20	30	90
여성	20	50	40	110
합계	60	70	70	200

풀이

귀무가설과 대립가설을 다음과 같이 둔다.

- $H_0 : P_{IJ} = P_{i.} \times P_{.j}$, 선호도와 성별을 독립이다.
- H_1 : 선호도와 성별은 관계가 있다.

먼저 분할표를 만들기 위해 각 경우에 대한 기대도수를 구하면

$$e_{11} = np_{11} = \frac{60 \times 90}{200} = 27, \quad e_{12} = np_{12} = \frac{70 \times 90}{200} = 31.5,$$
$$e_{13} = np_{13} = \frac{70 \times 90}{200} = 31.5, \quad e_{21} = np_{21} = \frac{60 \times 110}{200} = 33,$$
$$e_{22} = np_{22} = \frac{70 \times 110}{200} = 38.5, \quad e_{23} = np_{23} = \frac{70 \times 110}{200} = 38.5$$

가 된다.

범주		한식당	양식당	중식당	합계
남자	관측도수 O	40	20	30	90
	기대도수 E	27	31.5	31.5	
여자	관측도수 O	20	50	40	110
	기대도수 E	33	38.5	38.5	
합계		60	70	70	200

이때 검정통계량은

$$\chi^2 = \frac{(O-E)^2}{E} = 19.14 \text{ 이고 } \chi^{2_{0.05}}(2) = 5.99$$

이므로 기각역에 속하게 되어 귀무가설을 기각한다. 따라서 소비자 선호도와 성별은 어떤 관계가 있다고 할 수 있다.

4. 어떤 공장에서는 3개의 신상품 A, B, C 를 개발하여 소비자들의 선호도를 조사하려고 한다. 특히, 이 신상품이 선호도에 대한 남녀 간의 상관관계가 있는지를 알아보기 위해 300

명을 대상으로 하여 다음의 결과를 얻었다. 이 자료로부터 신상품에 대한 선호도와 성별은 서로 독립적이라고 할 수 있는지 유의 수준 0.05로 검정하여라.

범주	A	B	C	합계
여자	45	80	35	160
남자	30	60	50	140
합계	75	140	85	300

풀이

귀무가설과 대립가설을 다음과 같이 둔다.

- H_0 : 선호도와 성별은 관련이 없다.(독립적이다.)
- H_1 : 선호도와 성별은 관련이 있다.

이때 $k = 2$이고 $r = 3$이므로 자유도는

$$(2-1)(3-1) = 2$$

이다. 따라서 기각역은

$$\chi^2 > \chi^{2_{0.05}}(3-1)(2-1) = 5.99$$

이다. 먼저 분할표를 만들기 위해 각 경우에 대한 기대도수를 구하면

$$e_{11} = np_{11} = 300 \times \frac{75}{300} \times \frac{160}{300} = 40$$

$$e_{12} = np_{12} = 300 \times \frac{140}{300} \times \frac{160}{300} = 75$$

$$e_{13} = np_{13} = 300 \times \frac{85}{300} \times \frac{160}{300} = 45$$

이고, 마찬가지로

$$e_{21} = np_{21} = 300 \times \frac{75}{300} \times \frac{140}{300} = 35$$

$$e_{22} = np_{22} = 300 \times \frac{140}{300} \times \frac{140}{300} = 65$$

$$e_{21} = np_{21} = 300 \times \frac{85}{300} \times \frac{140}{300} = 40$$

가 된다, 따라서

범주		A	B	C	합계
여자	관측도수 O	45	80	35	160
	기대도수 E	40	75	45	160
남자	관측도수 O	30	60	50	140
	기대도수 E	35	65	40	140
관측도수 합계		75	140	85	300

이때 검정통계량은

$$\chi^2 = \sum \frac{(O-E)^2}{E} = 6.77914 \text{ 이고 } \chi^{2}_{0.05}(2) = 5.99$$

이므로 기각역에 속하게 되어 귀무가설을 기각한다. 따라서 선호도와 성별은 관련이 없다고 할 수 없다.

---

5. 다음 분산분석표를 완성하고 물

요인	제곱합	자유도	제곱 평균	F 검정통계량	P-값	F 임계값
처리(SSt)		5				
잔차(SSE)			MSE=30			
합계	300	20				

풀이

요인	제곱합	자유도	제곱 평균	F 검정통계량	P-값	F 임계값
처리(SSt)		5			0.00337	3.0555
잔차(SSE)		15	MSE=30			
합계	300	20				

---

6. 다음은 세 개의 기계에서 생산되는 생산품의 생산량을 나타낸 것이다. 기계에 따라 생산량에 차이가 있는지 유의수준 5%로 검정하여라.

기계1	기계2	기계3
80	82	90
79	78	88
91	67	91
68	63	95

풀이

1. 귀무가설과 대립가설을 설정한다.

  ○ H_0 : 각 기계에 따라 생산량의 차이가 없다.

  ○ H_1 : 각 기계에 따라 생산량의 차이가 있다.

또는

$$H_0 : \mu_1 = \mu_2 = \mu_3 \qquad\qquad H_1 : H_0 \text{ 가 아니다.}$$

2. 일원분석표를 작성한다. Excel을 사용하기로 하자. ① 다음 그림과 같이 주어진 자료를 입력한다.

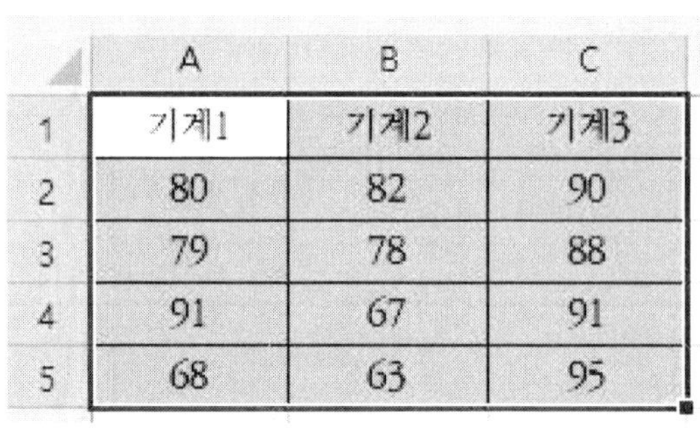

	A	B	C
1	기계1	기계2	기계3
2	80	82	90
3	79	78	88
4	91	67	91
5	68	63	95

③다음의 결과를 얻는다.

변동의 요인	제곱합	자유도	제곱 평균	F 비	P-값	F 기각치
처리	698	2	349	5.904135	0.023016	4.256495
잔차	532	9	59.11111			
계	1230	11				

유의 수준 $\alpha = 0.05$에서 임계값은 $F_{0.05}(2,\ 9) = 4.2564$ 이고 $F_0 = 5.9041$ 이다. $F_0 > F_{0.05}(2,\ 9)$이므로 H_0를 기각한다. 또한 유의확률을 계산하면 p 값은 0.0230 이고

유의 확률이 유의 수준 보다 작으므로 H_0 를 기각한다. 따라서 유의수준 5% 에서 각 기계에 따라 생산량의 차이가 난다고 할 수 있다.

---

7. 다음은 어떤 품종 작물 실험에서 3가지 품종에 4가지 비료를 준 결과로 얻은 단위 넓이 (1 헥타르, ha)당 수확량(톤, ton)을 나타낸 자료이다. 비료와 품종이 수확량에 영향을 미치는가를 Excel을 활용하여 유의 수준 5% 로 검정하여라.

종류	품종1	품종2	품종3
비료A	4.4	4.8	5.1
비료B	4.8	5.2	4.7
비료C	3.9	5.2	5.1
비료D	3.8	4.5	5.2

풀이

Excel을 활용한 결과 는 다음과 같다.

1. 가설의 설정 : 비료를 A, 품종을 B 로 하자. α_i 는 A의 i번 째 효과, βj 는 B 의 j 번째 수준의 효과를 나타낸다고 하면 귀무 가설과 대립 가설은 다음과 같이 설정할 수 있다.

   ◦ $H_0(A) : \alpha_1 = \alpha_2 = \alpha_3 = \alpha_4 = 0$, $H_1(A) : \alpha_i$ 중 적어도 하나는 0 이 아니다.

   ◦ $H_0(B) : \beta_1 = \beta_2 = \beta_3 = 0$, $H_1(B) : \beta_j$ 중 적어도 하나는 0 이 아니다.

2. 자료 입력

	A	B	C	D
1		품종1	품종2	품종3
2	비료A	4.4	4.8	5.1
3	비료B	4.8	5.2	4.7
4	비료C	3.9	5.2	5.1
5	비료D	3.8	4.5	5.2

3. 검정 결과 :

요약표	관측수	합	평균	분산
비료A	3	14.3	4.766667	0.123333
비료B	3	14.7	4.9	0.07
비료C	3	14.2	4.733333	0.523333
비료D	3	13.5	4.5	0.49
품종1	4	16.9	4.225	0.215833
품종2	4	19.7	4.925	0.115833
품종3	4	20.1	5.025	0.049167

분산 분석						
변동의 요인	제곱합	자유도	제곱 평균	F 비	P-값	F 기각치
인자 A(행)	0.249167	3	0.083056	0.557836	0.661946	4.757063
인자 B(열)	1.52	2	0.76	5.104478	0.050721	5.143253
잔차	0.893333	6	0.148889			
계	2.6625	11				

출력된 결과를 보면 품종의 검정 통계량의 관측값 5.104478은

$$F_{0.05}0(2,\ 6) = 5.143253$$

작으므로 귀무가설을 기각할 수 없다. 비료의 검정 통계량의 관측값 0.557836도

$$F_{0.05}(3,\ 6) = 4.757063$$

보다 작으므로 귀무가설을 기각할 수 없다. 따라서 작물의 생산량은 비료와 품종이 영향을 미친다고 할 수 없다.

---

8. 어느 USB 생산 공장에서는 기획 상품으로 세 가지 디자인의 USB를 개발 하였다. 다음은 각 디자인의 1일 매출액을 나타낸 자료이다. 디자인의 차이에 따라 매출액에 차이가 있는지를 유의수준 5%로 검정하여라.

디자인1	디자인2	디자인3
30	32	10
29	28	38
41	17	41
18	13	45

풀이

1. 귀무가설과 대립가설을 설정한다.

- H_0 : 각 디자인에 따라 매출액에 차이가 없다.
- H_1 : 각 디자인에 따라 매출액에 차이가 있다.

또는

$$H_0 : \mu_1 = \mu_2 = \mu_3 \qquad H_1 : H_0 \text{ 가 아니다.}$$

2. 일원분석표를 작성한다. Excel을 사용하기로 하자. ① 다음 그림과 같이 주어진 자료를 입력한다.

	A	B	C
1	디자인1	디자인2	디자인3
2	30	32	10
3	29	28	38
4	41	17	41
5	18	13	45

③다음의 결과를 얻는다.

변동의 요인	제곱합	자유도	제곱 평균	F 비	P−값	F 기각치
처리	248	2	124	0.880821	0.44734	4.256495
잔차	1267	9	140.7778			
계	1515	11				

유의 수준 $\alpha = 0.05$ 에서 임곗값은

$$F_{0.05}(2,\ 9) = 4.2564 \text{ 이고 } F_0 = 0.880821$$

이다. $F_0 < F_{0.05}(2,\ 9)$ 이므로 H_0 를 기각할 수 없다. 따라서 유의수준 5% 에서 각 USB의 디자인에 따라 매출액의 차이가 난다고 할 수 없다.

---

9. 일반 휘발유와 프리미엄 휘발유와 첨가제의 효과를 분석하기 위해 동일한 자동차에 동일한 양의 휘발유와 첨가제를 넣고 주행 시험을 했다. 두 요인의 실험 처리 조합 내에서 두 번이 실험을 반복하여 측정한 주행거리는 아래와 같이 나타났다. Excel을 이용하여 분산 분석표를 작성하고 적절한 가설을 설정하여 유의수준 5%로 검정하여라.

구분	첨가제1	첨가제2	첨가제3
일반 휘발유	41	39.6	40.5
	42	38.8	41
프리미엄 휘발유	39.5	38	39.5
	40.5	39.1	40.6

풀이

1. 가설의 설정 : 휘발유를 A, 첨가제를 B 로 하자.

   ◦ H_0 : 요인 A의 효과는 처리별로 차이가 없다.

   ◦ H_0 : 요인 B의 효과는 처리별로 차이가 없다.

   ◦ H_0 : 요인 A와 요인 B 의 상호작용 효과가 없다.

   ◦ H_1 : H_0 가 아니다.

2. 검정 결과 분석: 분석표의 출력 결과는 다음과 같다.

변동의 요인	제곱합	자유도	제곱 평균	F 비	P-값	F 기각치
인자 A(행)	2.7075	1	2.7075	6.118644	0.048222	5.987378
인자 B(열)	7.951667	2	3.975833	8.984934	0.015684	5.143253
상호작용	0.455	2	0.2275	0.514124	0.622175	5.143253
잔차	2.655	6	0.4425			
계	13.76917	11				

검정결과 휘발유의 종류에 대한 검정 통계량 F 의 관측값 $F = 6.118644$ 은

$$F_{0.05}(1,\ 6) = 5.987378$$

보다 크므로 유의수준 5%에서 첫 번째 H_0 를 기각한다. 또한 첨가제에 대한 검정 통계량 F 의 관측값 $F = 8.984934$ 은

$$F_{0.05}(2,\ 6) = 5.143253$$

보다 크므로 두 번째 H_0 를 기각하다. 상호작용 효과의 경우

$$F = 0.514124 < F_{0.05}(2,\ 6) = 5.143253$$

이므로 세 번째 H_0는 기각 할 수 없다. 따라서 유의수준 5% 에서 요인 A(휘발유의 종류)와 요인 B (첨가제의 종류)의 효과는 처리별로 차이가 있다. 상호 작용 효과는 없다고 본다.

---

10. 비타민 C 가 감기에 미치는 영향에 대한 조사를 위해 현재 감기에 걸린 성인(감기 성인) 10명과 감기가 걸리지 않은 성인(비감기 성인) 10명을 각각 두 모임으로 나누어 한 모임에는 비타민 C를 투여하고 다른 모임에는 위약(Placebo) 를 투여하였다. 관측값으로 활동지수를 측정하여 얻은 결가는 다음과 같다. 투여약의 효과, 성인의 효과, 상호(교호)작용 효과에 대해 Excel을 이용하여 분산 분석표를 작성하고 적절한 가설을 설정하여 유의수준 5%로 검정하여라.

구분	위약		비타민 C	
비감기 성인	51	48	58	60
	56	54	55	66
감기 성인	81	78	68	71
	77	68	63	65

풀이

1. 가설의 설정 : 성인을 A, 약을 B 로 하자.
    - H_0 : 요인 A의 효과는 처리별로 차이가 없다.
    - H_0 : 요인 B의 효과는 처리별로 차이가 없다.
    - H_0 : 요인 A와 요인 B 의 상호작용 효과가 없다.
    - H_1 : H_0 가 아니다.
2. 검정 결과 분석 : 분석표의 출력 결과는 다음과 같다.

변동의 요인	제곱합	자유도	제곱 평균	F 비	P−값	F 기각치
인자 A(행)	945.5625	1	945.5625	53.45936	8.3E-05	5.317655
인자 B(열)	79.6875	3	26.5625	1.501767	0.286469	4.066181
교호작용	294.6875	3	98.22917	5.553592	0.023438	4.066181
잔차	141.5	8	17.6875			
계	1461.438	15				

검정결과 성인(요인 A) 에 대한 검정 통계량 F 의 관측값 $F = 53.45936$ 은

$$F_{0.05}(1,\ 8) = 5.317655$$

보다 크므로 유의수준 5%에서 첫 번째 H_0 를 기각한다. 약(요인 b)에 대한 검정 통계량 F 의 관측값 $F = 1.501767$ 은

$$F_{0.05}(3,\ 8) = 4.066181$$

보다 작으므로 두 번째 H_0 를 기각할 수 없다. 상호작용 효과의 경우

$$F = 5.553592 > F_{0.05}(3,\ 8) = 4.066181$$

이므로 세 번째 H_0는 기각한다. 따라서 유의수준 5% 에서 요인 A의 효과는 처리별 차이가 있으며, 요인 B의 효과는 처리별로 차이가 없다. 또, 요인 A와 요인 B 의 상호작용 효과가 있다고 본다.

• 본 연구는 한성대학교 학술연구비 지원 과제임.

통계와 생활

지은이 민경진
펴낸이 조경희
펴낸곳 경문사
펴낸날 2024년 9월 9일 1판 1쇄
등 록 1979년 11월 9일 제313-1979-23호
주 소 121-818, 서울특별시 마포구 와우산로 174
전 화 (02)332-2004 팩스 (02)336-5193
이메일 kyungmoon@kyungmoon.com

값 24,000원

ISBN 979-11-6073-737-0